Linux 是怎样工作的

增订版

[日] 武内觉 / 著　　曹栩 / 译

How
Linux
Works

图灵程序
设计丛书

人民邮电出版社
北　京

图书在版编目（CIP）数据

Linux 是怎样工作的：增订版 /（日）武内觉著；
曹栩译. -- 北京：人民邮电出版社，2025. --（图灵程
序设计丛书）. -- ISBN 978-7-115-67025-0

Ⅰ. TP316.85

中国国家版本馆 CIP 数据核字第 20257TH084 号

内 容 提 要

　　本书通过丰富的插图、表格和代码示例，结合动手实验及结果分析，通俗
易懂地讲解了 Linux 操作系统的基础知识和运行原理，包括进程管理、进程调度、
内存管理、设备访问、文件系统、虚拟化和容器等机制，以及这些机制如何与
硬件协同工作。本书在初版的基础上新增了设备访问、虚拟化、容器及 cgroup
等章节，并对原有章节内容进行了大幅修订，以满足读者的阅读需求；开辟了"技
术专栏"，以帮助希望深入了解 Linux 的读者拓宽知识面；源代码也从用 C 语言
编写更新为用 Go 和 Python 实现，同时加入大量注释，以方便读者理解。此外，
本书全面升级为彩色印刷，让穿插于字里行间的图表更加清晰易懂。

　　本书适合应用程序开发人员、系统设计师、运维管理人员和技术支持人员
等阅读。

　◆　著　　　　　［日］武内觉
　　　译　　　　　曹　栩
　　　责任编辑　　王军花
　　　责任印制　　胡　南
　◆　人民邮电出版社出版发行　　北京市丰台区成寿寺路 11 号
　　　邮编　100164　　电子邮件　315@ptpress.com.cn
　　　网址　https://www.ptpress.com.cn
　　　北京宝隆世纪印刷有限公司印刷
　◆　开本：880×1230　1/32
　　　印张：10.375　　　　　　　　2025 年 6 月第 1 版
　　　字数：308 千字　　　　　　　2025 年 6 月北京第 1 次印刷
　　　著作权合同登记号　图字：01-2023-4369 号

定价：99.80 元
读者服务热线：(010)84084456-6009　印装质量热线：(010)81055316
反盗版热线：(010)81055315

推荐序

恭喜武内先生，增订版成功出版！坦白地讲，收到为增订版作序的委托时我非常惊讶，因为与 Linux 相关的技术书很少推出增订版。

想要简洁明了地解释操作系统是一件非常困难的事，因为要理解操作系统，必须了解其硬件的工作原理，而且无法避开操作系统为了提升性能而采用的复杂机制。这导致市面上面向初学者的一些书为了简化说明而包含偏离实际情况的内容，即便是在教科书中也常会出现与操作系统的实际运作方式不相符的描述。

然而，本书的初版却在我的圈子里备受好评。这是因为，它通过丰富的图表和简洁易懂的说明介绍了操作系统的工作原理，并且在不偏离实际情况的前提下，通过丰富的数据讲解与性能相关的内容，是一本难得的好书。在我所在的公司，它迅速成为新人培训的首选教材，特别是在对缓存性能的理解方面，我认为它是独一无二的。

这么优秀的书要大幅升级，推出增订版了，对此我翘首以待。本书不仅能帮助想了解 Linux 工作原理的读者，也能帮助想尝试自制操作系统和优化程序性能的读者。

小崎资广

富士通研究所首席研究总监、Linux 内核黑客、Ruby 项目贡献者

增订版寄语

本书是 2022 年出版的《Linux 是怎样工作的》的增订版。我听说初版不但备受好评，还被日本的许多大学和企业列为参考书，非常感谢大家的支持。增订版在初版的基础上融入了在 *Software Design* 电子杂志上连载的同名文章，并且在吸收初版读者与电子杂志读者的意见后，添加了新的内容。下面介绍增订版与初版的主要区别。

首先，增订版由初版的黑白印刷变为全彩印刷，希望加深大家对本书内容，尤其是图表部分的理解。其次，增订版对实验程序的源代码进行了更新。初版中的源代码基本使用 C 语言编写，而且几乎没有注释，对不熟悉 C 语言的读者来说较难理解，所以我收到了很多"源代码很难懂"之类的意见。因此，在增订版中，我用 Go 和 Python 等语言重新编写了源代码，并加入大量注释，以便大家理解。另外，由于有读者表示不知道如何把实验程序的结果做成图表，因此我在源代码中增加了输出图表的功能。

在内容上，增订版新增了几章，包括讲解设备操作的"设备访问"，以及对现代软件系统来说不可或缺的"虚拟化""容器""cgroup"，并参考初版读者的意见，对原有的章节进行了大幅修订，还为想更深一步了解 Linux 的读者开辟了"技术专栏"。此外，鉴于很多读者反映读完本书后不知道下一步该怎么办，增订版在最后一章中充实了参考资料和相关网站的介绍，以便为大家指明方向。

综上所述，增订版在初版的基础上进行了大量更新。如果你对这本书感兴趣，不妨拿起来看一看。

致谢

本书是在许多人的帮助下完成的。首先，我要诚挚地感谢从初版开始就一直担任本书编辑的风穴江先生、技术评论社的细谷谦吾先生，以及负责 *Software Design* 连载的池本公平先生。没有他们的帮助，本书就无法完成。

同时，非常感谢 Keita Mochizuki 先生、laysakura 先生、mac 先生、mattn 先生、Yuka Moritaka 女士、阿佐志保先生、伊藤雅典先生、宇夫阳次朗先生、大堀龙一先生、小林隆浩先生、近藤宇智朗先生、清水智弘先生、白山文彦先生、关谷雅宏先生、平松雅巳先生、真壁彻先生、山冈茉莉女士、山田高大先生，以及 LINE 股份有限公司的 KUBOTA Yuji 先生、市原裕史先生、五反田正太郎先生、川上坚先生、久慈泰范先生、谷野光宏先生、古川勇志郎先生。他们拥有不同的行业背景，在本书初稿完成后的一个月里，为本书提供了大量反馈意见。感谢诸位的指点，让本书的质量更上一层楼。

另外，衷心感谢在编辑工作结束后为本书润色和校对的小川彩子女士，以及从初版开始就在各方面为本书的编写提供帮助的小崎资广先生。最后，还有很多这里没有提及的参与本书出版的人士，在此向各位致以诚挚的谢意。

本书使用的数据单位为 KiB（Kibibyte，1 KiB=2^{10} B）、MiB（Mebibyte，1 MiB=2^{20} B）、GiB（Gibibyte，1 GiB=2^{30} B）及 TiB（Tebibyte，1 TiB=2^{40} B）。这些单位有别于常见的 KB（Kilobyte，1 KB=10^3 B）、MB（Megabyte，1 MB=10^6 B）、GB（Gigabyte，1 GB=10^9 B）及 TB（Terabyte，1 TB=10^{12} B）。在计算机行业中有一个惯例，即把 10^3 B（1000 字节）和 2^{10} B（1024 字节）都记为 1 KB（MB 等单位也是如此）。为了避免混淆，本书将 2^{10} B 明确记为 1 KiB，其他单位以此类推。

实验程序的源代码会在书中相应的位置呈现。你也可以通过以下链接查看并下载源代码。

https://github.com/satoru-takeuchi/linux-in-practice-2nd（日文版）

http://ituring.cn/book/3176（中文版）

前　言

本书的目的是通过实践，边验证结果边讲解构成计算机系统的操作系统（Operating System，OS）和硬件设备的运行原理。本书将要介绍的 OS 是 Linux。

Linux 由作为核心的内核和运行在内核上的其他程序组成。准确地说，Linux 仅指内核部分，不过出于方便，本书中的 Linux 泛指所有运行在 Linux 内核上，包含类 UNIX 接口的操作系统，而内核部分称为 Linux 内核或简称为内核。

现代计算机系统的层次化和功能细分化使得需要用户把注意力放到 OS 和硬件设备上的情况越来越少。Linux 也如此。计算机系统常被描绘成如图 0-1 所示的层次分明的理想化模型，而且存在一种说法：不管负责哪一层，你只需了解其下一层的相关知识即可。例如，系统运维管理员只需要掌握应用程序的规格和运用方式，应用程序开发者只需要了解各种库的用法。

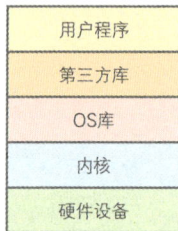

| 用户程序 |
| 第三方库 |
| OS库 |
| 内核 |
| 硬件设备 |

图 0-1　计算机系统的层次（理想化模型）

但是，现实中的计算机系统如图 0-2 所示，各个层次以复杂的关系互相关联在一起。如果只了解其中的一部分，你将会遇到很多无法解决的问题，而要掌握跨越多个层次的知识，通常需要通过大量的实践，花费大量的时间来积累经验，不可能一蹴而就。

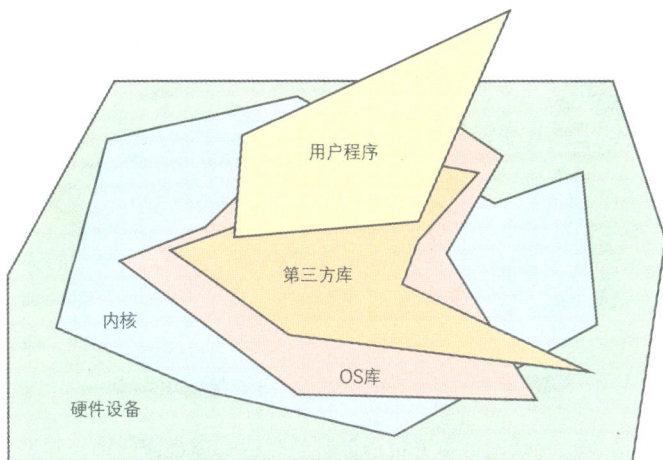

图 0-2　计算机系统的层次（现实情况）

　　笔者希望读者通过本书加深对 Linux、内核及硬件设备与上层的交互的理解，然后在某种程度上做到：

- 分析由内核或硬件设备等底层组件引起的故障；
- 写出更加注重性能的代码；
- 理解系统提供的统计信息和调优参数的含义。

　　尽管已有很多解说 OS 组成的文章和图书，但笔者撰写本书仍有必要，因为现有的文章和图书大多脱离特定的 OS 讲解理论知识，或者通过源代码解说 Linux 等特定 OS 的实现，它们并不能帮助读者直达上述目标。对于本就对 OS 兴趣浓厚的人来说，那些学习资料自然很实用，但对其他的大多数读者来说，学习门槛非常高。也正因如此，不论是新手还是老手，都很容易产生"OS 很神秘难懂"的想法。

　　当熟悉 OS 的人和不熟悉 OS 的人聊天时经常出现如图 0-3 所示的状况，笔者见过不止一次，甚至当过当事人。你或许也会感到熟悉。

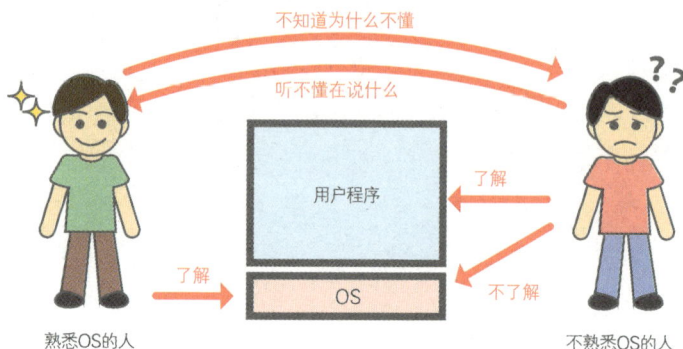

不知道为什么不懂

听不懂在说什么

用户程序

了解

OS

了解

了解

不了解

??

熟悉OS的人

不熟悉OS的人

图 0-3 OS 专业人士与非专业人士之间的沟通障碍

为了改善这种情况，本书将尽量避免介绍晦涩难懂的理论知识，并把 OS 限定为 Linux，然后在不涉及具体实现的前提下讲解 Linux 的组成与原理。本书将秉承"通过实践来理解"的理念，通过图 0-4 所示的流程，让读者直观地理解书中的内容。

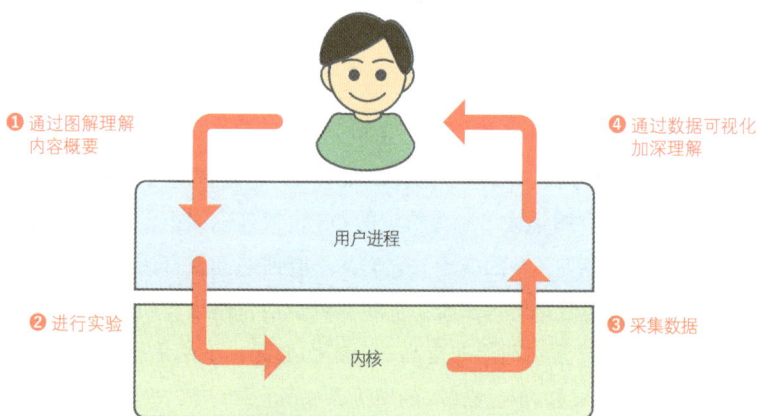

❶ 通过图解理解
内容概要

❹ 通过数据可视化
加深理解

用户进程

❷ 进行实验

❸ 采集数据

内核

图 0-4 理解本书内容的流程

本书中出现的实验，即使不亲自操作也能够理解，但笔者强烈建议读者在自己的环境中实际运行并确认结果，因为与仅仅阅读相比，阅读后实际尝试操作的学习效果要好得多。

本书中所有实验程序的源代码都能在书中的相应位置找到，并且公开在 GitHub 上，以供读者查看和下载。

本书中出现的所有以脚本语言编写的实验程序都能在命令行中通过 ./foo.py 运行，并不需要像 python3 foo.py 这样指定解析器。另外，直接从 GitHub 上下载的实验程序文件自身带有执行权限。但是，如果选择自己输入源代码，记得在运行之前通过 chmod +x <源代码文件名> 命令赋予文件执行权限。

本书实验程序的推荐运行环境为安装在实体机上的 Ubuntu 20.04/x86_64。在其他环境中运行实验程序时，可能会出现无法运行、实验效果不佳等无法预测的问题，因此并不推荐。

如果要在自己的环境中运行实验程序，请提前安装好实验程序依赖的包，并把通常使用的用户添加到特定的组中，如下所示。

```
$ sudo apt update && sudo apt install binutils build-essential
golang sysstat python3-matplotlib pyth on3-pil
fonts-takao fio qemu-kvm virt-manager libvirt-clients virt inst
jq docker.io containerd libvirt-
daemon-system
$ sudo adduser `id -un` libvirt
$ sudo adduser `id -un` libvirt-qemu
$ sudo adduser `id -un` kvm
```

在运行实验程序时，为了防止出现不理想的实验结果，请注意以下事项。

- 不要运行其他高负荷的程序。例如，不要在运行实验程序时玩游戏、编辑文本或构建程序等。这是为了避免其他程序影响实验结果。
- 尽可能运行两次实验程序，并以第二次的实验结果为准。这是为了排除高速缓存的影响。第 8 章将详述关于高速缓存的内容。

最后列出笔者使用的系统环境参数，以供读者参考。

- 硬件
  - CPU：AMD Ryzen 5 PRO 2400GE (4 核 8 线程 [①])。

---

① 这里的线程是指硬件线程，详细信息请参考 8.2 节。

- 内存：16 GiB PC4–21300 DDR4 SO–DIMM (8 GiB × 2)。
- NVMe SSD：三星 PM981 256 GiB。
- HDD：ST3000DM001 3 TiB。
- 软件
  - OS：Ubuntu 20.04/x86_64。
  - 文件系统：ext4。

目 录

第 **8** 章 　存储层次 ··········181

第 **1** 章

Linux概述

本章将说明 Linux 和 Linux 内核到底是什么，并讨论 Linux 与其他操作系统的区别，还将解释常出现在同一语境中的术语，如程序和进程等的含义。

1.1　程序与进程

Linux 中存在各种各样的**程序**。这里的程序指运行在计算机上的一系列指令和数据的集合。在 Go 语言等编译型语言中，通过源代码构建出来的可执行文件就是程序。在 Python 等脚本语言中，源代码文件自身就是程序。另外，内核也是程序。

计算机电源接通后，首先启动的是内核[①]，然后才是其他程序。

在 Linux 中运行的程序有以下各种类型。

- Web 浏览器：Chrome、Firefox 等。
- 办公套件：LibreOffice 等。
- Web 服务器：Apache、Nginx 等。
- 文本编辑器：Vim、Emacs 等。
- 编程环境：C 语言编译器、Go 语言编译器和 Python 解释器等。
- 命令行解释器：bash、zsh 等。
- 系统管理工具：systemd 等。

运行中的程序被称为**进程**。有时也会用程序指代运行中的进程。由此可见，程序的含义比进程的含义更广泛。

1.2　内核

本节将介绍什么是内核、为什么需要内核，并讨论 HDD 与 SSD 等存储设备的访问方式。

我们首先考虑如图 1-1 所示的系统。在该系统中，进程能直接访问存

---

① 准确地说，在内核启动前先运行固件和启动器等程序，详见 2.2 节。

储设备。

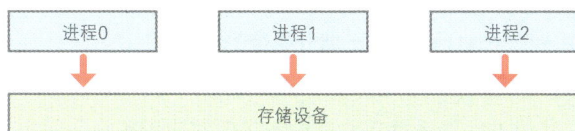

图 1-1　进程直接访问存储设备的情形

在这种情况下，如果有多个进程同时尝试操控设备就会引发问题。假设要对存储设备执行读写操作，这时需要发出以下两条指令。

- 指令 A：指定数据读写的位置。
- 指令 B：在指令 A 指定的位置上执行读写操作。

在这样的系统中，当进程 0 要执行写入操作，同时进程 1 要在不同位置执行读取操作时，这两个进程的指令有可能以下面所示的顺序执行。

❶ 进程 0 指定数据写入的位置（进程 0 发出指令 A）。
❷ 进程 1 指定数据读取的位置（进程 1 发出指令 A）。
❸ 进程 0 执行写入操作（进程 0 发出指令 B）。

在第❸步中，进程 0 原本要把数据写入第❶步所指定的位置，但第❷步中的指令已被执行，因此数据实际上被写入第❷步所指定的位置，这个操作将损毁该位置原有的数据。可以看到，如果不正确控制访问存储设备的指令执行顺序，将非常危险[①]。

此外，上述情形还有可能导致程序访问其无权访问的设备。

为了避免发生这样的问题，内核会借助 CPU 上的特权模式来让进程无法直接访问设备。

个人计算机和服务器等使用的 CPU 通常有两种特权模式，分别称为**内核模式**和**用户模式**。实际上，根据架构的不同，某些 CPU 具有 3 个以上特权等级，这里不再详细介绍[②]。对于处于用户模式的进程，我们有时候会更

---

① 更糟糕的是，设备有可能因此而损坏，俗称"变砖"。

② 例如，在 x86_64 架构中存在 4 个特权等级，但 Linux 内核只使用其中的两个。

通俗地说该进程运行在用户空间中。

当 CPU 处于内核模式时，不会对指令的执行施加任何限制，但当 CPU 处于用户模式时，则会禁止部分指令的执行。

在 Linux 中，只有内核运行在内核模式下，也只有内核能够访问设备。也就是说，其他进程都运行在没有设备访问权限的用户空间中。如图 1-2 所示，这些进程需要通过内核间接地访问存储设备。

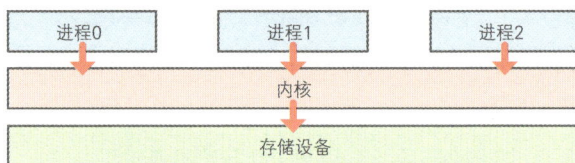

图 1-2　进程通过内核间接地访问存储设备

关于通过内核访问存储设备等硬件设备的内容，我们将在第 6 章阐述。

另外，内核还是一种运行在内核模式下的程序，用于集中管理所有进程共用的资源，并负责把这些资源分配给运行在系统上的进程。

1.3　系统调用

系统调用是进程向内核请求处理的主要方式。进程需要借助系统调用来请求创建新进程或操控硬件设备等需要内核帮助的服务。

系统调用的示例如下。

- 进程创建与终止
- 内存分配与释放
- 通信服务
- 文件系统的操作
- 设备的操控

系统调用是通过执行 CPU 提供的特殊指令来实现的。当处于用户模式的进程向内核发起系统调用时，会在 CPU 上发生**陷入**事件（关于陷入的内容，我们将在第 4 章中介绍）。陷入会使 CPU 从用户模式切换到内核模式，然后内核将根据请求内容执行相应的处理。当内核处理完系统调用的请求后，CPU 将重新切换回用户模式继续运行进程，如图 1-3 所示。

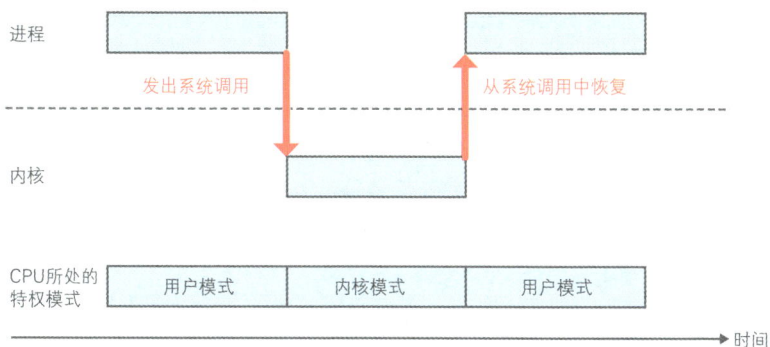

图 1-3　系统调用

在处理系统调用的请求前，内核先检查进程发出的请求是否合法（如内存请求是否超过系统的内存量等）。如果是非法请求，则系统调用失败。

当然，不存在绕过系统调用而从进程中直接改变 CPU 的特权模式的方法，否则内核的存在就失去了意义。如果恶意用户可以直接利用进程让 CPU 进入内核模式并操控设备，他们就能监听或者破坏其他用户的数据。这是不被允许的。

1.3.1　系统调用的可视化

我们可以通过 strace 命令确认进程发出的系统调用。执行代码清单 1-1 所示的 hello.go 程序将输出 hello world 字符串。

代码清单 1-1　hello.go

```go
package main

import (
    "fmt"
)
```

```
func main() {
    fmt.Println("hello world")
}
```

首先，我们在不使用 strace 命令的状态下执行该程序。

```
$ go build hello.go
$ ./hello
hello world
```

正如我们所预期的，该程序正确地输出了 hello world。接下来，我们使用 strace 命令看一看这个程序到底发出了哪些系统调用。在这里，我们使用 -o 选项来指定输出位置。

```
$ strace -o hello.log ./hello
hello world
```

程序的输出和刚才一样。我们来看看包含 strace 命令输出数据的 hello.log 文件的内容。

```
$ cat hello.log
...
write(1, "hello world\n", 12)         = 12  ────●❶
...
```

在 strace 命令的输出中，每一行都对应一次系统请求。我们可以略过其他细节，直接查看❶所指的一行。从该行可以看出，hello world\n（\n 是指换行符）字符串是通过 write() 系统调用输出的。write() 的作用是把数据输出到屏幕上或者文件中。

在笔者的计算机上，这个程序总共发出了 150 次系统调用，其中大部分是在 hello.go 中的 main() 函数前后执行的，用于启动或终止程序（这些都是 OS 提供的功能），因此我们无须太在意。

不仅仅是 Go 语言程序，无论程序使用哪种语言编写，当程序请求内核处理时，都需要通过系统调用发出请求。下面我们验证这一说法是否正确。

代码清单 1-2 所示的 hello.py 程序是 hello.go 的 Python 版本。

代码清单 1-2 hello.py

```
#!/usr/bin/python3
print("hello world")
```

我们通过 strace 命令来执行 Python 版本的程序。

```
$ strace -o hello.py.log ./hello.py
hello world
```

程序的输出如下所示。

```
$ cat hello.py.log
...
write(1, "hello world\n", 12)          = 12  ———❷
...
```

❷所指的一行和运行 Go 语言程序时一模一样，也执行了 write() 系统调用。大家可以尝试使用自己喜欢的语言编写类似的程序，并进行各种实验。另外，尝试用 strace 命令运行更复杂的程序可能也会很有趣，不过要注意文件系统的剩余容量，因为用 strace 命令跟踪大型程序的系统调用时，输出的信息量非常大。

1.3.2 执行系统调用的时间占比

在系统中的逻辑 CPU[①] 上执行指令的时间占比可以通过 sar 命令查看。我们首先通过 sar -P 0 1 1 命令来看看 CPU 的核心 0 执行了哪些处理。-P 0 选项表示采集对象为逻辑 CPU0，其后的 1 表示自动采集的时间间隔为 1 秒，最后的 1 则表示总采集次数为 1 次。

```
$ sar -P 0 1 1
Linux 5.4.0-66-generic (coffee)     2021年02月27日  _x86_64_   (8 CPU)
09时51分03秒   CPU   %user   %nice  %system %iowait  %steal    %idle  ———❶
09时51分04秒     0    0.00    0.00     0.00    0.00    0.00   100.00
Average:        0    0.00    0.00     0.00    0.00    0.00   100.00
```

① 内核所识别的 CPU。内核会将单核 CPU 或者多核 CPU 中的一个核心识别为一个 CPU。如果开启了 SMT（详细信息请参考 8.2 节），内核会将 CPU 核心内的一个线程识别为一个 CPU。本书将这些 CPU 统称为逻辑 CPU。

❶所指的一行为表头行。下一行的数据列出了从表头行的第 1 个字段
（09 时 51 分 03 秒）到下一行的第 1 个字段（09 时 51 分 04 秒）的 1 秒
内，第 2 个字段所示的逻辑 CPU 被用于哪些方面的处理。

处理共有 6 种，消耗在各种处理上的时间占比以百分比为单位分别显
示在第 3 个字段（%user）到第 8 个字段（%idle）下，每一行中数的和
是 100。通过计算 %user 字段的值与 %nice 字段的值的和可以得出进程
处于用户模式的时间占比（%user 与 %nice 的区别详见第 3 章的技术专
栏 "时间片原理"）。%system 字段表示内核处理系统调用的时间占
比，%idle 字段表示该 CPU 处于空闲状态的时间占比。至于剩下的字段，
此处不作赘述。

在前面展示的输出数据中，%idle 字段的值为 100.00，这意味着
CPU 几乎什么都没做。也就是说，CPU 处于空闲状态，没有执行任何特定
的进程或任务。

下面我们通过 sar 命令查看当在后台执行一个无限循环的 inf-loop.py
程序（见代码清单 1-3）时，输出数据如何变化。

代码清单 1-3 inf-loop.py

```
#!/usr/bin/python3
while True:
    pass
```

利用 OS 提供的 taskset 命令可以让 inf-loop.py 程序仅运行在 CPU0
上。只需执行 taskset -c < 逻辑 CPU 的编号 > < 命令行命令 >，即可
让 < 命令行命令 > 所指定的命令运行在 -c < 逻辑 CPU 的编号 > 所指定的
逻辑 CPU 上。这里先在后台运行这个命令，然后通过 sar -P 0 1 1 命
令采集所需的数据。

```
$ taskset -c 0 ./inf-loop.py &
[1] 1911
$ sar -P 0 1 1
Linux 5.4.0-66-generic (coffee)    2021年02月27日  _x86_64_   (8 CPU)
09时59分57秒  CPU   %user   %nice  %system  %iowait  %steal  %idle
09时59分58秒    0   100.00   0.00    0.00     0.00     0.00   0.00    ❷
Average:       0   100.00   0.00    0.00     0.00     0.00   0.00
```

通过❷所指的一行可以看到 %user 的值变为 100.00，这是因为 inf-loop.py 程序一直在逻辑 CPU0 上运行。这时，逻辑 CPU0 的状态如图 1-4 所示。

图 1-4　运行 inf-loop.py 程序时的情形

实验结束后，不要忘记通过 kill < 无限循环程序的进程 ID> 命令终止 inf-loop.py 程序。

```
$ kill 1911
```

接下来，我们运行一个无限循环地执行 getppid() 的程序，并用 sar 命令采集数据。程序的实现如代码清单 1-4 所示。这里的 getppid() 是一个简单的系统调用，用于获取父进程的进程 ID。

代码清单 1-4　syscall-inf-loop.py

```
#!/usr/bin/python3
import os
while True:
    os.getppid()
```

```
$ taskset -c 0 ./syscall-inf-loop.py &
[1] 2005
$ sar -P 0 1 1
Linux 5.4.0-66-generic (coffee)      2021年02月27日   _x86_64_    (8 CPU)
10时03分58秒     CPU     %user    %nice   %system   %iowait    %steal     %idle
10时03分59秒       0     35.00     0.00     65.00      0.00      0.00      0.00
Average:          0     35.00     0.00     65.00      0.00      0.00      0.00
```

可以看到，由于该程序无时无刻不在发出系统调用请求，%system 的数值变大了。这时 CPU 的状态如图 1-5 所示。

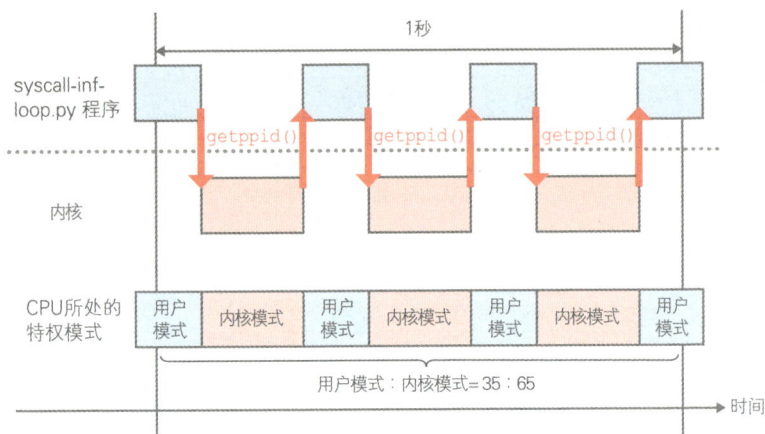

图 1-5　运行 syscall-inf-loop.py 程序时的情形

监控、警报及仪表盘 [技术专栏]

通过 sar 命令等一系列工具收集系统统计信息，对于判断系统是否正常运行非常重要。在业务系统中，通常持续收集这样的统计信息。这类功能被称为监控。著名的监控工具有 Prometheus、Zabbix 和 Datadog 等。

由于很难通过人力来监控统计数据，因此通常在利用监控工具的同时使用警报功能。当出现与事先定义的正常状态不符的异常时，警报系统会向运维管理员发出警报。警报工具既可以与监控工具集成，也可以独立存在，如 Alert Manager 软件等。

当系统出现异常时，最终需要由相关人员排除故障。但是，仅通过查看一系列的数值来进行故障调查是非常低效的。因此，经常使用将收集到的数据可视化的仪表盘功能。仪表盘功能可以与监控工具、警报工具集成，也可以使用 Grafana Dashboards 等独立软件实现。

1.3.3　系统调用的执行时间

利用 strace 命令加上 -T 选项，能以微秒级的精度获取系统调用的执行时间。通过这个功能，我们可以方便地在 %system 字段的值变大时确认哪个系统调用占用了大量时间。下面展示的是对 hello 程序执行 strace -T 命令的结果。

```
$ strace -T -o hello.log ./hello
hello world
$ cat hello.log
...
write(1, "hello world\n", 12)          = 12 <0.000017>
...
```

通过结果可以得知，输出 hello world\n 字符串花费了 17 微秒。

strace 命令还提供了 -tt 选项，用于以微秒为单位显示各个系统调用的发出时间。请大家根据实际需求选择使用。

1.4　库

本节将对 OS 所提供的库进行论述。大多数编程语言提供了库封装的功能，也就是把多个程序通用的处理集合起来封装为库。如此一来，程序员就可以从他人编写的众多库中挑选自己喜欢的库，从而提高程序开发的效率。另外，OS 也会提供一些被许多程序所使用的库。

进程使用库时的软件层次结构如图 1-6 所示。

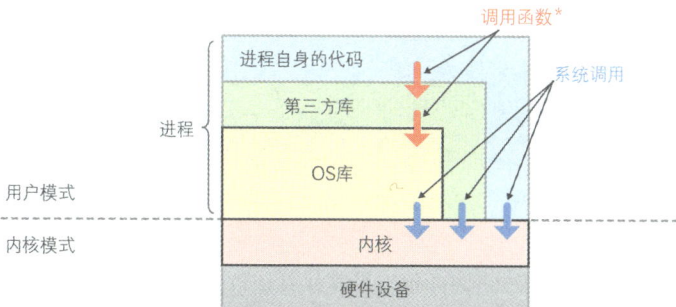

*这里的函数包含面向对象编程语言中的方法。

图 1-6　进程的软件层次结构

1.4.1　C 标准库

国际标准化组织（International Organization for Standardization，ISO）针对 C 语言制定了标准库。Linux 也提供了这个 C 标准库。通常，GNU 项目提供的 glibc（GNU C Library，以下简称为 libc）被用作 C 标准库。

大部分用 C 语言编写的程序依赖 libc。

可以通过 ldd 命令确认程序的库依赖。下面使用 ldd 命令查看 echo 命令依赖哪些库。

```
$ ldd /bin/echo
    linux-vdso.so.1 (0x00007ffef73a9000)
    libc.so.6 => /lib/x86_64-linux-gnu/libc.so.6 (0x00007f2925ebd000)
    /lib64/ld-linux-x86-64.so.2 (0x00007f29260d1000)
$
```

在上面的输出中，libc.so.6 指的就是 C 标准库。另外，需要注意 ld-linux-x86-64.so.2 这一特别的库，它用于加载共享库，也是 OS 提供的库之一。

接着来看看 cat 命令所依赖的库。

```
$ ldd /bin/cat
    linux-vdso.so.1 (0x00007ffc3b155000)
    libc.so.6 => /lib/x86_64-linux-gnu/libc.so.6 (0x00007fabd1194000)
    /lib64/ld-linux-x86-64.so.2 (0x00007fabd13a9000)
$
```

从输出可以得知，cat 命令和 echo 命令依赖的库相同。再来看看 Python 3 的解释器，即 python3 命令依赖的库。

```
$ ldd /usr/bin/python3
    linux-vdso.so.1 (0x00007ffc91126000)
    libc.so.6 => /lib/x86_64-linux-gnu/libc.so.6 (0x00007f5fb7206000)
...
    /lib64/ld-linux-x86-64.so.2 (0x00007f5fb740f000)
$
```

python3 命令也依赖 libc。这意味着运行 Python 程序时，实际上是在调用 C 标准库。虽然目前直接使用 C 语言的人似乎有所减少，但在 OS

层面，C 语言仍然不可或缺。

如果用 `ldd` 命令查看系统上其他程序依赖的库，可以发现大部分程序依赖 libc。请动手尝试一下。

除此之外，Linux 还提供了 C++ 等多种编程语言的标准库，以及许多程序员可能使用的非标准库。在 Ubuntu 中，库文件名通常以 lib 开头。在笔者的计算机上执行以下命令时，显示了上千个软件包。

```
$ dpkg-query -W | grep ^lib
```

1.4.2　系统调用的包装函数

libc 不仅是 C 标准库，还提供了系统调用的包装函数。与普通的函数调用不同，系统调用不能直接在 C 语言等高级语言中调用，而需要通过各种架构的汇编语言调用。

例如，在 x86_64 架构的 CPU 上，系统调用 `getppid()` 在汇编代码层级上的调用如下所示。

```
mov     $0x6e,%eax
syscall
```

在第 1 行中，把 `getppid()` 对应的系统调用编号 0x6e 放入 eax 寄存器。这是由 Linux 的系统调用约定决定的。在第 2 行中，通过 `syscall` 指令发出系统调用，并迁移到内核模式。之后，开始执行内核中负责处理 `getppid()` 的代码。如果你平时不常使用汇编语言，无须深究这里的代码，只需了解这和常见的代码不同即可。

arm64 架构主要用于智能手机和平板电脑，在这个架构上发出系统调用 `getppid()` 的汇编代码如下所示。

```
mov     x8,  <系统调用号>
svc     #0
```

可以看出，这和 x86_64 上的汇编代码完全不同。如图 1-7 所示，如果没有 OS 提供 libc 进行帮助，每次发出系统调用请求都需要根据架构编写对应的汇编代码，然后在高级编程语言中进行调用。

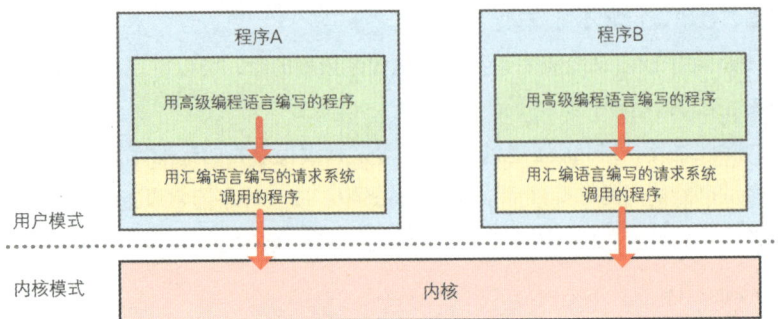

图 1-7　没有 OS 帮助的情形

　　这样一来，不但编程的工作量增加了，写出来的程序也缺乏跨架构的可移植性。

　　为了解决这样的问题，libc 提供了一系列用于发出系统调用的函数。这些函数被称作**系统调用的包装函数**。每种架构都有各自的包装函数。用户程序只需调用高级编程语言提供的包装函数即可发出系统调用，如图 1-8 所示。

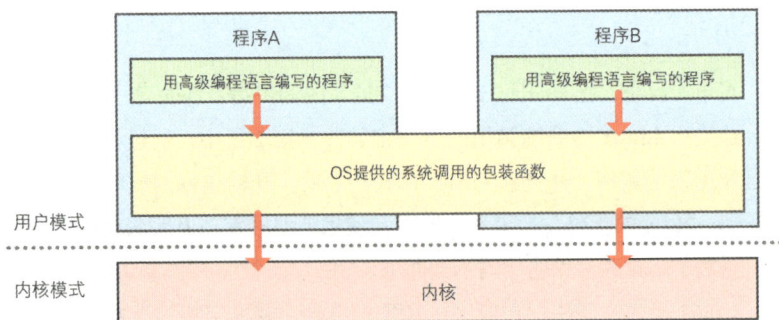

图 1-8　用户程序只需要调用包装函数

1.4.3　静态库与共享库

　　库可以分为静态库与共享库（在 Windows 中称为动态链接库）两种类型。两种类型的库提供相同的功能，但嵌入程序的方式不同。

在生成程序时，首先需要把源代码编译为目标文件，然后链接到目标文件所依赖的库，以生成可执行文件。如果程序链接到静态库，库中的函数将被复制到程序中。如果程序链接到共享库，程序文件中的内容将变为调用库函数时所需要的信息，在启动或运行程序时，共享库被加载到内存中，程序根据信息调用其中的函数。

代码清单 1-5 所示的 pause.c 程序通过系统调用 pause() 暂停当前进程，使其无限等待。调用静态库与调用共享库的区别如图 1-9 所示。

代码清单 1-5 pause.c

```c
#include <unistd.h>
int main(void) {
    pause();
    return 0;
}
```

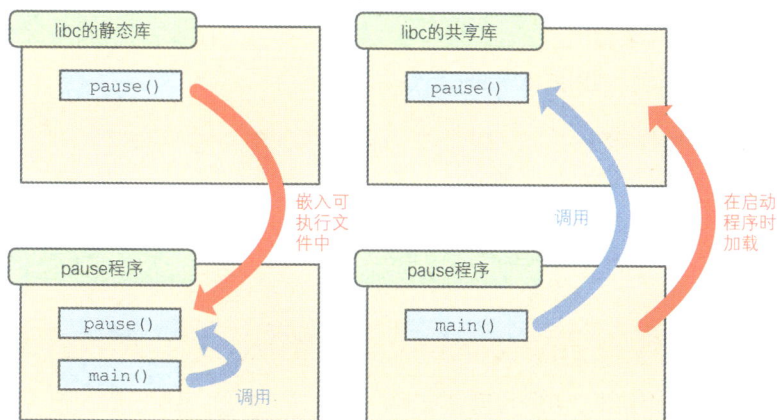

图 1-9 调用静态库与调用共享库的区别

下面通过以下两点来判断图 1-9 所示的内容是否正确。

- 程序的大小
- 程序与共享库的链接状态

作为示例，我们将程序链接到 libc 库。首先确认利用静态库 libc.a[①] 时文件的大小，以及指向共享库时的链接状态。

```
$ cc -static -o pause pause.c
$ ls -l pause
-rwxrwxr-x 1 sat sat 871688  2月 27 10:29 pause  ●──❶
$ ldd pause
    not a dynamic executable  ●──❷
$
```

从执行结果可以得知以下信息。

❶ 程序的大小接近 900 KiB。
❷ 程序没有链接到共享库。

由于 libc 库内嵌在该程序的文件中，因此即便删除 libc.a，也不会影响该程序的运行，但会让其他程序无法再静态链接到 libc 库。这样做非常危险，请大家不要尝试。

接下来确认利用共享库 libc.so[②] 时的情形。

```
$ cc -o pause pause.c
$ ls -l pause
-rwxrwxr-x 1 sat sat 16696  2月 27 10:43 pause
$ ldd pause
    linux-vdso.so.1 (0x00007ffc18a75000)
    libc.so.6 => /lib/x86_64-linux-gnu/libc.so.6 (0x00007f64ad4e9000)
    /lib64/ld-linux-x86-64.so.2 (0x00007f64ad6f7000)
$
```

通过这个结果，我们可以得知以下信息。

- 程序的大小只有 16 KiB 左右，是链接静态库时的几十分之一。
- 程序正在动态链接 libc（/lib/x86_64-linux-gnu/libc.so.6）库。

删除 libc.so 后，包含 pause 程序在内的所有动态链接到 libc 库的程序都将无法运行，可以说这比删除 libc.a 更加危险。若不小心删除了 libc.so，

[①] 在 Ubuntu 20.04 中，该库由 libc6-dev 包提供。

[②] 在 Ubuntu 20.04 中，该库由 libc6 包提供。

要么通过繁复的方式来进行恢复，要么重新安装整个 OS。因此切记不要删除 libc.so。

　　程序变小的原因是 libc 库并没有嵌入程序，而是在程序运行时动态加载到内存中。在这种情况下，libc 库的代码并不会为每个程序提供一个副本，它会共享给所有利用 libc 库的程序。

　　静态库和共享库各有优缺点，无法断言哪一个更好。但是基于以下原因，目前共享库的应用更广泛。

- 使用共享库能减小系统整体的大小。
- 当共享库出现问题时，只需要用修复后的版本覆盖原来的版本，所有链接到该库的程序也会随之完成对该问题的修复。

　　大家可以尝试通过 ldd 命令确认自己常用的程序所链接的共享库。

静态链接的复兴　　　　　　　　　　　　　　　　　技术专栏

　　虽然共享库一直以来都很受欢迎并被广泛使用，但这个情况最近有所改变。比如近年来人气非常高的 Go 语言在编译时默认将所有依赖的库静态链接到最终的执行文件中。因此，一般的 Go 程序不会依赖任何动态库。

　　我们可以利用 ldd 命令确认以下 hello 程序的依赖。

```
$ ldd hello
  not a dynamic executable
```

　　下面列举几个引发这种改变的原因。

- 随着内存与存储设备的容量变大，链接静态库所导致的执行文件太大的问题相对来说变得没那么重要了。
- 当链接到静态库时，程序的运行只需要一个可执行文件即可。这意味着想在其他环境中运行这个程序，只需复制一个可执行文件，非常方便。
- 由于运行时不需要链接共享库，因此程序的启动速度变快。

- 可以避免出现使用共享库时的"DLL 地狱"问题 ①。
- 正所谓观念和合适的方法都会随时代的变迁而改变。

---

① 在 Windows 中，动态链接库（DLL）本来期望在版本升级后保持向后兼容性。然而，有时会因为版本冲突等而失去兼容性，导致部分程序在版本升级后无法运行。由于这类问题往往难以解决，因此被称为"DLL 地狱"问题。

## 第 2 章

进程管理（基础篇）

系统中通常存在多个进程。通过 ps aux 命令可以查看所有运行在系统上的进程。

```
$ ps aux
USER          PID %CPU %MEM   VSZ   RSS TTY      STAT START   TIME COMMAND ● ── ❶
...
sat         19261  0.0  0.0 13840  5360 ?        S    18:24   0:00 sshd: sat@pts/0
sat         19262  0.0  0.0 12120  5232 pts/0    Ss   18:24   0:00 -bash
...
sat         19280  0.0  0.0 12752  3692 pts/0    R+   18:25   0:00 ps aux
$
```

❶ 所指的一行为表头行，其下的每一行代表一个进程。COMMAND 字段表示启动该进程的命令名。简单说明一下，这里的 ps aux 命令执行在 bash（PID=19262）上，而 bash 是由 ssh 的服务器进程 sshd（PID=19261）启动的。

通过 ps 命令的 --no-header 选项可以隐藏输出中的表头行。下面利用该方法统计笔者计算机上的进程数。

```
$ ps aux --no-header | wc -l
216
$
```

可以看到，计算机上运行着 216 个进程。这些进程到底在做什么？如何管理这些进程呢？本章将就这些问题，对 Linux 中的进程管理系统进行说明。

2.1 创建进程

创建进程的目的可以分为两种。

❶ 将一个程序分成多个进程进行处理（例如，Web 服务器接收多个请求）。

❷ 创建其他程序（例如，从 bash 启动新的程序）。

Linux 提供了 fork() 函数和 execve() 函数[①]来实现目的，其底层分别调用了名为 clone() 和 execve() 的系统调用。要实现目的❶，只

---

① 执行 man 3 exec 命令可以查看 execve() 函数的大量变体函数。

需使用 fork() 函数，而要实现目的 ❷，则需要同时使用 fork() 函数和 execve() 函数。

2.1.1 fork() 函数

当进程调用 fork() 函数时，内核会基于该进程创建一个新进程，这两个进程都从 fork() 函数返回。发出请求的进程为**父进程**，新创建的进程为**子进程**。创建进程的流程如图 2-1 所示。

❶ 父进程调用 fork() 函数。

❷ 为子进程申请内存空间，然后将父进程的内存空间中的内容复制到子进程的内存空间。

❸ 父进程和子进程都从 fork() 函数返回，但返回值不同。程序可以通过返回值区分父进程和子进程，并让其各自执行不同的处理。相关内容详见后文。

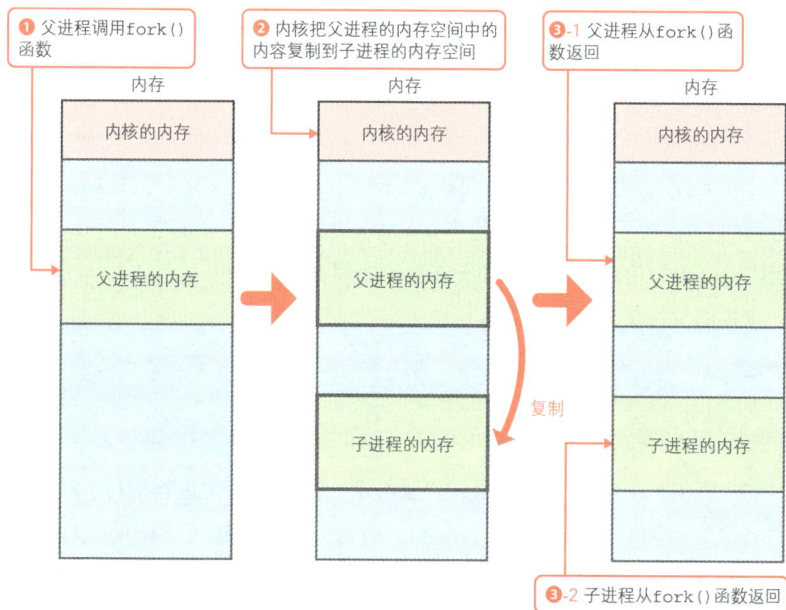

图 2-1 通过 fork() 函数创建进程的流程

需要注意的是，在实际处理中，父进程到子进程的内存复制可利用第 7 章介绍的写时复制（Copy-on-Write）功能，以非常低的成本完成。因此，在 Linux 中把一个程序分为多个进程进行处理的开销很小。

为了深入探究 fork() 函数，我们编写一个实现下述要求的程序。

❶ 调用 fork() 函数，使进程的流程发生分支。
❷ 父进程在输出自己的进程 ID 与子进程的进程 ID 后结束运行。子进程输出自己的进程 ID 与父进程的进程 ID，然后结束运行。

实现上述要求的 fork.py 程序如代码清单 2-1 所示。

代码清单 2-1 fork.py

```
#!/usr/bin/python3
import os, sys
ret = os.fork()
if ret == 0:
    print("子进程: pid={}, 父进程的pid={}".format(os.getpid(), os.getppid()))
    exit()
elif ret > 0:
    print("父进程: pid={}, 子进程的pid={}".format(os.getpid(), ret))
    exit()
sys.exit(1)
```

在 fork.py 程序中，当进程从 fork() 返回时，父进程的返回值为子进程的 ID，而子进程的返回值为 0。由于进程 ID 的数值必定大于 0，因此可以通过返回值区分父进程和子进程的处理。

我们执行该程序并查看运行结果。

```
./fork.py
父进程: pid=132767, 子进程的pid=132768
子进程: pid=132768, 父进程的pid=132767
```

进程 ID 为 132767 的进程发生了分支，生成了一个进程 ID 为 132768 的新进程。同时，进程根据 fork() 的返回值分别执行不同的处理。

刚开始你可能难以理解 fork() 函数到底进行了什么操作，可以通过反复阅读本节的代码和内容理解其原理。

2.1.2 execve() 函数

父进程通过 fork() 函数创建了自己的副本后，只需让子进程调用 execve() 函数即可将子进程替换为其他程序。处理流程如下所示。

❶ 调用 execve() 函数。

❷ 通过 execve() 函数的参数指定要启动的程序，然后从可执行文件中读取需要加载到内存中的数据（称为内存映射）。

❸ 用新进程的数据覆盖现有进程的内存数据。

❹ 从新进程的第一条指令（入口点）开始执行进程。

如图 2-2 所示，不同于 fork() 函数通过增加进程的数量来创建进程，execve() 函数是通过用其他进程覆盖现有进程的方式创建进程的。

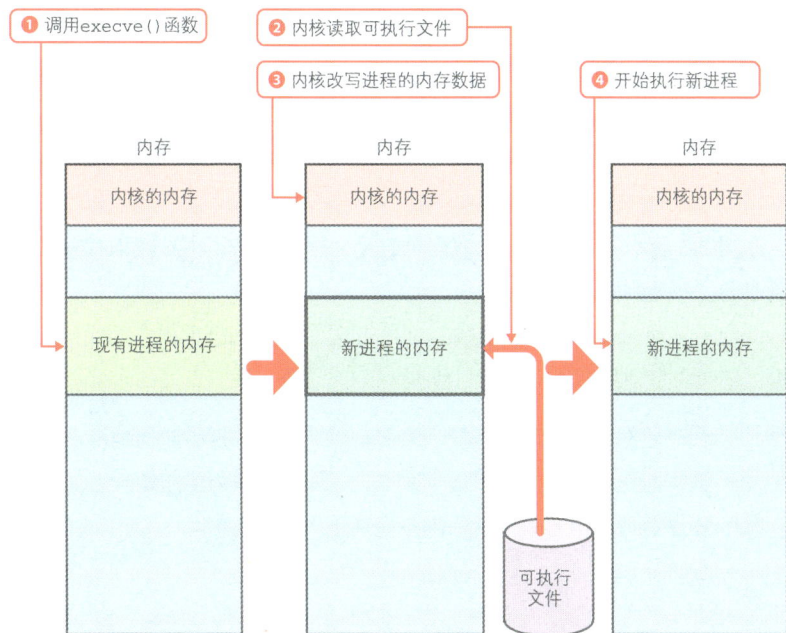

图 2-2 通过 execve() 函数将现有进程替换为其他进程

代码清单 2-2 中的 fork-and-exec.py 程序复现了上述流程。在调用 fork() 函数后，子进程通过 execve() 函数被替换为执行 echo 命令。

代码清单 2-2 fork-and-exec.py

```
#!/usr/bin/python3
import os, sys
ret = os.fork()
if ret == 0:
    print("子进程: pid={}, 父进程的pid={}".format(os.getpid(), os.getppid()))
    os.execve("/bin/echo", ["echo", "这里是来自pid={}的问候".format(os.getpid())], {})
    exit()
elif ret > 0:
    print("父进程: pid={}, 子进程的pid={}".format(os.getpid(), ret))
    exit()
sys.exit(1)
```

fork-and-exec.py 程序的运行结果如下所示。

```
$ ./fork-and-exec.py
父进程: pid=5843, 子进程的pid=5844
子进程: pid=5844, 父进程的pid=5843
这里是来自pid=5844的问候
```

图 2-3 展示了这个流程。为简单起见，图中省略了内核读取程序和将读取的程序复制到内存的过程。

为了实现 execve() 函数，可执行文件中不仅包含程序的代码与数据，还包含启动程序所需的下列数据。

- 代码段在文件中的偏移量、大小，以及内存映射的起始地址。
- 数据段在文件中的偏移量、大小，以及内存映射的起始地址。
- 程序执行的第一条指令的内存地址（入口点）。

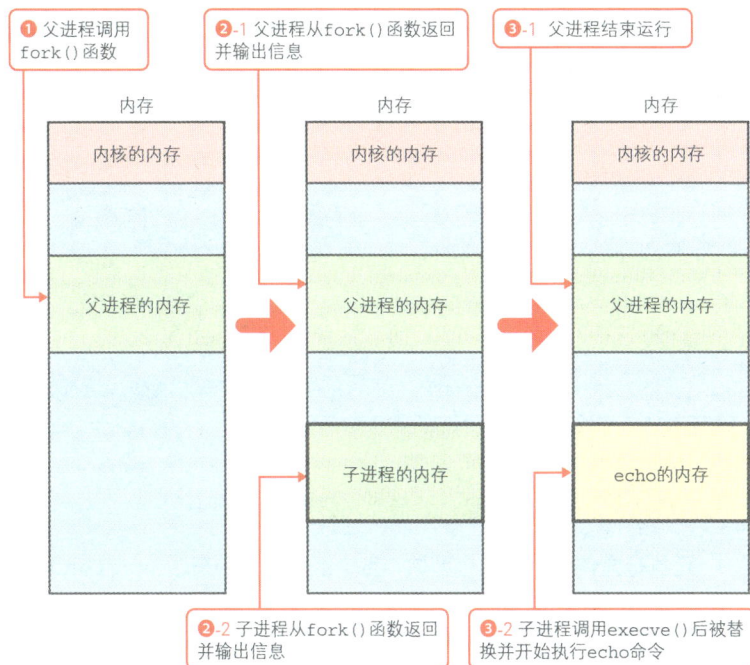

图 2-3 fork-and-exec.py 程序的行为

我们来看看 Linux 的可执行文件是如何保存上述数据的。Linux 的可执行文件通常为 ELF（Executable and Linking Format，可执行和可链接格式）。ELF 文件的各种信息可以通过 readelf 命令来查看。

这里将再次利用 1.4.3 节中的 pause 程序。首先构建可执行程序。

```
$ cc -o pause -no-pie pause.c
```

构建程序时使用了 -no-pie 选项，-no-pie 选项的作用详见 2.1.3 节。

然后通过 readelf -h 获取程序最初执行指令的地址。

```
$ readelf -h pause
  Entry point address:               0x400400
...
```

0x400400 就是这个程序的入口点。

代码段和数据段在文件中的偏移量、大小及内存映射的起始地址可以通过 readelf -S 命令获取。

```
$ readelf -S pause
There are 29 section headers, starting at offset 0x18e8:
Section Headers:
  [Nr]     Name            Type            Address           Offset
  Size                     EntSize         Flags  Link  Info  Align
...
  [13]     .text           PROGBITS        0000000000400400  00000400
  0000000000000172         0000000000000000  AX      0     0    16
...
  [23]     .data           PROGBITS        0000000000601020  00001020
  0000000000000010         0000000000000000  WA      0     0    8
...
```

我们得到大量的输出信息，只需要理解以下几点即可。

- 可执行文件被分成几个区域，每个区域称为一节（Section）。
- 节的信息通常以两行一组的形式显示。
- 数值以十六进制表示。
- 节主要包含以下信息。
  - 节的名称：节的第 1 行的第 2 个字段（Name）。
  - 内存映射的起始地址：节的第 1 行的第 4 个字段（Address）。
  - 偏移量：节的第 1 行的第 5 个字段（Offset）。
  - 大小：节的第 2 行的第 1 个字段（Size）。
- .text 节是保存了代码的代码节，.data 节为数据节。

把上述信息整合起来，形成表 2-1。

表 2-1　运行 pause 程序所需的信息

名　称	数　值
代码段在文件中的偏移量	0x400
代码段的大小	0x172
代码段的内存映射的起始地址	0x400400

（续）

名　　称	数　值
数据段在文件中的偏移量	0x1020
数据段的大小	0x10
数据段的内存映射的起始地址	0x601020
入口点	0x400400

　　程序创建的进程的内存映射可以通过 /proc/<pid>/maps 文件获取。下面看看 pause 程序的内存映射。

```
$ ./pause &
[3] 12492
$ cat /proc/12492/maps
00400000-00401000 r-xp 00000000 08:02 788371          .../pause  ●1
00600000-00601000 r--p 00000000 08:02 788371          .../pause
00601000-00602000 rw-p 00001000 08:02 788371          .../pause  ●2
...
```

　　●1 所指的一行表示代码段的数据，●2 所指的一行表示数据段的数据。可以看出，这里的数据都处于表 2-1 所示的范围内。

　　获取数据后不要忘记终止 pause 进程。

```
$ kill 12492
```

2.1.3　地址空间布局随机化

　　下面对构建 pause 程序时出现的 -no-pie 选项进行说明。

　　-no-pie 选项与 Linux 内核提供的**地址空间布局随机化**（Address Space Layout Randomization，ASLR）功能有关。启用 ASLR 功能可以随机化程序的内存映射，令程序每次运行都映射到不同位置。如此一来，攻击者将无法得知特定代码、数据的内存地址，从而使针对特定地址的攻击变得非常困难。

　　使用 ASLR 功能需要满足两个条件。

- 已启用内核中的 ASLR 功能。Ubuntu 20.04 默认启用该功能 [①]。
- 程序支持 ASLR 功能。支持 ASLR 功能的程序称为**地址无关可执行**（Position Independent Executable，PIE）文件。

Ubuntu 20.04 的 gcc（本书例子中的 cc 命令用的就是 gcc）默认把程序构建为 PIE 文件，但可以使用 -no-pie 选项禁用此功能。

2.1.2 节在编译 pause 程序时使用 -no-pie 选项是为了让示例的输出结果更加简明易懂。如果不禁用 PIE 文件，每次执行 pause 程序时 /proc/<pid>/maps 中的数据都会出现变化，而且可能与可执行文件中的数据不同。这样就无法很好地介绍 ELF 文件了。

通过 file 命令可以判断程序是否为 PIE 文件。如果程序是 PIE 文件，会得到以下输出。

```
$ file pause
pause: ELF 64-bit LSB shared object, ...
$
```

当程序不是 PIE 文件时，则会得到以下输出。

```
$ file pause
pause: ELF 64-bit LSB executable, ...
$
```

作为参考，我们不使用 -no-pie 选项，以常规方式构建 pause 程序并执行两次，分别确认代码段在内存中的映射位置。

```
$ cc -o pause pause.c
$ ./pause &
[5] 15406
$ cat /proc/15406/maps
559c5778f000-559c57790000 r-xp 00000000 08:02 788372              .../pause
...
$ ./pause &
[6] 15536
$ cat /proc/15536/maps
```

---

① 若要禁用内核的 ASLR 功能，只需用 sysctl 命令将 kernel.randomize_va_space 参数设置为 0 即可。

```
5568d2506000-5568d2507000 r-xp 00000000 08:02 788372          .../pause
...
$ kill 15406 15536
```

可以看到，程序第一次运行时的映射位置和第二次运行时的映射位置完全不同。

实际上，Ubuntu 20.04 自带的程序都尽可能以 PIE 的形式发布。这样，即便用户或程序员的安全意识不强，系统整体的安全性也能自动加强。

当然，ASLR 并不是万能的，实际上存在绕过 ASLR 的攻击手段。在安全技术的发展史中，防御技术和攻击技术始终进行着较量。

除 fork() 函数与 execve() 函数之外的进程创建方法　技术专栏

在某个进程中创建其他程序的进程时，依次调用 fork() 函数和 execve() 函数似乎有些烦琐。我们可以利用类 UNIX 系统的 C 语言接口标准 POSIX 所定义的 posix_spawn() 函数来简化创建进程的操作。

代码清单 2-3 中的 spawn.py 程序展现了如何用 posix_spawn() 函数来创建 echo 命令的进程。

代码清单 2-3　spawn.py

```
#!/usr/bin/python3
import os
os.posix_spawn("/bin/echo", ["echo", "echo", "成功通过posix_spawn()创建
进程"], {})
print("成功创建echo命令的进程")
```

程序的运行结果如下所示。

```
$ ./spawn.py
成功创建echo命令的进程
echo 成功通过posix_spawn()创建进程
```

我们用 fork() 函数与 exec() 函数编写一个执行相同操作的 spawn-by-fork-and-exec.py 程序，如代码清单 2-4 所示。

代码清单 2-4　spawn-by-fork-and-exec.py

```
#!/usr/bin/python3
import os
ret = os.fork()
if ret == 0:
        os.execve("/bin/echo", ["echo", "成功通过fork()与execve()创建进程
"], {})
elif ret > 0:
        print("成功创建echo命令的进程")
```

程序的运行结果如下所示。

```
$ ./spawn-by-fork-and-exec.py
成功创建echo命令的进程
成功通过fork()与execve()创建进程
```

显而易见，spawn.py 程序的代码更加简洁。

虽然使用 posix_spawn() 函数来创建进程更加直观易懂，但在实现 shell 等复杂的程序时，使用 posix_spawn() 比使用 fork() 函数与 execve() 函数更复杂。

笔者仅在调用 fork() 函数之后不进行任何操作而直接调用 execve() 函数的情况下使用 posix_spawn() 函数，在其他情况下仍使用 fork() 函数和 execve() 函数。

2.2　进程的父子关系

2.1 节提到，为了创建新进程，父进程会生成子进程。那么，父进程的父进程是谁呢？"始祖"进程又是谁呢？本节将对此进行说明。

打开计算机的电源后，系统按以下顺序进行初始化。

❶ 计算机通电。

❷ 启动 BIOS 或 UEFI 等固件，并初始化硬件设备。

❸ 固件启动 GRUB 等引导加载程序。

❹ 引导加载程序启动 OS 内核。在本书中指 Linux 内核。

❺ Linux 内核启动 init 进程。

❻ init 进程启动子进程，然后子进程启动更多的子进程……如此形成
一棵进程树。

下面检查一下这棵进程树是否存在。

我们可以通过 pstree 命令以树形结构显示进程的父子关系。pstree
命令默认仅显示进程的命令名，这并不便于查看，但加上 -p 选项后，可
以在显示命令名的同时显示 PID。在笔者的计算机上执行 pstree　-p 命
令的输出结果如下所示。

```
$ pstree -p
systemd(1)-+-ModemManager(688)-+-{ModemManager}(723)
|                               `-{ModemManager}(728)
...
|---sshd(960)--------sshd(19191)--------sshd(19261)--------bash(19262)--------pstree(19638)
...
$
```

由此可见，"始祖"进程是 PID=1 的 init 进程（在 pstree 命令的输
出结果中显示为 systemd）。此外，执行 pstree 命令（PID=19638）的
是 bash 进程（PID=19262）。

2.3　进程的状态

本节将讨论进程的状态。

正如前文所述，Linux 系统中存在大量的进程。那么，这些进程时时
刻刻都在使用 CPU 吗？实际上并不是。

我们可以通过 ps aux 命令的 START 字段和 TIME 字段得知系统中进
程的启动时间和占用的 CPU 总时间。

```
$ ps aux
USER        PID  %CPU %MEM   VSZ   RSS TTY    STAT  START  TIME COMMAND
...
sat       19262   0.0  0.0 12888  6144 pts/0  Ss    18:24  0:00 -bash
...
```

通过上面的输出结果可以得知，bash（PID=19262）启动于 18:24，并且几乎不占用 CPU 时间。笔者使用 ps aux 命令进行查看的时间是 20:00 左右，也就是说 bash 运行了 1 个多小时，但占用 CPU 的时间不到 1 秒。另外，这里省略的其他进程也几乎是同样的状况。

为什么会这样呢？因为这些进程在启动后基本处于等待某些事件发生的**睡眠态**。以 bash 为例，bash 在启动后一直等待用户的输入，因为对于 bash 来说，接收用户的输入就是唯一可做的事情。这一点从 ps aux 命令的 STAT 字段也能看出来。STAT 字段的值代表进程的状态，该值的第一个字母为 S 表示进程处于睡眠态。

另外，具备运行条件，希望使用 CPU 执行处理的进程处于**就绪态**。这时 STAT 字段的值的首字母为 R。成功获取 CPU 的使用权并正在 CPU 上执行处理的进程则处于**运行态**。关于进程如何在就绪态和运行态间转换，我们将在 3.5 节和 3.6 节中详细介绍。

进程结束后将进入**僵尸态**（STAT 字段的值为 Z），随后消失。我们将在后文中说明僵尸态的意义。

进程的各种状态如图 2-4 所示。可以看出，进程在运行期间会经历不同的状态。

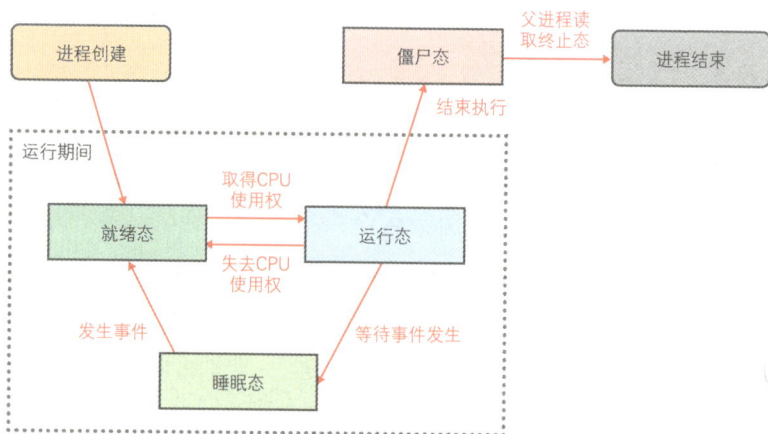

图 2-4　进程的状态

那么，当系统中的所有进程都处于睡眠态时，逻辑 CPU 上会发生什么呢？在这种情况下，逻辑 CPU 上将运行一个被称为**空闲进程**的特殊进程，这个进程不执行任何处理。空闲进程无法通过 ps aux 命令找到。

空闲进程最简单的实现方式是在一个无意义的循环中等待新进程生成或处于睡眠态的进程醒来。但是采用这种实现方式会造成能源的浪费。因此，在通常情况下并不会采用这种实现方式，而是利用 CPU 的特殊指令，让逻辑 CPU 在出现就绪态的进程前进入休眠状态，以降低能耗。

大家的笔记本电脑和智能手机在不运行程序时待机时间更长，主要得益于 CPU 长时间处于空闲状态而减少了对电量的消耗。

2.4　结束进程

我们可以利用 exit_group() 这一系统调用结束进程。在 fork.py 或 fork-and-exec.py 中调用 exit() 函数时，其底层会调用 exit_group() 函数。即使程序不显式调用该函数，libc 等库也会在内部调用该函数来结束进程。如图 2-5 所示，在 exit_group() 函数中，内核会回收进程所拥有的内存等资源。

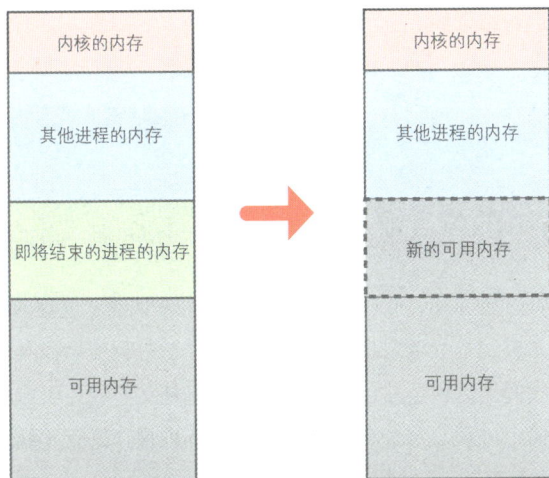

图 2-5　内核在进程结束时回收其内存

进程结束后，父进程可以通过 wait() 或 waitpid() 等系统调用获取以下信息。

- 进程的返回值。返回值等于 exit() 函数的参数除以 256 的余数。简单来说，如果 exit() 的参数为 0~255 的值，进程的返回值就等于参数的值。
- 进程是否因信号而结束（下文会详细说明）。
- 进程到结束运行为止总共占用了多少 CPU 时间。

使用这个功能，可以通过返回值筛选出由于出错而结束运行的进程，并执行报错等操作。

在 bash 中，系统可以通过内置的 wait 命令来调用 wait() 获取后台进程的终止态。代码清单 2-5 中的 wait-ret.sh 程序先在后台执行一个必定返回 1 的 false 命令，然后获取并输出该命令的返回值。

代码清单 2-5 wait-ret.sh

```
#!/bin/bash
false &
wait $! # 等待false进程结束。false命令的PID可以通过$!获取
echo "false命令已结束：$?" # false进程的返回值可以在执行wait之后通过$?获取
```

程序的运行结果如下所示。

```
$ ./wait-ret.sh
false命令已结束：1
```

2.5 僵尸进程与孤儿进程

父进程可以通过 wait() 系列的系统调用来获取子进程的状态。子进程结束后，如果父进程未发出这类系统调用，子进程便会以某种形态留存在系统上。我们把这种虽然已经结束运行，但是父进程还没取得其终止态的进程称为僵尸进程。这个名称形象地表明了进程"既死（结束运行）又未死（未从系统移除）"的状态。

　　通常，为了防止系统资源被泛滥的僵尸进程消耗殆尽，父进程会适时地回收子进程的终止态，让内核释放子进程所占用的资源。如果在系统启动过程中存在大量僵尸进程，那么很可能是这些僵尸进程的父进程存在漏洞（bug）。

　　如果某个进程在发出 wait() 系列的系统调用前结束运行，那么该进程的子进程就会变成孤儿进程。这时，内核会让 init 进程充当孤儿进程的父进程。如果僵尸进程的父进程在尚未调用 wait() 系列的系统调用时便结束运行，这些僵尸进程也会成为 init 进程的子进程。为了更好地管理子进程，init 进程会定期通过 wait() 系列的系统调用回收系统资源。

2.6　信号

　　进程基本上一直遵循预设的执行流来运行。虽然可能有条件分支指令，但是条件语句也是预先定义的，所以也可以将其归纳为预设的执行流。然而，信号提供了一种机制，可以强行改变这个执行流。信号允许一个进程给另一个进程发送通知，并通过外力改变这个进程的运行流程。

　　信号有多种类型，最常见的是 SIGINT。SIGINT 信号是在 bash 等 shell 中按 Ctrl+C 快捷键时发送的。收到 SIGINT 信号的进程，默认情况下直接结束运行。无论程序是如何构建的，都能够在发出信号的瞬间终止进程，这一点非常方便。所以不管是否清楚 SIGINT 信号的具体作用，许多 Linux 用户使用这个信号。

　　信号不仅可以由 bash 发送，还能通过 kill 命令发送。例如，想发送 SIGINT 信号时，只需执行 kill -INT <pid> 即可。除了 SIGINT，还存在以下信号。

- SIGCHLD：子进程结束时发送给父进程的信号。信号处理程序在收到这个信号后，通常会发出 wait() 系列的系统调用。
- SIGSTOP：暂停进程。在 bash 中按 Ctrl+Z 快捷键可让正在运行的进程暂停，这时 bash 向目标进程发送 SIGSTOP 信号。
- SIGCONT：让被 SIGSTOP 等信号暂停的进程重新开始运行。

我们可以通过 man 7 signal 命令查看所有信号。

正如上文所述，收到 SIGINT 信号的进程默认直接结束运行。但这并不意味着收到 SIGINT 信号后进程一定结束运行。进程将针对各个信号预先注册信号处理程序。在进程运行过程中，收到信号后便中断正在执行的处理并启动相应的信号处理程序，然后在信号处理程序执行结束后回到中断的位置重新开始运行。图 2-6 展示了这一流程。

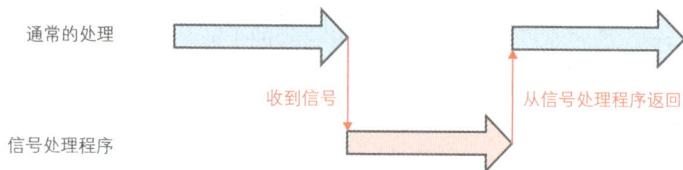

图 2-6 进程收到信号后的处理流程

除此之外，信号处理程序还可以采用忽略信号这一响应方式。例如，用 Python 编写一个如代码清单 2-6 所示的程序，即使按 Ctrl+C 快捷键，也无法结束该程序。

代码清单 2-6 intignore.py

```
#!/usr/bin/python3
import signal
# 设置为忽略SIGINT信号
# 第1个参数指定目标信号的编号 (这里设为signal.SIGINT)
# 第2个参数指定信号处理程序 (这里设为signal.SIG_IGN)
signal.signal(signal.SIGINT, signal.SIG_IGN)
while True:
    pass
```

程序的运行结果如下所示。

```
$ ./intignore.py
^C^C^C
```

^C 会在按 Ctrl+C 快捷键时出现，确实很麻烦。

如果运行了这个程序，可以先按 Ctrl+Z 快捷键把 intignore.py 放到后台，然后通过 kill 命令结束它。这时，默认发送的是 SIGTERM 信号，因此能正常结束进程。

"必杀"的SIGKILL信号与"不死"的进程 　技术专栏

　　在众多信号中有一个名为 SIGKILL 的信号，当 SIGINT 等信号无法成功结束进程时，SIGKILL 信号是可以使用的终极工具。

　　SIGKILL 是一个特别的信号，收到这个信号的进程必定会结束运行，而且无法针对 SIGKILL 注册自定义的信号处理程序。从信号名字里的 KILL 也能体会到它的"必杀"理念。

　　然而，实际上存在连 SIGKILL 也无法结束的"不死"进程。这种进程因某种原因进入了无法接收信号的不可中断睡眠状态。当使用 ps　aux 命令查看这种进程的状态时，STAT 字段的值的首字母为 D。常见的情况是磁盘 I/O 耗时过长，也可能是内核出现了某些问题。无论如何，用户基本对此束手无策。

2.7　shell 环境中的作业管理

　　本节将介绍 shell 环境中的会话与进程组等概念，它们都是为了实现 shell 的作业管理而存在的。

　　首先向不熟悉"作业"这一概念的读者介绍一下它的意思。**作业**是一种机制，用于管理在 shell（如 bash）的后台中运行的进程。下面举一个利用该机制的例子。

```
$ sleep infinity &
# [1] 6176 [1]是作业号码
$ sleep infinity &
# [2] 6200 [2]是作业号码
$ jobs 列出所有的工作
[1]-  Running                 sleep infinity &
[2]+  Running                 sleep infinity &
$ fg 1 # 把1号作业切换到前台
sleep infinity
# ^Z(按Ctrl+Z快捷键)后控制权重新回到bash上
[1]+  Stopped                 sleep infinity
```

2.7.1 会话

会话是指用户通过 gterm 等终端模拟器或 ssh 等工具登录到系统后创建的登录会话。所有会话都与一个用于控制会话的终端[①]相关联。

若想在会话内操作进程，可以通过终端向包括 shell 在内的进程发出指示，并获取这些进程的输出。通常系统会为每个会话分配一个名为 pty/<n> 的虚拟终端。

假设存在如下 3 个会话。

- A 的会话：登录 shell 为 bash。通过 vim 开发 Go 程序，正在利用 go build 命令构建程序。
- B 的会话 1：登录 shell 为 zsh。正在用 less 命令查看通过 ps aux 命令列出的系统中的进程。
- B 的会话 2：登录 shell 为 zsh。正在运行名为 calc 的自制程序。

图 2-7 展示了上述情形。

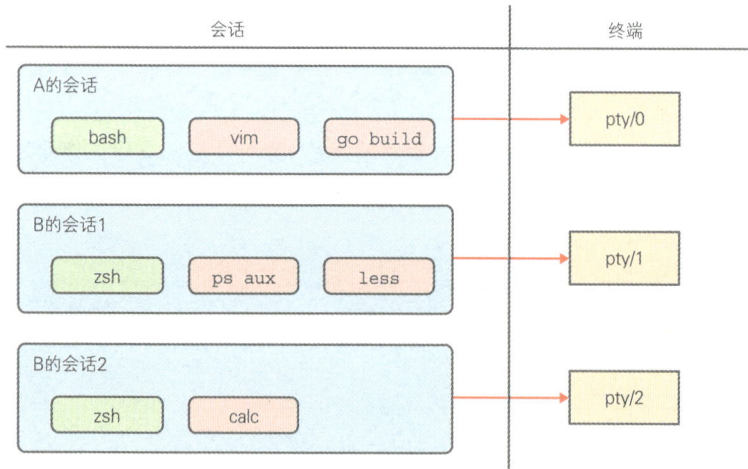

图 2-7 存在多个会话的示例

① 很难给出终端的定义，我们可以将它理解为通过 bash 等 shell 执行命令的，除了字符什么都没有的黑白画面或窗口。简而言之，终端是一个可以输入命令和查看命令输出的界面。

　　每个会话都会被分配一个唯一的会话 ID，称为 SID。在会话中存在一个**会话领头进程**，通常是一个像 bash 这样的 shell。会话领头进程的 PID 与 SID 相同。我们可以通过 ps　ajx 命令获取会话的相关信息。在笔者的计算机上，会话如下所示。

```
$ ps ajx
   PPID     PID    PGID     SID   TTY   TPGID   STAT   UID    TIME COMMAND
...
  19261   19262   19262   19262  pts/0  19647    Ss   1000   0:00 -bash
...
  19262   19647   19647   19262  pts/0  19647    R+   1000   0:00 ps ajx
...
```

　　从上面的输出可以得知，在笔者的计算机上存在一个会话（SID=19262），会话领头进程为 bash（PID=19262），而且 ps　ajx 命令（PID=19647）属于这个会话。由 bash 启动的命令通常属于这个会话。在执行 ps　ajx 和 ps　aux 命令时会出现一个 TTY 字段，这个字段的值即为与会话关联的终端的名称。上面这个会话被分配到一个名为 pts/0 的虚拟终端。

　　当挂起与会话关联的终端时，会话领头进程会收到一个 SIGHUP 信号。关闭终端模拟器的窗口可触发并发出 SIGHUP 信号。bash 收到这个信号后，结束它所管理的所有作业，然后结束自身的运行。在运行耗时较长的进程期间，如果不想进程被终止，可以使用以下命令。

- nohup 命令：启动进程时把进程设置为忽略 SIGHUP 信号。这样，即便收到 SIGHUP 信号，进程也不会受影响。
- bash 内置的 disown 命令：把运行中的作业从 bash 的管理下移除。这样当 bash 结束运行时，就不会再向该作业发送 SIGHUP 信号。

2.7.2　进程组

　　进程组用于批量控制多个进程。每个会话中都存在多个进程组。基本上可以认为 shell 所创建的每个作业都相当于一个进程组 [1]。

---

[1]　准确地说，shell 也拥有自己的固有进程组。但考虑这种情况会使说明变得复杂，因此这里省略了相关内容。

下面举一个关于进程组的例子。假设存在一个符合下述条件的会话。

- 登录 shell 为 bash。
- 在这个 bash 上执行了 go build <源代码文件名> &。
- 在这个 bash 上执行了 ps aux | less。

这时，bash 将在这个会话中创建两个进程组（作业），分别对应于 go build <源代码文件名> & 与 ps aux | less。

利用进程组功能可以向目标进程组内的所有进程发送信号。shell 正是利用这一功能进行作业控制的。我们也可以通过将 kill 命令的进程 ID 参数设置为负值来向进程组发送信号。例如，想向进程组 ID（以下简称为 PGID）为 100 的进程组发出信号，只需执行 kill -100 即可。

会话内的进程组可以分为两类。

- 前台进程组：对应 shell 上的前台作业。这种进程组在每个会话中有且只有一个，它能直接访问会话的终端。
- 后台进程组：对应 shell 上的后台作业。当后台进程尝试取得终端的控制权时，它会和收到 SIGSTOP 信号时一样暂停运行。这种状态会持续到通过内置的 fg 命令将它设置为前台进程组（或前台作业）。

如图 2-8 所示，能直接访问终端的是前台进程组（或前台作业）。

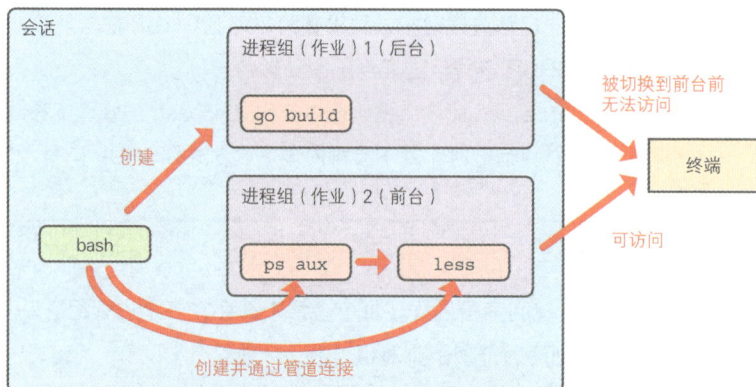

图 2-8 会话与进程组（作业）的关系

进程组能分配到一个称为 PGID 的固有 ID。我们可以通过 `ps ajx` 命令的 `PGID` 字段来查看该值。在笔者的计算机上执行 `ps ajx` 得到下面的输出结果。

```
$ ps ajx | less
   PPID     PID    PGID     SID TTY        TPGID STAT    UID    TIME COMMAND
...
  19261   19262   19262   19262 pts/0       19653 Ss      1000   0:00 -bash
...
  19262   19653   19653   19262 pts/0       19653 R+      1000   0:00 ps ajx
  19262   19654   19653   19262 pts/0       19653 S+      1000   0:00 less
...
```

通过输出结果可以得知，在笔者的计算机上存在一个以 bash（PID=19262）为领头进程的登录会话。在这个会话中存在一个由 `ps ajx`（PID=19653）和 `less`（PID=19654）组成的进程组（PGID=19653）。

这里补充说明一下如何区分前台进程组。在 `ps ajx` 的输出结果中，`STAT` 字段中含有 "+" 号的进程属于前台进程组。

虽然会话和进程组的概念非常难以理解，但是如果你分别把它们想象成从 shell 启动的登录会话和作业，并对照着 `ps ajx` 的输出结果来理解，就能慢慢地看清楚它们的真实面目。

2.8　守护进程

大家应该不止一次在关于 UNIX 或者 Linux 的话题中听过 "守护进程"（daemon）这个词。本节将讨论什么是守护进程，以及守护进程和普通进程的区别。

简单来说，守护进程就是常驻进程。普通进程通常被设计为由用户启动，并在执行完一系列处理后结束运行。但守护进程则有可能与系统一同启动，并一直运行到系统关闭。

守护进程具有以下特征。

- 不需要通过终端输入和输出，因此无须给守护进程分配终端。

- 拥有专用的会话，不受任何登录会话结束的影响。
- 守护进程的结束不会影响其创建的子进程，因为 init 进程成了这些子进程实际上的父进程。

图 2-9 展示了守护进程的特征。

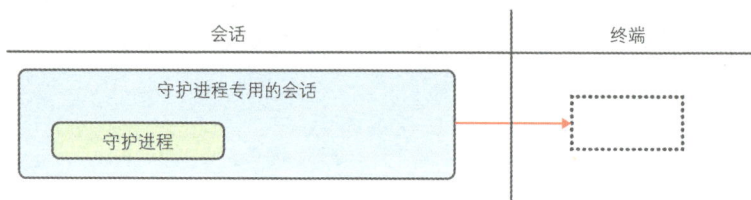

会话   终端

守护进程专用的会话

守护进程

图 2-9 守护进程

出于方便考虑，即使某个常驻进程不符合上述特征，我们有时候也会把它当作守护进程。

通过查看 ps ajx 命令的输出结果，可以判断某个进程是否为守护进程。下面以 sshd 这一 ssh 服务器进程为例。

```
$ ps ajx
   PPID     PID    PGID     SID TTY        TPGID STAT   UID   TIME COMMAND
...
      1     960     960     960 ?             -1 Ss       0   0:00 sshd: /
usr/sbin/sshd -D [listener] 0 of 10-100 startups
...
```

可以看到，sshd 的父进程确实为 init 进程（PPID=1），SID 也与 PID 相同，而且 TTY 字段为“?”，这表明该进程没有与任何终端关联。

由于守护进程没有与任何终端关联，因此原本用于挂起的 SIGHUP 信号可以用于其他用途。按照惯例，守护进程通常把该信号用于重新读取配置文件。

## 第 3 章

进程调度

第 2 章提到，系统中的大部分进程处于睡眠态。那么，当系统中存在多个处于就绪态的进程时，内核是如何在 CPU 上运行这些进程的呢？

本章将围绕内核中负责为进程分配 CPU 资源的进程调度器（以下简称为调度器）功能进行介绍。

在关于计算机的教科书中，通常对调度器进行如下描述。

- 同一时间一个逻辑 CPU 上只能运行一个进程。
- 按顺序以一定时长（称为时间片）为单位轮流让就绪态的进程使用 CPU 资源。

例如，当存在 p0、p1、p2 这 3 个进程时，它们的执行顺序如图 3-1 所示。

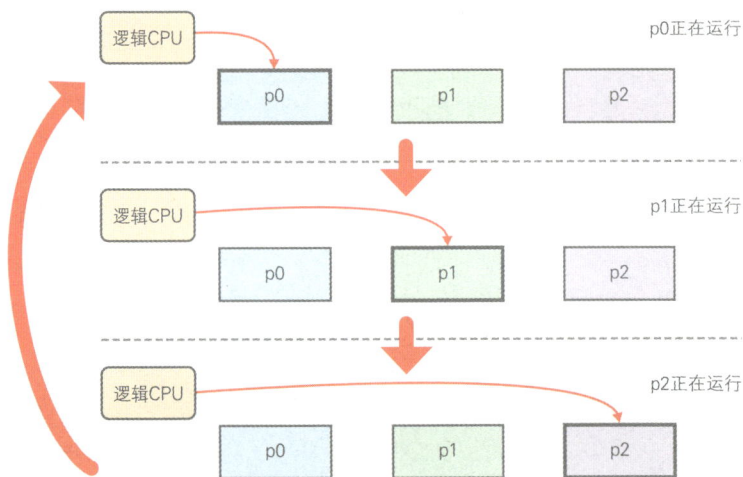

图 3-1　教科书中描述的调度器

本章将通过实验验证 Linux 中的调度器是否和上面所描述的一样。

3.1　预备知识：运行时间和执行时间

为了更好地理解本章的内容，我们需要掌握**运行时间**与**执行时间**这两个概念。它们的定义如下。

- 运行时间：进程从开始运行到运行结束所耗费的时间。可以想象成我们手里握着秒表，在进程开始运行的同时按下秒表开始计时，然后在进程结束时停止计时。这时秒表上显示的时间就是运行时间。
- 执行时间：进程实际占用逻辑 CPU 的时间。

只通过定义，大家可能很难理解。所以下面通过实验进行直观的讲解。

通过 time 命令运行进程，可以获取进程的运行时间和执行时间。执行代码清单 3-1 所示的 load.py 程序会消耗固定值的 CPU 资源。通过 time 命令运行该程序能得到下面所示的输出。

代码清单 3-1　load.py

```
#!/usr/bin/python3
# NLOOP用于调整负载，从而调整程序的运行时间。请根据自己所使用的计算机的性能进行调整，目
# 标是让程序在几秒内结束运行
NLOOP=100000000
for _ in range(NLOOP):
    pass
```

```
$ time ./load.py
real    0m2.357s
user    0m2.357s
sys     0m0.000s
```

输出结果中有 3 行内容，分别是 real、user 和 sys。real 为运行时间，user 与 sys 的和为执行时间，其中 user 为进程在用户空间中执行处理所耗费的时间，sys 为进程发出系统调用并切换到内核态后，内核处理系统调用所耗费的时间。

如上面的输出结果所示，real 的值和 user 的值相等，而 sys 的值为 0。这是因为 load.py 程序从开始运行到运行结束期间一刻不停地占用着 CPU，并且在这期间没有发出任何系统调用。需要注意的是，real 的值和 user 的值有时会有微小差异，因为在进程开始和结束时，Python 解释器需要发出一些系统调用。

下面再来做一个实验，这次的实验对象是几乎不占用 CPU 资源的

sleep 命令。

```
$ time sleep 3
real    0m3.009s
user    0m0.002s
sys     0m0.000s
```

如上所示，通过运行 sleep 命令让对应的进程释放 CPU 资源并进入睡眠态，空等 3 秒后结束运行。因此 real 大约为 3 秒，而 user 和 sys 的值几乎都为 0。图 3-2 展示了运行时间与执行时间的区别。

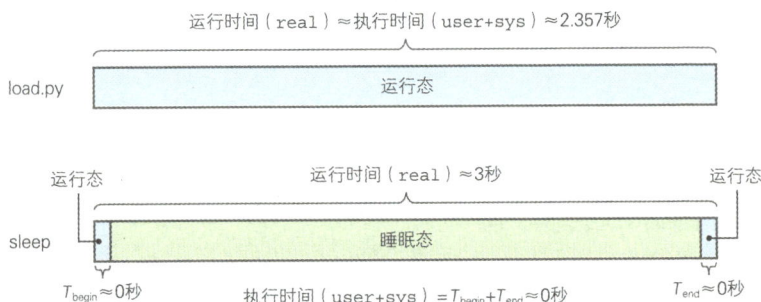

图 3-2 运行时间与执行时间

3.2 只有一个逻辑 CPU 时的调度

为了简化问题，我们首先考虑只有一个逻辑 CPU 时的最简单的情况。实验程序为 multiload.sh，如代码清单 3-2 所示。

代码清单 3-2 multiload.sh

```
#!/bin/bash
MULTICPU=0
PROGNAME=$0
SCRIPT_DIR=$(cd $(dirname $0) && pwd)
usage() {
    exec >&2
    echo "用法: $PROGNAME [-m] <进程数>
    运行<进程数>个固定负载的软件工作负载，并等待它们结束。
```

```
    输出各个进程所耗费的时间。
    默认让所有进程运行在单个逻辑CPU上。
选项的含义：
    -m表示让各个进程运行在多个逻辑CPU上。"
    exit 1
}
while getopts "m" OPT ; do
    case $OPT in
        m)
            MULTICPU=1
            ;;
        \?)
            usage
            ;;
    esac
done
shift $((OPTIND - 1))
if [ $# -lt 1 ] ; then
    usage
fi
CONCURRENCY=$1
if [ $MULTICPU -eq 0 ] ; then
    # 把工作负载限定在CPU0上
    taskset -p -c 0 $$ >/dev/null
fi
for ((i=0;i<CONCURRENCY;i++)) do
    time "${SCRIPT_DIR}/load.py" &
done
for ((i=0;i<CONCURRENCY;i++)) do
    wait
done
```

该程序的说明如下所示。

用法 ./multiload.sh [-m] <进程数>

- 运行<进程数>个固定负载的进程，并等待它们结束。
- 输出各个进程所耗费的时间。
- 默认让所有进程运行在单个逻辑 CPU 上。

选项 -m

-m 表示让各个进程运行在多个逻辑 CPU 上。

首先把 < 进程数 > 参数设为 1 并运行程序。这几乎等同于直接运行
load 程序。

```
$ ./multiload.sh 1
real    0m2.359s
user    0m2.358s
sys     0m0.000s
```

可以看到，在笔者的计算机环境中运行时间为 2.359 秒。那么，同时
运行 2 个和 3 个进程（并行数分别为 2 和 3）又会得到什么结果呢？

```
$ ./multiload.sh 2
real    0m4.730s
user    0m2.360s
sys     0m0.004s
real    0m4.739s
user    0m2.374s
sys     0m0.000s
$ ./multiload.sh 3
real    0m7.095s
user    0m2.360s
sys     0m0.004s
real    0m7.374s
user    0m2.499s
sys     0m0.000s
real    0m7.541s
user    0m2.676s
sys     0m0.000s
```

当把并行数设置为 2 和 3 时，执行时间并没有发生太大变化，但运行
时间分别变成原来的 2 倍和 3 倍。正如本章开始所述，同一时间一个逻辑
CPU 上只能运行一个进程，调度器会按顺序给进程分配 CPU 资源。这正
是运行时间发生变化的原因。

3.3　存在多个逻辑 CPU 时的调度

存在多个逻辑 CPU 时又会是什么情况呢？

启用 multiload.sh 程序的 -m 选项时，调度器会尝试把所有工作负载平

均地分配到所有的逻辑 CPU 上。这样一来，当存在 2 个工作负载和 2 个逻辑 CPU 时，每个工作负载都可以独占一个逻辑 CPU 的资源来执行各自的处理。这时的情形如图 3-3 所示。

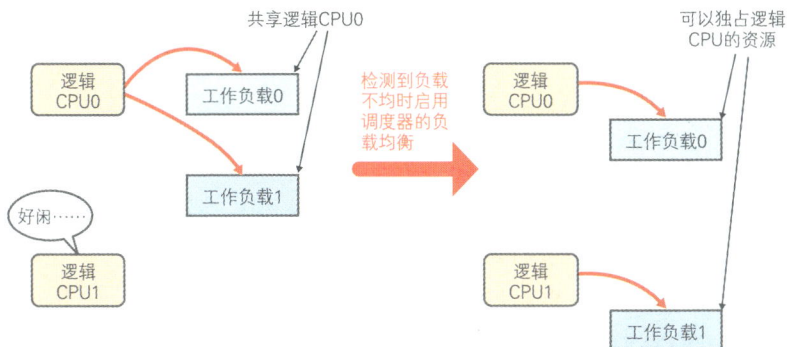

图 3-3 调度器的负载均衡（2 个逻辑 CPU，2 个工作负载）

负载均衡的工作原理非常复杂，本书将略过该部分内容。

下面通过实验来验证上面的说法。启用 multiload.sh 的 -m 选项，并分别把并行数设置为 1、2、3，运行结果如下所示。

```
$ ./multiload.sh -m 1
real    0m2.361s
user    0m2.361s
sys     0m0.000s
$ ./multiload.sh -m 2
real    0m2.482s
user    0m2.482s
sys     0m0.000s
real    0m2.870s
user    0m2.870s
sys     0m0.000s
$ ./multiload.sh -m 3
real    0m2.694s
user    0m2.693s
sys     0m0.000s
real    0m2.857s
user    0m2.853s
sys     0m0.004s
```

```
real    0m2.936s
user    0m2.935s
sys     0m0.000s
```

可以看到，所有进程的 real 与 user+sys 的值都几乎相等。也就是说，各个工作负载都能独占逻辑 CPU 的资源。

3.4 `user+sys>real` 的个例

从直觉上，我们认为 real 的值总是大于或等于 user+sys 的值。但在现实中，user+sys 的值有可能比 real 的值略大。这是因为它们采用了不同的计时方法，并且计时的精度也不是特别高。你只需要了解有可能出现这样的情况即可，无须太在意。

另外，在某些情况下，user+sys 的值比 real 的值大得多。这种情况会在启用 multiload.sh 程序的 -m 选项并把并行数设置为 2 以上时出现。下面通过 time 命令执行 ./multiload.sh -m 2 并看看结果。

```
$ time ./multiload.sh -m 2
real    0m2.510s
user    0m2.502s
sys     0m0.008s
real    0m2.725s
user    0m2.716s
sys     0m0.008s
real    0m2.728s
user    0m5.222s
sys     0m0.016s
```

在上面的输出结果中，第 1 组和第 2 组是 multiload.sh 程序内部的工作负载数据，第 3 组是 multiload.sh 自身的数据。

可以看到，user 的值几乎是 real 的值的两倍。实际上，time 命令不但会采集目标进程的 user 与 sys，还会采集已回收的子进程的 user 与 sys，并把子进程的数值加到最终输出的数值上。因此，当某个进程生成了子进程并且它们各自运行在不同的逻辑 CPU 上时，user+sys 的值就会比 real 的值大。multiload.sh 正是这种类型的程序。

3.5　时间片

通过前文我们得知，同一时间一个逻辑 CPU 上只能运行一个进程。但我们还是不清楚 CPU 资源到底是怎样分配的。本节将通过实验来验证调度器的分配方式，看看它是否以时间片为单位为就绪态的进程分配 CPU 资源。

用于实验的 sched.py 程序如代码清单 3-3 所示。

代码清单 3-3　sched.py

```
#!/usr/bin/python3
import sys
import time
import os
import plot_sched
def usage():
    print("""用法: {} <进程数>
    * 在逻辑CPU0上启动<进程数>个消耗100毫秒左右CPU时间的工作负载，并等待它们运
      行结束。
    * 把结果制作成图表并保存为"sched-<进程数>.jpg"。
    * 图表的x轴为工作负载进程的运行时间（单位：毫秒），y轴为进程的处理进度（单位：%）。
      """.format(progname, file=sys.stderr))
    sys.exit(1)
# 预处理的负载量，用于测量最适合实验的负载
# 如果该程序运行很久都不结束，请把该值调小
# 如果该程序很快结束运行，请把该值调大
NLOOP_FOR_ESTIMATION=100000000
nloop_per_msec = None
progname = sys.argv[0]
def estimate_loops_per_msec():
    before = time.perf_counter()
    for _ in  range(NLOOP_FOR_ESTIMATION):
        pass
    after = time.perf_counter()
    return int(NLOOP_FOR_ESTIMATION/(after-before)/1000)
def child_fn(n):
    progress = 100*[None]
    for i in range(100):
        for j in range(nloop_per_msec):
            pass
        progress[i] = time.perf_counter()
    f = open("{}.data".format(n),"w")
    for i in range(100):
```

```
        f.write("{}\t{}\n".format((progress[i]-start)*1000,i))
    f.close()
    cxit(0)
if len(sys.argv) < 2:
    usage()
concurrency = int(sys.argv[1])
if concurrency < 1:
    print("<并行数>只接受1以上的整数：{}".format(concurrency))
    usage()
# 强制运行在逻辑CPU0上
os.sched_setaffinity(0, {0})
nloop_per_msec = estimate_loops_per_msec()
start = time.perf_counter()
for i in range(concurrency):
    pid = os.fork()
    if (pid < 0):
        exit(1)
    elif pid == 0:
        child_fn(i)
for i in range(concurrency):
    os.wait()
plot_sched.plot_sched(concurrency)
```

该程序至少运行一个不断消耗 CPU 时间的工作负载并采集下列统计数据。

- 在某一时刻，占用逻辑 CPU 的进程。
- 各个进程的处理进度。

我们可以通过分析这些统计数据来验证前文中对调度器的描述是否正确。实验程序 sched.py 的用法如下所示。

用法 ./sched.py < 进程数 >

- 在逻辑 CPU0 上启动 < 进程数 > 个消耗 100 毫秒左右 CPU 时间的工作负载，并等待它们运行结束。
- 把结果制作成图表并保存为"sched-< 进程数 >.jpg"。
- 图表的 x 轴为工作负载进程的运行时间（单位：毫秒），y 轴为进程的处理进度（单位：%）。

图表的制作需要用到代码清单 3-4 所示的 plot_sched.py 程序，因此请在运行 sched.py 程序前把 plot_sched.py 放到 sched.py 所在的文件夹里。

代码清单 3-4　plot_sched.py

```python
#!/usr/bin/python3

import numpy as np
from PIL import Image
import matplotlib
import os

matplotlib.use('Agg')

import matplotlib.pyplot as plt

plt.rcParams['font.family'] = "sans-serif"
plt.rcParams['font.sans-serif'] = "SimHei"

def plot_sched(concurrency):
    fig = plt.figure()
    ax = fig.add_subplot(1,1,1)
    for i in range(concurrency):
        x, y = np.loadtxt("{}.data".format(i), unpack=True)
        ax.scatter(x,y,s=1)
    ax.set_title("时间片可视化 ( 并行数 ={})".format(concurrency))
    ax.set_xlabel("运行时间 ( 单位 : 毫秒 )")
    ax.set_xlim(0)
    ax.set_ylabel("进度 ( 单位 : %)")
    ax.set_ylim([0,100])
    legend = []
    for i in range(concurrency):
        legend.append("工作负载"+str(i))
    ax.legend(legend)

    # 为了避免触发Ubuntu 20.04上的matplotlib的bug，这里先把图表保存为 .png 格式，
    # 然后将其转换为 .jpg 格式
    # https://bugs.launchpad.net/ubuntu/+source/matplotlib/+bug/1897283?
    # comments=all
    pngfilename = "sched-{}.png".format(concurrency)
    jpgfilename = "sched-{}.jpg".format(concurrency)
    fig.savefig(pngfilename)
    Image.open(pngfilename).convert("RGB").save(jpgfilename)
    os.remove(pngfilename)

def plot_avg_tat(max_nproc):
    fig = plt.figure()
```

```
    ax = fig.add_subplot(1,1,1)
    x, y, _ = np.loadtxt("cpuperf.data", unpack=True)
    ax.scatter(x,y,s=1)
    ax.set_xlim([0, max_nproc+1])
    ax.set_xlabel("进程数")
    ax.set_ylim(0)
    ax.set_ylabel("平均周转时间（单位：秒）")

    # 为了避免触发Ubuntu 20.04上的matplotlib的bug，这里先把图表保存为.png格式，
    # 然后将其转换为.jpg格式
    # https://bugs.launchpad.net/ubuntu/+source/matplotlib/+bug/1897283?
    # comments=all
    pngfilename = "avg-tat.png"
    jpgfilename = "avg-tat.jpg"
    fig.savefig(pngfilename)
    Image.open(pngfilename).convert("RGB").save(jpgfilename)
    os.remove(pngfilename)

def plot_throughput(max_nproc):
    fig = plt.figure()
    ax = fig.add_subplot(1,1,1)
    x, _, y = np.loadtxt("cpuperf.data", unpack=True)
    ax.scatter(x,y,s=1)
    ax.set_xlim([0, max_nproc+1])
    ax.set_xlabel("进程数")
    ax.set_ylim(0)
    ax.set_ylabel("吞吐量（单位：个进程/秒）")

    # 为了避免触发Ubuntu 20.04上的matplotlib的bug，这里先把图表保存为.png格式，
    # 然后将其转换为.jpg格式
    # https://bugs.launchpad.net/ubuntu/+source/matplotlib/+bug/1897283?
    # comments=all
    pngfilename = "avg-tat.png"
    jpgfilename = "throughput.jpg"
    fig.savefig(pngfilename)
    Image.open(pngfilename).convert("RGB").save(jpgfilename)
    os.remove(pngfilename)
```

分别以并行数为 1、2、3 的设定运行该程序 3 次。

```
for i in 1 2 3 ; do ./sched.py $i ; done
```

3 次的运行结果分别如图 3-4~ 图 3-6 所示。

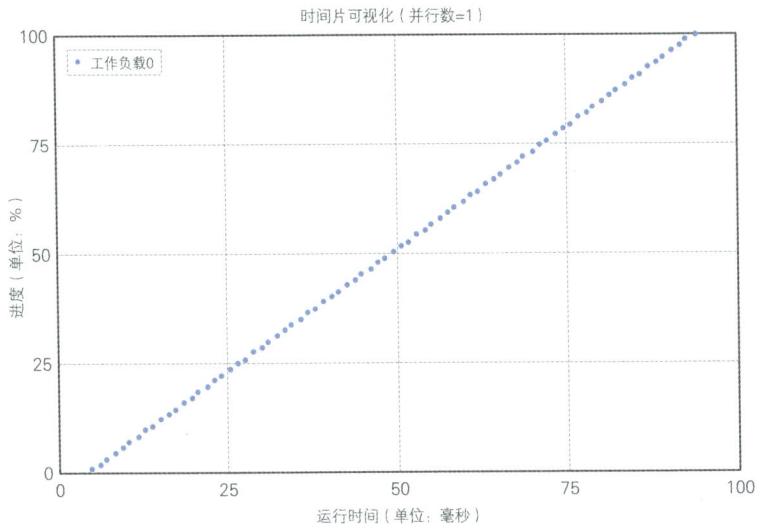

图 3-4 并行数为 1 的结果

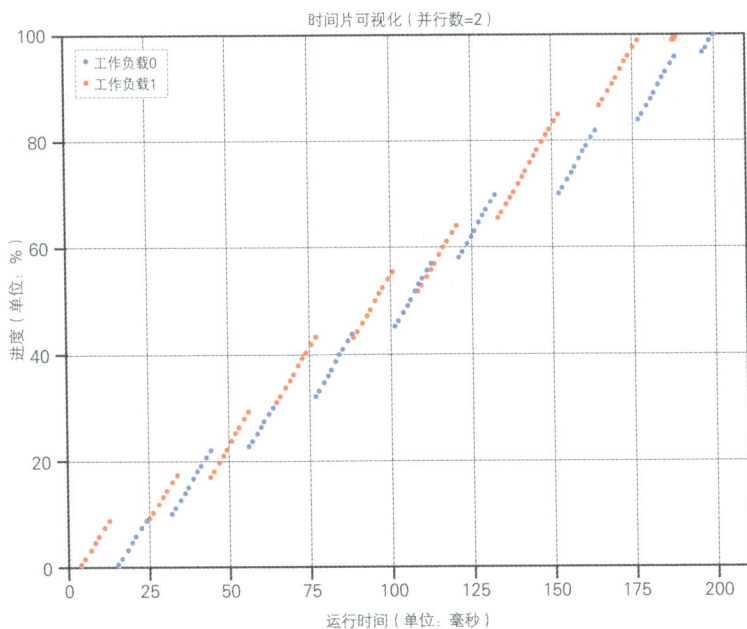

图 3-5 并行数为 2 的结果

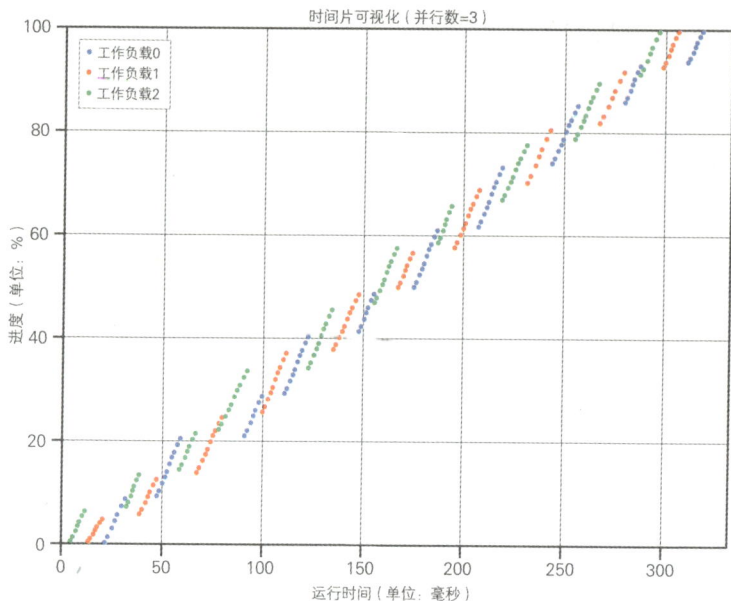

时间片可视化（并行数=3）

图 3-6　并行数为 3 的结果

通过这几个图可以得知，当多个进程运行在一个逻辑 CPU 上时，进程会以每经过一个时间片（约 10 毫秒）交替一次的频率轮流使用 CPU。

时间片原理　　　　　　　　　　　　　　　　　　技术专栏

　　仔细观察图 3-6 会发现，并行数为 3 时各个进程的时间片时长比并行数为 2 时的短。实际上 Linux 的调度器会参照 Latency Target（延迟目标）的值，一次性获取与该值相当的 CPU 时间。sysctl 的 kernel.sched_latency_ns 参数[1]（单位：纳秒）定义了调度器的 Latency Target。

　　在笔者的计算机环境中，该参数的值如下。

```
$ sysctl kernel.sched_latency_ns
kernel.sched_latency_ns = 24000000   # 24000000纳秒/1000000 = 24毫秒
```

[1] 从 v5.13 版本的内核开始不再使用 kernel.sched_latency_ns 参数。在 v5.13 及更高版本的内核中，同样意义的值可以从 /sys/kernel/debug/sched/ latency_ns 文件中找到。访问该文件需要 root 权限。

各个进程获得的时间片为 kernel.sched_latency_ns / < 在逻辑 CPU 上处于运行态或就绪态的进程数 >（单位：纳秒）。

假设某个逻辑 CPU 上存在 1~3 个就绪态的进程，这时 Latency Target 与时间片的关系如图 3-7 所示。

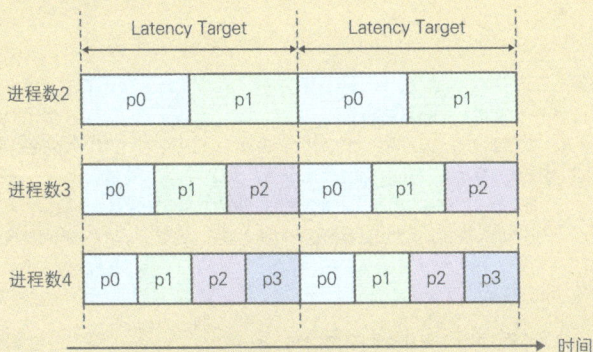

图 3-7　Latency Target

时间片的时长在 Linux 2.6.23 版本前的内核中是一个固定值，即 100 毫秒。但当进程数增加时，这将导致进程很久都没法分配到 CPU 时间。为了改善上述问题，目前的调度器采用根据进程数动态改变时间片时长的做法。

Latency Target 和时间片的计算会随着进程数、内核数的增加变复杂，它们的值主要受下列因素影响。

- 安装在系统中的逻辑 CPU 的个数。
- 当运行态 / 就绪态的进程数量超过规定值时，它们与规定值的差。
- 表示进程优先级的 nice 值。

这里主要讨论来自 nice 的影响。nice 用于设置进程的优先级，取值范围为 –20~19（默认值为 0）。–20 的优先级最高，19 的优先级最低。所有用户都能降低进程的优先级，但只有拥有 root 权限的用户可以提高进程的优先级。

我们可以通过 nice 命令、renice 命令、nice() 系统调用及 setpriority() 系统调用来更改 nice 的数值。调度器会为 nice 值较小（优先级较高）的进程分配更多的时间片。

sched-nice.py 程序如代码清单 3-5 所示。

代码清单 3-5 sched-nice.py

```
#!/usr/bin/python3

import sys
import time
import os
import plot_sched

def usage():
    print("""用法: {} <nice值>
        * 在逻辑CPU0上启动两个大约消耗100毫秒CPU时间的工作负载，并等待它们结束。
        * 工作负载0和1的nice值分别设置为0（默认）和<nice值>。
        * 将运行结果绘制成图表，并保存为"sched-2.jpg"。
        * 图表的x轴为工作负载进程的运行时间（单位：毫秒），y轴为进程的处理进度
          （单位：%）。""".format(progname, file=sys.stderr))
    sys.exit(1)

# 预处理的负载量，用于测量最适合实验的负载
# 如果该程序运行很久都不结束，请把该值调小
# 如果该程序很快结束运行，请把该值调大
NLOOP_FOR_ESTIMATION=100000000
nloop_per_msec = None
progname = sys.argv[0]

def estimate_loops_per_msec():
    before = time.perf_counter()
    for _ in  range(NLOOP_FOR_ESTIMATION):
        pass
    after = time.perf_counter()
    return int(NLOOP_FOR_ESTIMATION/(after-before)/1000)

def child_fn(n):
    progress = 100*[None]
    for i in range(100):
        for _ in range(nloop_per_msec):
            pass
        progress[i] = time.perf_counter()
    f = open("{}.data".format(n),"w")
    for i in range(100):
        f.write("{}\t{}\n".format((progress[i]-start)*1000,i))
    f.close()
```

```
    exit(0)

if len(sys.argv) < 2:
    usage()

nice = int(sys.argv[1])
concurrency = 2

if concurrency < 1:
    print("<并行数>只接受1以上的整数：{}".format(concurrency))
    usage()

# 强制运行在逻辑CPU0上
os.sched_setaffinity(0, {0})

nloop_per_msec = estimate_loops_per_msec()

start = time.perf_counter()

for i in range(concurrency):
    pid = os.fork()
    if (pid < 0):
        exit(1)
    elif pid == 0:
        if i == concurrency - 1:
            os.nice(nice)
        child_fn(i)

for i in range(concurrency):
    os.wait()

plot_sched.plot_sched(concurrency)
```

下面列出了代码清单 3-5 所示的 sched-nice.py 程序的用法。

用法 `./sched-nice.py <nice 值 >`

- 在逻辑 CPU0 上启动两个工作负载并等待它们结束，这两个工作负载都会消耗大约 100 毫秒的 CPU 时间。
- 工作负载 0 的 nice 值为默认的 0，而工作负载 1 的 nice 值由 <nice值 > 参数指定。

- 把运行结果制作成图表并保存为 "sched-2.jpg"。
- 图表的 x 轴为进程的运行时间（单位：毫秒），y 轴为进程的进度（单位：%）

把 <nice 值 > 设置为 5 并运行该程序。

```
$ ./sched-nice.py 5
```

运行的结果如图 3-8 所示。

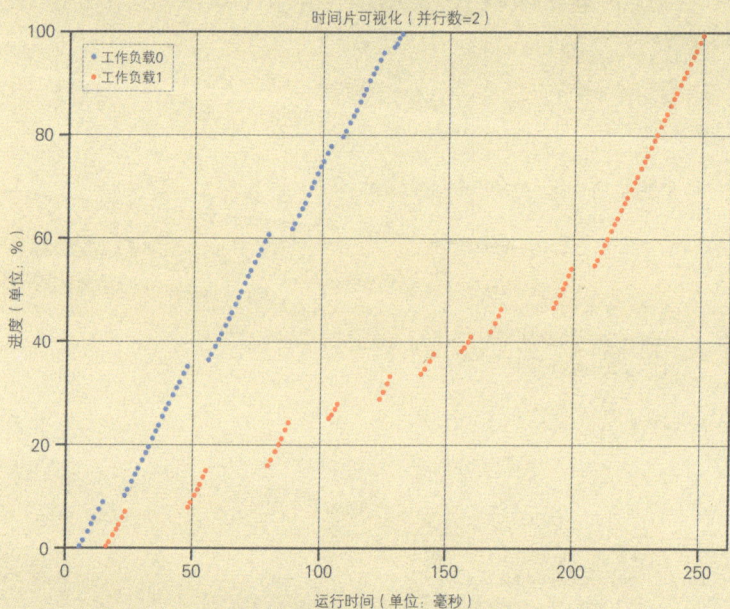

时间片可视化（并行数=2）

图 3-8 改变 nice 值后的情形

正如我们的预期，工作负载 0 比工作负载 1 分配到更多的时间片。

顺带一提，在 sar 命令的输出中，%nice 字段表示优先级被调低的进程在用户空间中运行的时间比例（单位：%），%user 字段表示 nice 值为 0 时的时间消耗。这里利用第 1 章中的 inf-loop.py 程序来看一看在调低优先级（这里设置为 5）的状态下运行实验程序，sar 命令的输出会发生什么变化。

```
$ nice -n 5 taskset -c 0 ./inf-loop.py &
[1] 168376
$ sar -P 0 1 1
Linux 5.4.0-74-generic (coffee)          2021年12月04日 _x86_64_      (8 CPU)
05时57分58秒   CPU    %user    %nice    %system   %iowait   %steal    %idle
05时57分59秒    0     0.00    100.00     0.00      0.00      0.00      0.00
Average:       0     0.00    100.00     0.00      0.00      0.00      0.00
$ kill 168376
```

可以看到，输出结果中的 100.00 并不在 %user 字段下，而出现在 %nice 字段下。

需要注意的是，本技术专栏中关于调度器原理的内容并不在 POSIX 等标准内。也就是说，随着内核版本的变化，调度器的工作原理可能发生改变。例如 kernel.sched_latency_ns 的默认值就曾被多次修改。因此，根据这里所述内容进行的系统调优，无法保证在未来依然有效。

如果你对调度器的实现感兴趣，可以自行上网搜索相关参考资料，比如搜索 "Linux 进程调度器的 sysctl 参数"、"Linux 进程调度器的发展史" 或 "Linux 的进程调度器是怎样工作的" 等。

3.6　上下文切换

上下文切换是指运行在逻辑 CPU 上的进程之间的切换。图 3-9 展示了进程 0 与进程 1 之间发生上下文切换时的情形。

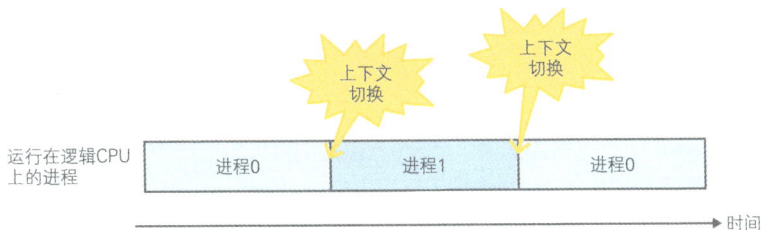

图 3-9　上下文切换

不管进程在执行什么指令，只要消耗完分配的时间片就会强制执行上下文切换。如果不能理解这一点，会很容易出现图 3-10 所示的误解。

进程0的源代码

```
def func():
    …
    foo();
    bar();
    …
```

在源代码中，bar() 函数紧跟在 foo() 函数的后面，所以 bar() 一定会在 foo() 结束后立刻开始执行。

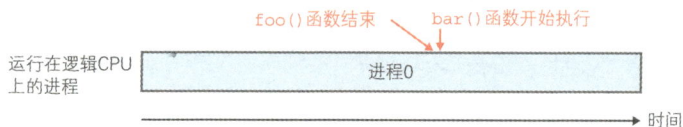

foo() 函数结束　　bar() 函数开始执行

运行在逻辑CPU 上的进程

进程0

时间

图 3-10　未意识到上下文切换时的误解

然而在现实中，并不能保证 foo() 函数结束后 bar() 函数立即执行。如果 foo() 函数结束后时间片刚好用完，那么 bar() 函数可能需要等待一小段时间才能开始执行，图 3-11 展示了这一情形。

进程0的源代码

```
def func():
    …
    foo();
    bar();
    …
```

在 foo() 函数与 bar() 函数之间可能运行着别的进程。

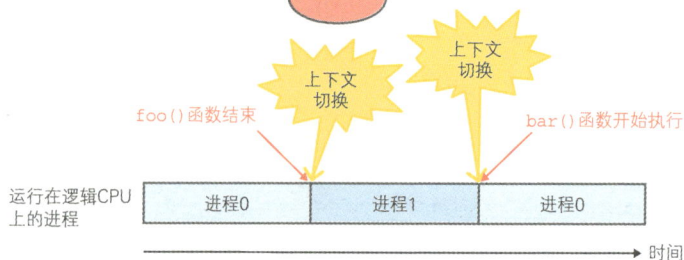

上下文切换

上下文切换

foo() 函数结束　　　　　　　　　　　　bar() 函数开始执行

运行在逻辑CPU 上的进程

| 进程0 | 进程1 | 进程0 |

时间

图 3-11　意识到上下文切换时的正确想法

理解这一点后，当某个进程运行时间过长时，我们就不会轻易地得出"这个进程有问题"的结论，而是能够考虑到"在进程运行过程中可能发生了上下文切换，导致其他进程得以运行"的情况。

3.7　性能

在运营一个系统时，必须保证该系统能达到预定的性能要求。为此，可以使用以下指标。

- 周转时间：从任务被提交到系统开始，到系统完成任务为止所需的时间。
- 吞吐量：单位时间内完成的任务的个数。

下面尝试测量这两个指标。这里将从 multiload.sh 程序中采集下列性能数据。

- 平均周转时间：所有工作负载的 real 值的平均值。
- 吞吐量：进程数除以 multiload.sh 程序的 real 值。

采集这些数据时，需要使用代码清单 3-6 所示的 cpuperf.sh 程序与代码清单 3-7 所示的 plot-perf.py 程序。cpuperf.sh 的用法如下所示。

用法 ./cpuperf.sh [-m] < 进程数上限 >

❶ 把性能数据保存到 cpuperf.data 文件中。

- 条目的数量 =< 进程数上限 >。
- 每一行的格式：< 进程数 > < 平均周转时间（单位：秒）> < 吞吐量（单位：个进程 / 秒）>。

❷ 根据采集的性能数据制作平均周转时间的图表，并把图表保存为 "avg-tat.jpg"。

❸ 根据采集的性能数据制作吞吐量的图表，并把图表保存为 "throughput.jpg"。

❹ multiload.sh 程序的 -m 选项可以通过本程序的 -m 选项启用。

代码清单 3-6　cpuperf.sh

```
#!/bin/bash

usage() {
    exec >&2
    echo "用法: $0 [-m] <进程数上限>
```

1. 把性能数据保存到 cpuperf.data 文件中。
    * 条目的数量=<进程数上限>
    * 每一行的格式：<进程数> <平均周转时间（单位：秒）> <吞吐量（单位：个进程/秒）>
2. 根据采集的性能数据制作平均周转时间的图表，并把图表保存为 "avg-t.at.jpq"。
3. 根据采集的性能数据制作吞吐量的图表，并把图表保存为 "throughput.jpg"。

```
    -m表示启用multiload.sh的-m选项"
    exit 1
}


measure() {
    local nproc=$1
    local opt=$2
    bash -c "time ./multiload.sh $opt $nproc" 2>&1 | grep real | sed -n -e
's/^.*0m\([.0-9]*\)s$/\1/p' | awk -v nproc=$nproc '
BEGIN{
    sum_tat=0
}
(NR<=nproc){
    sum_tat+=$1
}
(NR==nproc+1) {
    total_real=$1
}
END{
    printf("%d\t%.3f\t%.3f\n", nproc, sum_tat/nproc, nproc/total_real)
}'
}


while getopts "m" OPT ; do
    case $OPT in
        m)
            MEASURE_OPT="-m"
            ;;
        \?)
            usage
            ;;
    esac
done


shift $((OPTIND - 1))
```

```
if [ $# -lt 1 ]; then
    usage
fi

rm -f cpuperf.data
MAX_NPROC=$1
for ((i=1;i<=MAX_NPROC;i++)) ; do
    measure $i $MEASURE_OPT  >>cpuperf.data
done

./plot-perf.py $MAX_NPROC
```

代码清单 3-7　plot-perf.py

```
#!/usr/bin/python3

import sys
import plot_sched

def usage():
    print("""用法: {} <进程数上限>
    * 根据保存着 cpuperf 程序运行结果的 perf.data 文件来制作性能数据的图表。
    * 根据采集的性能数据制作平均周转时间的图表，并把图表保存为 "avg-tat.jpg"。
    * 根据采集的性能数据制作吞吐量的图表，并把图表保存为 "throughput.jpg"。""".format
    (progname, file=sys.stderr))
    sys.exit(1)

progname = sys.argv[0]

if len(sys.argv) < 2:
    usage()

max_nproc = int(sys.argv[1])
plot_sched.plot_avg_tat(max_nproc)
plot_sched.plot_throughput(max_nproc)
```

　　首先，我们考虑在只有一个逻辑 CPU，并把 CPU 上运行的进程数上限设置为 8 个时的情况，也就是运行 `./cpuperf.sh 8` 命令时的情况。运行结果如图 3-12 和图 3-13 所示。

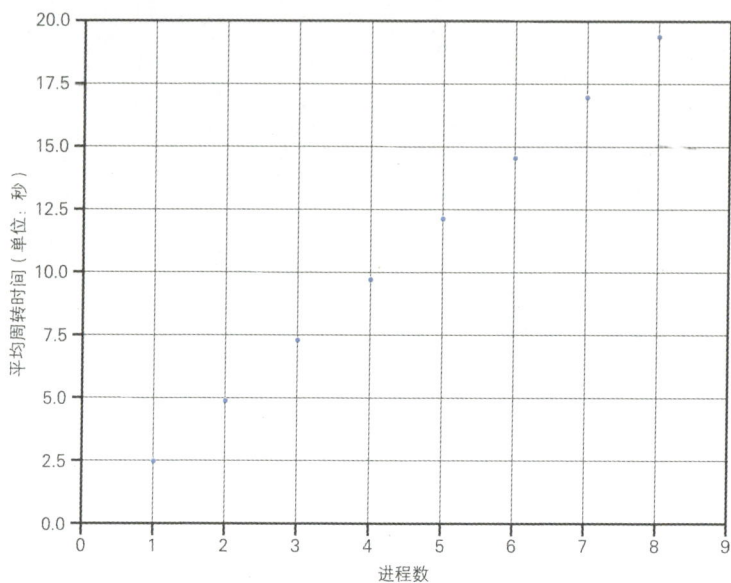

图 3-12　平均周转时间（逻辑 CPU：1 个；进程数上限：8 个）

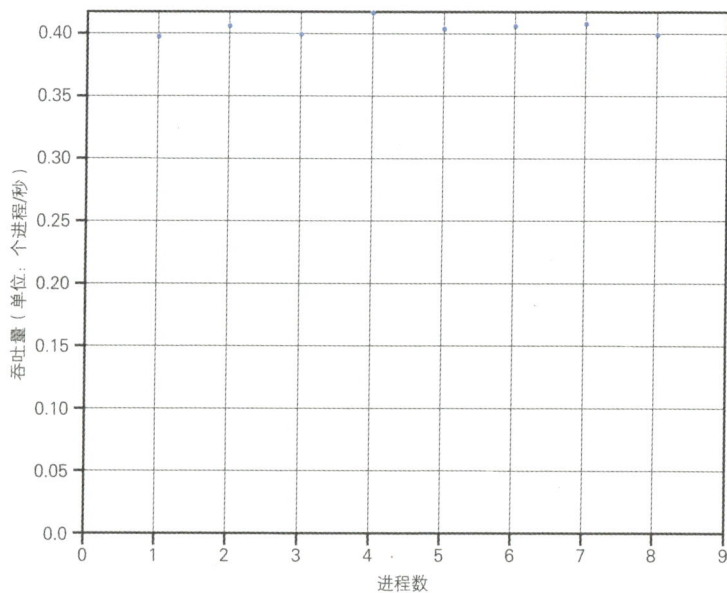

图 3-13　吞吐量（逻辑 CPU：1 个；进程数上限：8 个）

可以看到，当进程数比逻辑 CPU 的数量多时，增加进程数只会增加平均周转时间，并不能提升吞吐量。

如果在这一状态下进一步增加进程数，调度器发起的上下文切换会导致平均周转时间越来越长，吞吐量也会随之下降。从性能角度来看，这意味着在没有空余的 CPU 资源时增加进程数并不会带来好处。

下面我们深入探讨周转时间。假设系统中存在一个 Web 程序，这个程序在执行下列任务。

❶ 通过网络接收用户的请求。

❷ 根据请求生成相应的 HTML 文件。

❸ 通过网络把文件返回给相应的用户。

如果在逻辑 CPU 处于高负荷的状态时收到新的请求，平均周转时间将越来越长。这直接影响响应时间，导致用户体验变差。因此，相较于重视吞吐量的系统，重视响应性能的系统更加注重降低系统中每台机器的 CPU 使用率。

接下来，我们将采集启用所有逻辑 CPU 时的数据。通过 `grep -c processor /proc/cpuinfo` 命令可以获取逻辑 CPU 的数量。

```
# grep -c processor /proc/cpuinfo
8
```

在笔者的计算机上安装着 4 核 8 线程的 CPU，因此存在 8 个逻辑 CPU。

在启用同时多线程（Simultaneous Multi-Threading，SMT）的系统上做该实验前，先通过下述操作关闭 SMT[①]。我们将在第 8 章中说明关闭 SMT 的理由。

```
# cat /sys/devices/system/cpu/smt/control
on
# echo off >/sys/devices/system/cpu/smt/control
# cat /sys/devices/system/cpu/smt/control
off
# grep -c processor /proc/cpuinfo
4
```

---

① 启用 SMT 时会输出 on。如果该文件不存在，意味着 CPU 并不支持 SMT。

图 3-14 与图 3-15 展示了在关闭 SMT 的状态下把进程数上限设置为 8 个（执行 ./cpuperf.sh -m 8 命令）时采集的性能数据。

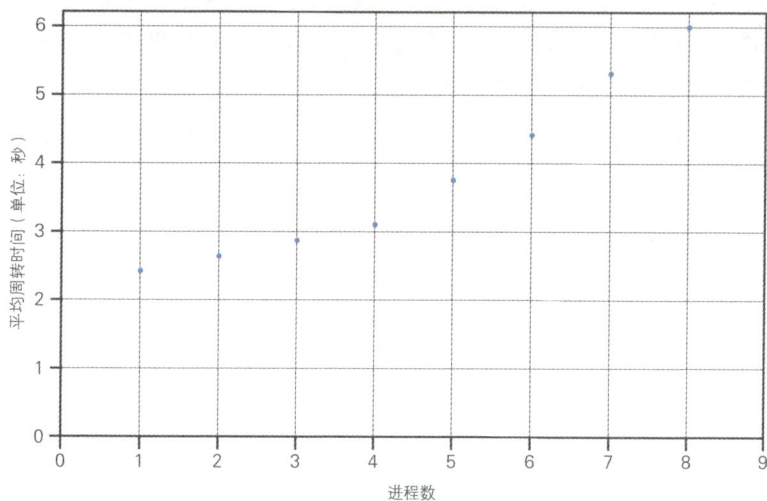

图 3-14 平均周转时间（利用所有逻辑 CPU；进程数上限：8 个）

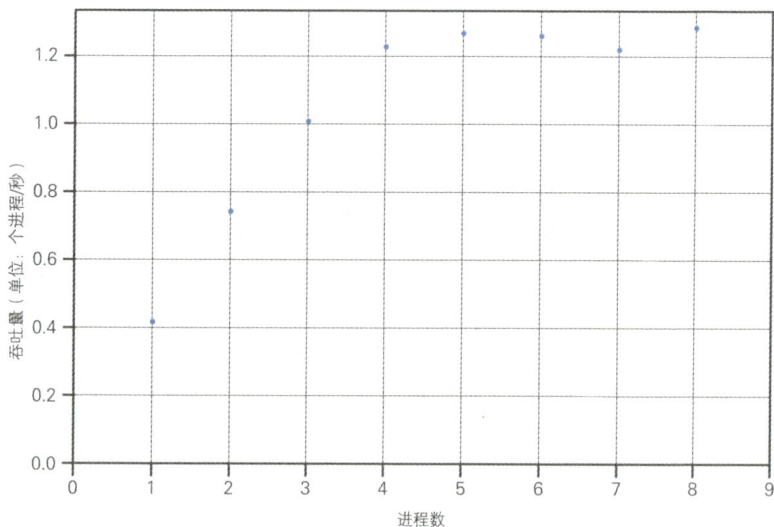

图 3-15 吞吐量（利用所有逻辑 CPU；进程数上限：8 个）

在图 3-14 中，平均周转时间在进程数超过逻辑 CPU 的数量（这里是 4）之前缓慢增加，但之后急剧增加。

在图 3-15 中，吞吐量在进程数超过逻辑 CPU 的数量之前不断提升，但之后趋于平稳。从以上的实验结果可以得出以下结论。

- 即便机器上安装着大量逻辑 CPU，若没有充足的进程运行在该机器上，也无法提升吞吐量。
- 盲目增加进程数不会提升吞吐量。

实验结束后，可以通过以下命令重新启用 SMT。

```
# echo on >/sys/devices/system/cpu/smt/control
```

3.8　程序并行执行的重要性

程序并行执行的重要性逐年提高。这是因为 CPU 的发展模式发生了变化。

以前，CPU 的更新换代会大幅提高每个逻辑 CPU 的性能（称作**单线程性能**）。在这种发展模式下，程序即便不做任何改变，其处理速度也能不断提高。但这一状况在近十几年发生了改变。由于各种各样的原因，单线程性能越来越难以提升。因此现在 CPU 的更新换代无法再像以前那样带来单线程性能的大幅提升，而是通过增加 CPU 的核心数等方式来提升 CPU 的总体性能。

内核也顺应时代的发展，提升了自身应对核心数增长的可扩展性。可以说，常识随着时代的改变而发生变化，软件也需要根据常识的变化而做出改变。

## 第 4 章

内存管理系统

如图 4-1 所示，Linux 通过内核中的内存管理系统管理系统中的所有内存。这些内存被内核和各种进程使用。

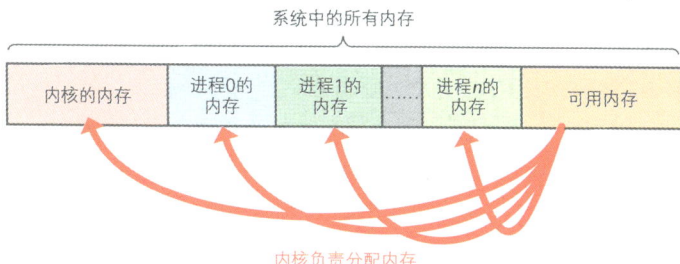

图 4-1　内核负责管理所有内存

本章将详细介绍内存管理系统。

4.1　获取内存的相关信息

通过 `free` 命令可获取**系统的内存总量与已用内存量**。表 4-1 列出了 `free` 命令的输出中各个字段的含义。

```
$ free
              total        used        free      shared  buff/cache   available
Mem:       15359352      448804     9627684        1552     5282864    14579968
Swap:             0           0           0
```

表 4-1　可通过 `free` 命令获取的信息

字段名	含　义
`total`	系统的内存总量。在上面的示例中该值约为 15 GiB
`used`	该字段的值为系统正在使用的内存量（`total`-`free`）减去 `buff/cache` 字段的值
`free`	表面上的可用内存量（请参考 `available` 字段的解释）
`shared`	tmpfs 使用的共享内存量
`buff/cache`	缓冲区缓存与页缓存（详见第 8 章）占用的内存量。内核会在可用内存量（`free` 字段的值）减少时释放缓存占用的内存

（续）

字段名	含 义
available	实际的可用内存量。该字段的值为 free 字段的值加上内核的内存空间中可以释放的内存量（例如页缓存占用的内存量）

图 4-2 展示了表 4-1 中各个字段的关系。

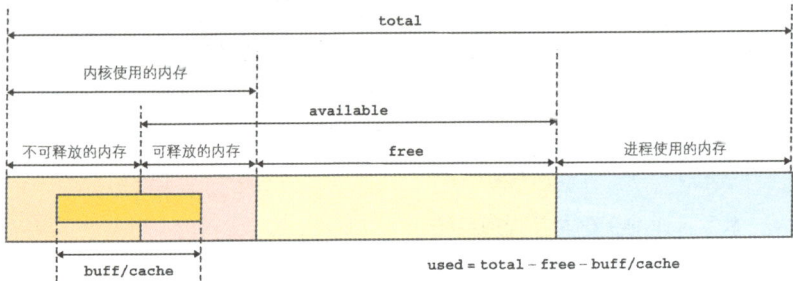

```
                                      total
├──────────────────────────────────────────────────────────────────┤

    ┌── 内核使用的内存 ──────────┤
    ├────────────────────────────┤
                                      available
                        ├───────────────────────────────────────────┤

  不可释放的内存 │ 可释放的内存 │          free          │  进程使用的内存

  ┌────┬──────┐  ┌──────────────┐  ┌──────────────────┐  ┌──────────────┐
  │    │      │  │              │  │                  │  │              │
  └────┴──────┘  └──────────────┘  └──────────────────┘  └──────────────┘
      buff/cache                   used = total - free - buff/cache
```

图 4-2 free 命令的输出中各个字段的关系

下面将深入讲解 used 和 buff/cache。

4.1.1 used

used 的值包含进程使用的内存与内核使用的部分内存。我们将略过内核部分，集中说明进程使用的内存。

used 的值随着进程的内存使用量的增多而变大。这些内存会在进程结束后被内核释放。我们通过代码清单 4-1 展示的 memuse.py 程序判断上述说法是否正确。该程序执行以下操作。

❶ 执行 free 命令并展示其输出结果。

❷ 获取一定量的内存。

❸ 执行 free 命令并展示其输出结果。

代码清单 4-1 memuse.py

```
#!/usr/bin/python3

import subprocess
```

```
# 通过生成适量的数据来获取内存
# 在内存量较少的系统上运行本程序时，可能因为内存不足而无法运行
# 如果发生这种情况，请把 size 的数值调小后再次尝试
size = 10000000

print("获取内存前的系统已用内存量。")
subprocess.run("free")

array = [0]*size

print("获取内存后的系统已用内存量。")
subprocess.run("free")
```

下面看一下该程序的输出结果。

```
$ ./memuse.py
获取内存前的系统已用内存量。
              total        used        free      shared  buff/cache   available
Mem:       15359352      515724     9482612        1552     5361016    14513048
Swap:             0           0           0
获取内存后的系统已用内存量。
              total        used        free      shared  buff/cache   available
Mem:       15359352      594088     9404248        1552     5361016    14434684
Swap:             0           0           0
```

可以看到，获取内存后 used 的值增加了接近 80 MiB（(594088–515724) KiB/1024）。由于系统的已用内存量会受其他程序的影响，因此不需要在意具体的数值，只需要明白已用内存量会在程序获取内存时变大即可。

在 memuse.py 运行结束后，我们再次查看 free 命令的输出结果。

```
$ free
              total        used        free      shared  buff/cache   available
Mem:       15359352      512968     9485368        1552     5361016    14515804
Swap:             0           0           0
```

可以看见，used 的值回落到运行程序前的水平。这样就确认了当处理数据的程序结束后，相应的内存会被释放。

4.1.2 buff/cache

缓冲区缓存与页缓存所占用的内存量即为 buff/cache 字段的值。缓冲区缓存与页缓存皆为内核提供的机制，它们会将访问速度较慢的存储设备上的文件数据临时读取到读写速度较快的内存中，从而提高用户访问数据的主观感知速度。在这里，你只需要记住"当读取存储设备上的文件数据时，会在内存中缓存（存储）数据"即可。

我们通过代码清单 4-2 所示的 buff-cache.sh 程序来看看 buff/cache 的值在页缓存生效前后会发生什么变化。该程序执行以下操作。

❶ 执行 free 命令。
❷ 生成一个大小为 1 GiB 的文件。
❸ 执行 free 命令。
❹ 删除文件。
❺ 执行 free 命令。

代码清单 4-2 buff-cache.sh

```
#!/bin/bash

echo "生成文件前的系统已用内存量。"
free

echo "新建一个大小为1 GiB的文件。这样，内核将从内存中获得1 GiB的页缓存空间。"
dd if=/dev/zero of=testfile bs=1M count=1K

echo "获取页缓存后的系统已用内存量。"
free

echo "删除文件后，即删除页缓存后的系统已用内存量。"
rm testfile
free
```

```
$ ./buff-cache.sh
生成文件前的系统已用内存量。


              total      used      free    shared buff/cache  available
```

```
Mem:       15359352      458672     9617128        1552     5283552    14570100
Swap:             0           0           0
```

新建一个大小为 1 GiB 的文件。这样，内核将从内存中获得 1 GiB 的页缓存空间。

```
1024+0 records in
1024+0 records out
1073741824 bytes (1.1 GB, 1.0 GiB) copied, 0.383913 s, 2.8 GB/s
```

获取页缓存后的系统已用内存量。

```
             total        used        free      shared  buff/cache   available
Mem:      15359352      459264     8565984        1552     6334104    14569452
Swap:            0           0           0
```

删除文件后，即删除页缓存后的系统已用内存量。

```
             total        used        free      shared  buff/cache   available
Mem:      15359352      459052     9616148        1552     5284152    14569664
Swap:            0           0           0
```

结果和我们的预期相同，buff/cache 的值在创建文件后增加了 1 GiB 左右，并且在删除文件后回落到创建文件前的水平。

4.1.3　通过 sar 命令获取内存信息

利用 sar -r 命令可以获取内存的统计信息。第 2 个参数用于指定数据采集的时间间隔。下面以 1 秒的时间间隔采集 5 次数据。

```
$ sar -r 1 5
Linux 5.4.0-74-generic (coffee)        2021年12月04日  _x86_64_        (8 CPU)
09时02分40秒  kbmemfree    kbavail kbmemused  %memused kbbuffers   kbcached
kbcommit    %commit  kbactive   kbinact    kbdirty
09时02分41秒   9617224   14570084    284636       1.85      2016    4995716
1390324       9.05   3692984   1473164         0
09时02分42秒   9617224   14570084    284636       1.85      2016    4995716
1390324       9.05   3692984   1473164         0
09时02分43秒   9617224   14570084    284636       1.85      2016    4995716
1390324       9.05   3692984   1473164         0
09时02分44秒   9617224   14570084    284636       1.85      2016    4995716
```

```
1390324       9.05    3692984    1473164          0
09时02分45秒  9617224  14570084    284636        1.85      2016    4995716
1390324       9.05    3692984    1473164          0
Average:       9617224  14570084    284636        1.85      2016    4995716
1390324       9.05    3692984    1473164          0
$
```

表 4-2 展示了 free 命令的字段与 sar -r 命令的字段的对应关系。

表 4–2 free 命令的字段与 sar -r 命令的字段的对应关系

free 命令的字段	sar -r 命令的字段
total	无对应字段
free	kbmemfree
buff/cache	kbbuffers+kbcached
available	无对应字段

与 free 命令的多行输出结果相比，sar -r 命令将每次输出的数据浓缩到一行。这在需要连续采集统计信息时非常方便。

4.2　内存回收

可用内存量随着系统负载的升高而减少，如图 4-3 所示。

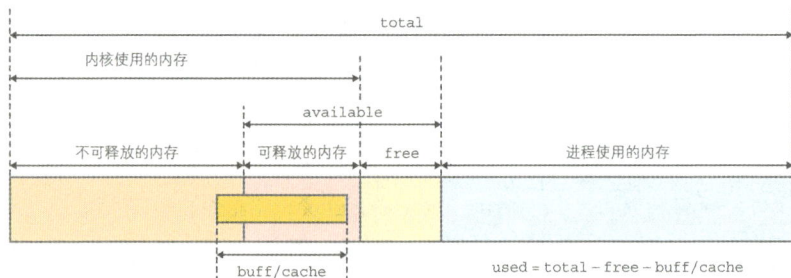

图 4–3 可用内存量减少

这时，内核中的内存管理系统将尝试释放 ①可回收的内存空间以增加可用内存量，如图 4-4 所示。

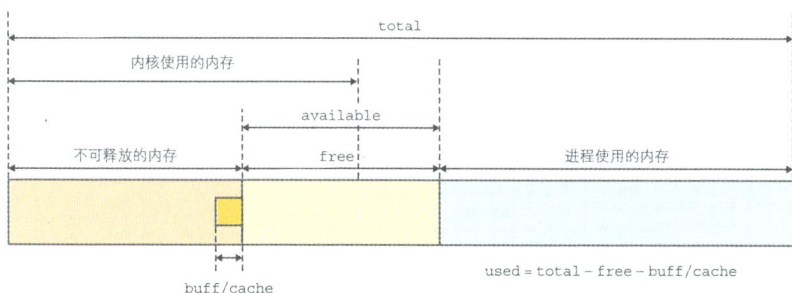

图 4-4　内存的释放

那么，哪些内存属于可回收的内存呢？例如，从磁盘读取数据后尚未做任何变更的页缓存就属于这一类。由于这样的页缓存中的数据和磁盘上的数据没有本质区别，因此回收这些页缓存不会对数据产生影响。这部分内容详见第 8 章。

内存的强制回收

若回收了所有可回收的内存也依旧无法解决内存不足的问题，系统会陷入**内存不足**（Out of Memory，OOM）状态，如图 4-5 所示。这时的系统不管做什么都会因为缺乏足够的内存而无法实现。

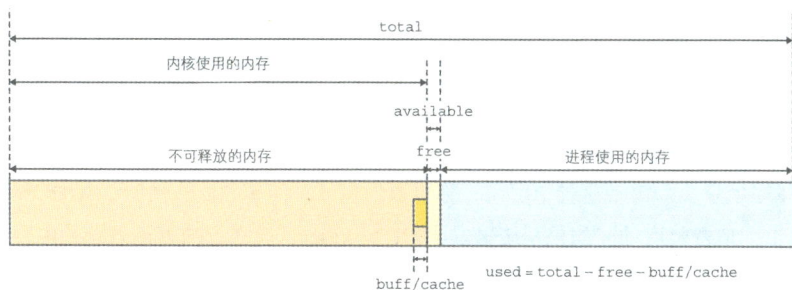

图 4-5　内存不足状态

---

① 为了便于说明，这里把内存回收的过程描绘成一次性全部释放的形式，但实际的回收机制复杂得多。

内存管理系统中存在一个名为 OOM killer 的机制。如图 4-6 所示，当系统处于 OOM 状态时，该机制强制终止适当的进程以释放足够的可用内存。

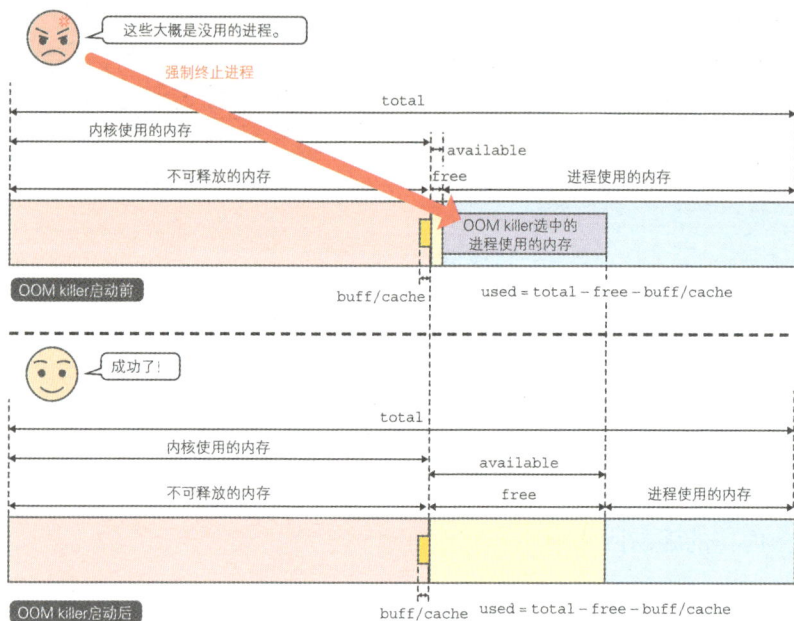

图 4-6　OOM killer 强制终止进程

OOM killer 启动后会在通过 `dmesg` 命令获取的内核日志中留下以下记录。

```
[XXX] oom-kill:constraint=CONSTRAINT_NONE,nodemask=(null),...
```

大家可能有过这样的经历：在运行大量进程时，某个进程突然毫无征兆地结束了。出现这种情况时，你可以通过 `dmesg` 命令的输出查看 OOM killer 是否曾启动。如果系统触发了 OOM killer，通常意味着该系统的内存量无法满足需求。这时，你需要减少运行在该系统上的进程数以减少对内存量的需求，或者为该系统增加内存。

如果系统在内存量看似充足的情况下触发了 OOM killer，则可能是某个进程或者内核上发生了内存泄漏[1]。定期监控进程的内存使用量可以更加容易地发现可疑进程。当系统负载没有发生太大变化，但进程使用的内存量随着时间的推移不断增大时，就要将该进程列为怀疑对象。

最简单的监控方法是使用 ps 命令。在 ps aux 命令的输出结果中，RSS 字段的值即为各个进程使用的内存量。

```
$ ps aux
USER      PID %CPU %MEM   VSZ   RSS TTY     STAT START   TIME COMMAND
...
sat     16962  0.0  0.0 12752  3536 ?       Ss   06:55   0:00 bash
...
```

当找到发生内存泄漏的进程但无法定位引起内存泄漏的漏洞时，最常用的解决方法是定期重启引发问题的进程。

希望深入了解 OOM killer 的读者可以自行上网查找相关资料，比如搜索"在 Linux 中出现 OOM 时会发生什么"。

4.3 虚拟内存

虚拟内存是 Linux 的内存管理系统不可或缺的一部分[2]，理解虚拟内存是学习内存管理系统的重中之重。虚拟内存的实现离不开硬件设备与软件（内核）的协作。

虚拟内存是一个非常复杂的机制，我们将按照下列顺序循序渐进地进行说明。

❶ 为什么需要虚拟内存

❷ 虚拟内存做了什么

❸ 虚拟内存怎样解决问题

---

[1] 这是一种故障，指理应被释放的内存未能被释放，一直保持着已分配的状态。

[2] 一些嵌入式系统可能没有引入虚拟内存机制。

4.3.1 为什么需要虚拟内存

若没有虚拟内存，内存管理将面临以下挑战。

- 内存碎片化
- 难以实现多进程
- 非法内存访问

下面分别对上述 3 个挑战进行详细说明。

内存碎片化

如果进程在创建后反复地进行内存的获取和释放，就会引发内存碎片化问题。例如在图 4-7 中，虽然存在 300 字节的可用内存，但是这些内存以 100 字节为单位分散在 3 个不同的区域，从而导致进程最多只能获取 100 字节的内存。

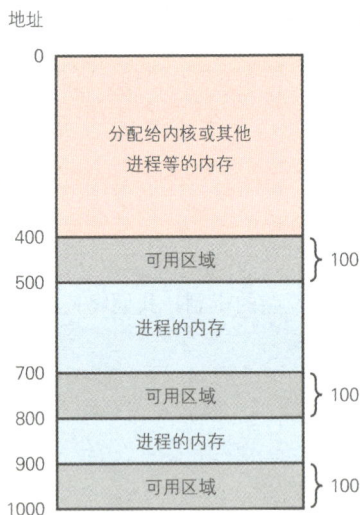

图 4-7　内存碎片化

或许大家会想，只要把这 3 个区域的内存视为一组内存来使用就能解决问题。但实际上这是无法实现的，具体原因如下。

- 程序通过上述方法获取并使用内存时，每次都需要知晓所获取的内存跨越了多少个区域，这很不方便。
- 在上面的例子中，跨越多个区域的内存无法用于存放大于 100 字节的不可分割的数据（例如大小为 300 字节的数组）。

难以实现多进程

如图 4-8 所示，假设启动了一个进程 A，该进程的代码段被映射到地址 300~400[①] 的区域，而数据段则被映射到地址 400~500 的区域。

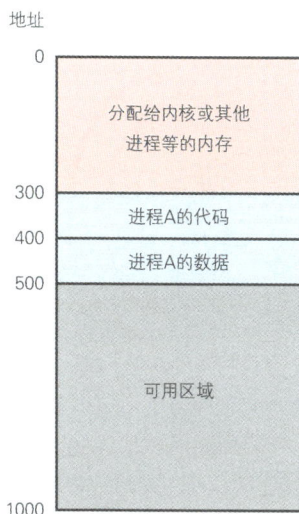

图 4-8　启动进程 A 时的内存映射

此时，如果尝试用同一个可执行文件启动另一个进程 B，就会发现这是无法实现的。这是因为，进程 B 的内存映射被设计为映射到地址 300~500 的区域，而该区域的内存已经被进程 A 占用了。即便强行将进程 B 映射到别的区域（例如地址 500~700 的区域），也会因为代码段和数据段的地址与预设的值不相符而无法正确运行。

---

① 正确的范围应该是 300~399。为了提高易读性，本书用 x~y 表示大于或等于 x 且小于 y 的范围。

当执行其他程序时也会引发同样的问题。例如存在一个程序 A 和一个程序 B，而且它们被设计为映射到同一个内存区域，那么程序 A 和程序 B 无法同时运行。

这导致用户若想运行多个程序，必须确保程序的内存映射地址不重合。

非法内存访问

当内存中存在内核和大量进程时，某个进程只需要利用分配给内核或某个进程的内存地址，即可访问对应的内存中的内容，如图 4-9 所示。

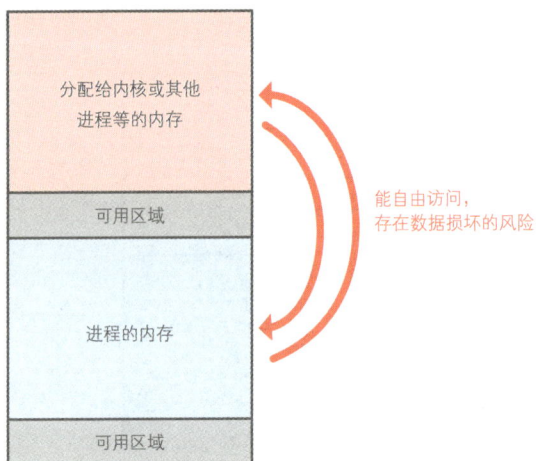

分配给内核或其他
进程等的内存

可用区域

能自由访问，
存在数据损坏的风险

进程的内存

可用区域

图 4-9 进程可以访问所有内存的情形

这将带来数据泄露和数据损坏等风险。

4.3.2 虚拟内存做了什么

虚拟内存机制能够让进程无法直接访问安装在系统中的内存，只能通过**虚拟地址**（虚拟内存的地址）间接地访问这些内存。

相对于虚拟地址，安装于系统中的内存的地址称为**物理地址**。另外，可通过地址访问的区域称为**地址空间**，如图 4-10 所示。

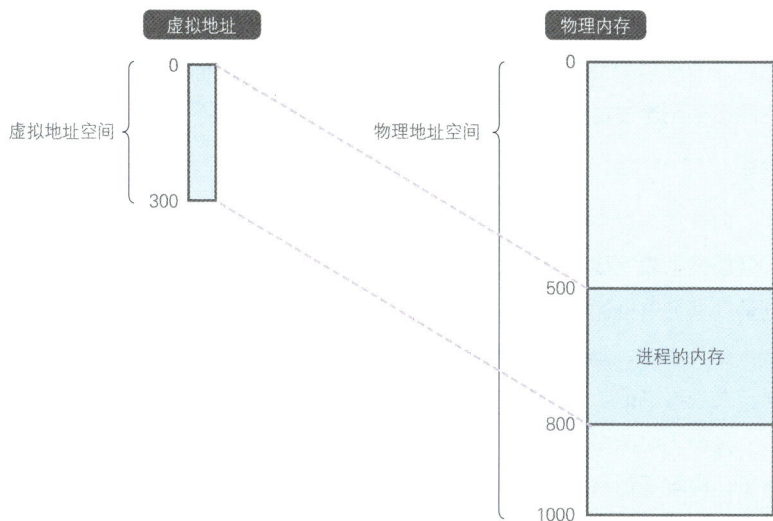

图 4-10　虚拟内存

　　假设图 4-10 展示的是某个进程的状态，那么该进程访问地址为 100 的内存时，实际上访问的是地址为 600 的内存中的数据，如图 4-11 所示。

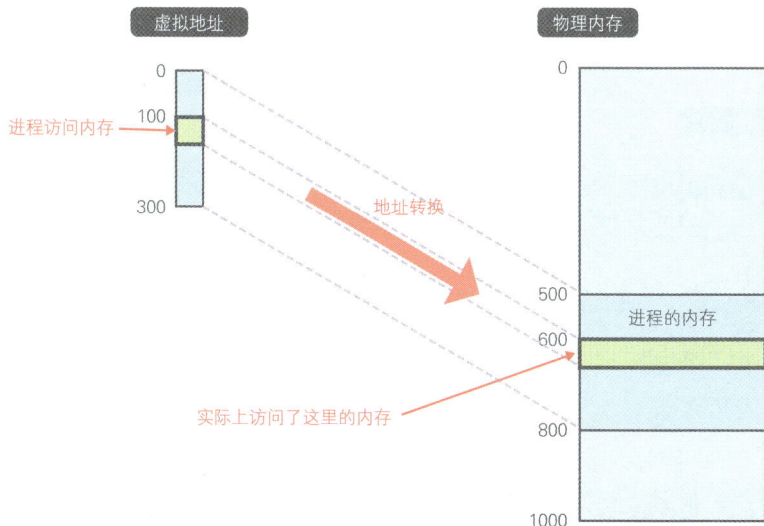

图 4-11　通过虚拟地址访问内存

在第 2 章中，执行 `readelf` 和 `cat /proc/<pid>/maps` 所得到的地址皆为虚拟地址。需要注意的是，进程无法直接访问真实的内存，也就是说不存在通过物理地址访问内存的方法。

页表

内核的内存中保存着一张名为**页表**的表。虚拟地址到物理地址的转换就是通过页表完成的。CPU 以页为单位划分并管理所有内存，地址的转换也是以页为单位进行的。

在页表中，每一个页面都有一个对应的数据项目，这个项目称为**页表项**。页表项中记录着虚拟地址与物理地址的对应关系。

页面大小是由 CPU 架构决定的。x86_64 架构中页面大小为 4 KiB。但为了让内容更加简明易懂，本书假设页面大小为 100 字节。图 4-12 展示了虚拟地址 0~300 映射到物理地址 500~800 时的页表。

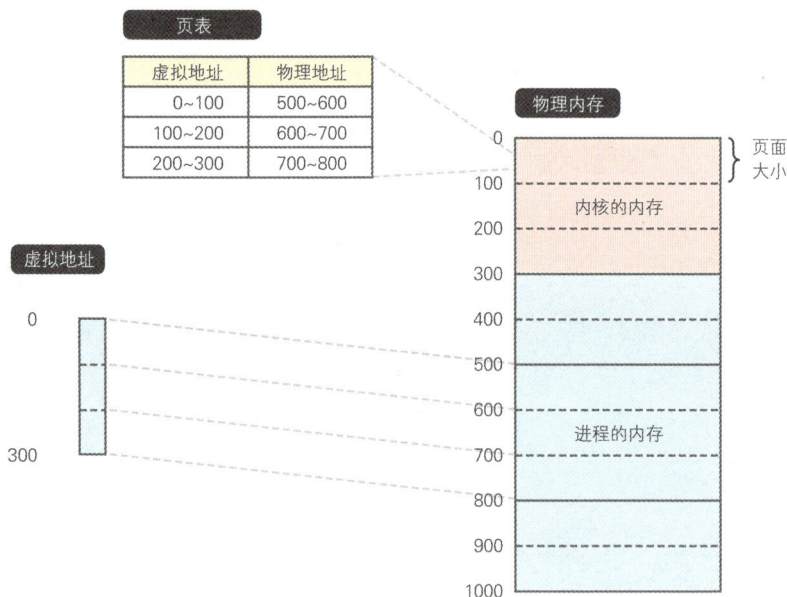

图 4-12　页表

页表的创建由内核负责。我们在第 2 章中介绍过，内核在创建进程时会先为其申请内存空间，然后把可执行文件的内容复制到该内存空间中。页表正是在这时被创建的。需要注意的是，虚拟地址到物理地址的转换是由 CPU 负责的。

访问虚拟地址 0~300 时的情形大家应该很熟悉了，如果访问 300 以后的虚拟地址会发生什么呢？

实际上，虚拟地址空间的大小是固定的，并且页表项中记录了与页面对应的物理内存存在与否的信息。如果虚拟地址空间的大小为 500 字节，那么虚拟地址与物理地址的对应关系及页表的内容如图 4-13 所示。

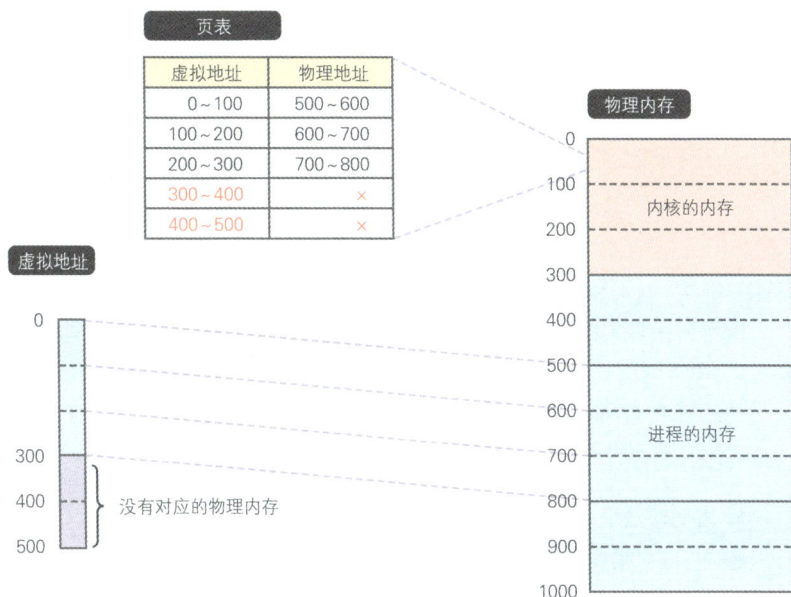

图 4-13　页表（未为地址 300~500 分配物理内存）

如果进程在这时访问地址 300~500，就会在 CPU 上引发名为**缺页中断**的异常。中断是一种机制，该机制可以利用 CPU 的功能中断正在运行的命令并切换到其他处理程序。

缺页中断会中断运行在 CPU 上的命令，并启动存放于内核内存中的缺页中断处理程序。如果在图 4-13 所示的状态下访问地址 300，就会变成图 4-14 所示的状态。

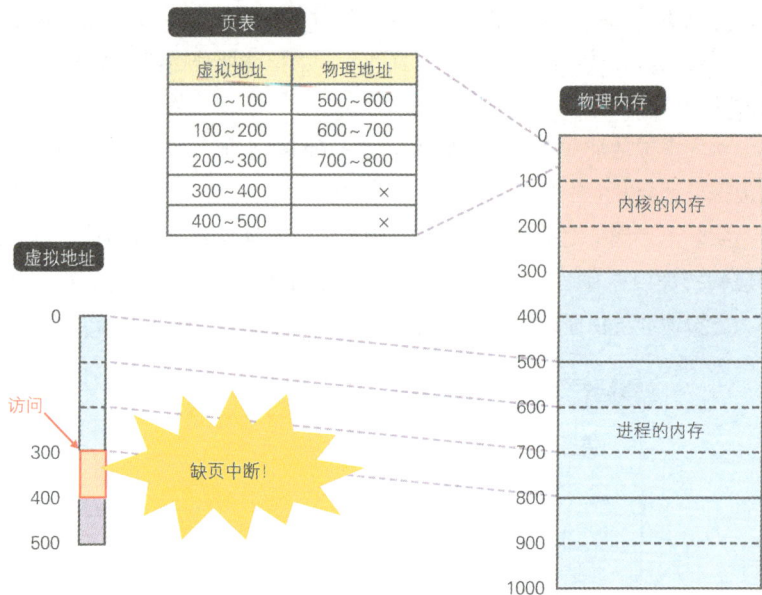

图 4-14　发生缺页中断

内核的缺页中断处理程序检测到来自进程的非法内存访问后，会向进程发送 SIGSEGV 信号。接收到该信号的进程通常会被强制结束运行。

代码清单 4-3 所示的 segv.go 程序可向非法地址发出访问请求。下面运行该程序，并看看会发生什么事情。该程序执行以下操作。

❶ 访问非法地址前，输出字符串"非法内存访问前"。

❷ 向 nil 指向的地址随便写入一个数值（程序中写入了"0"）。需要注意的是，nil 所指向的地址必定会访问失败。

❸ 访问非法地址后，输出字符串"非法内存访问后"。

代码清单 4-3　segv.go

```
package main

import "fmt"

func main() {
    // nil指向的地址必定会访问失败并引发缺页中断
```

```
    var p *int = nil
    fmt.Println("非法内存访问前")
    *p = 0
    fmt.Println("非法内存访问后")
}
```

下面是程序运行后的输出结果。

```
$ go build segv.go
$ ./segv
非法内存访问前
panic: runtime error: invalid memory address or nil pointer dereference
[signal SIGSEGV: segmentation violation code=0x1 addr=0x0 pc=0x4976db]
goroutine 1 [running]:
main.main()
 /home/sat/src/st-book-kernel-in-practice/04-memory-management-1/src/segv.go:9 +0x7b
```

在输出"非法内存访问前"后，程序并没有输出"非法内存访问后"，而是输出了一段看起来很复杂的消息并终止了运行。因为程序在访问非法地址后收到了 SIGSEGV 信号，并且没有对该信号执行任何处理，所以该程序无法正常运行，直接终止。

下面展示的代码清单 4-4 是上述 Go 语言程序的 C 语言实现。

代码清单 4-4 segv-c.c

```
#include <stdlib.h>

int main(void) {
    int *p = NULL;
    *p = 0;
}
```

程序运行结果如下所示。

```
$ make segv-c
cc     segv-c.c   -o segv-c
$ ./segv-c
Segmentation fault
```

应该有很多人遇到过与此类似的异常终止。

在使用 C 语言或者 Go 语言等能直接操作内存地址的编程语言编写的程序中，经常出现由 SIGSEGV 信号强制结束运行的情况。

在使用 Python 等无法直接操作内存地址的编程语言编写的程序中，通常不会出现这种问题。但是，如果编程语言的处理系统或者用 C 语言所编写的库中存在漏洞，依然有可能触发 SIGSEGV 信号。

4.3.3　虚拟内存怎样解决问题

本节将说明如何通过 4.3.2 节介绍的虚拟内存的机制，应对 4.3.1 节提到的挑战。

内存碎片化

只需要调整好页表上的对应关系，即可把物理内存中的碎片化内存区域组合成一个连续的虚拟内存区域。这时进程可以在虚拟地址空间中得到一个连续的内存区域。这样，内存碎片化的问题便迎刃而解了。图 4-15 展示了这一解决方法。

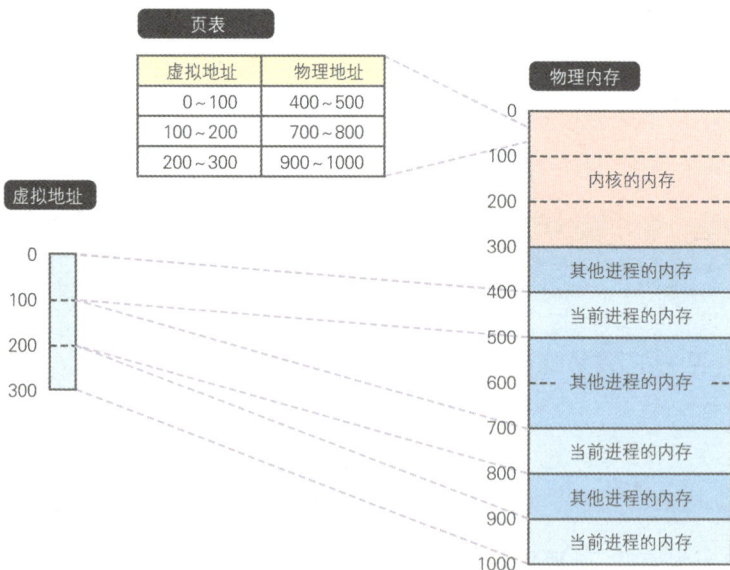

图 4-15　防止内存碎片化

难以实现多进程

　　每个进程都有自己的虚拟地址空间。得益于此，在多进程环境中运行的进程可以避免与程序的地址发生冲突。图 4-16 展示了通过虚拟内存避免地址冲突的情形。

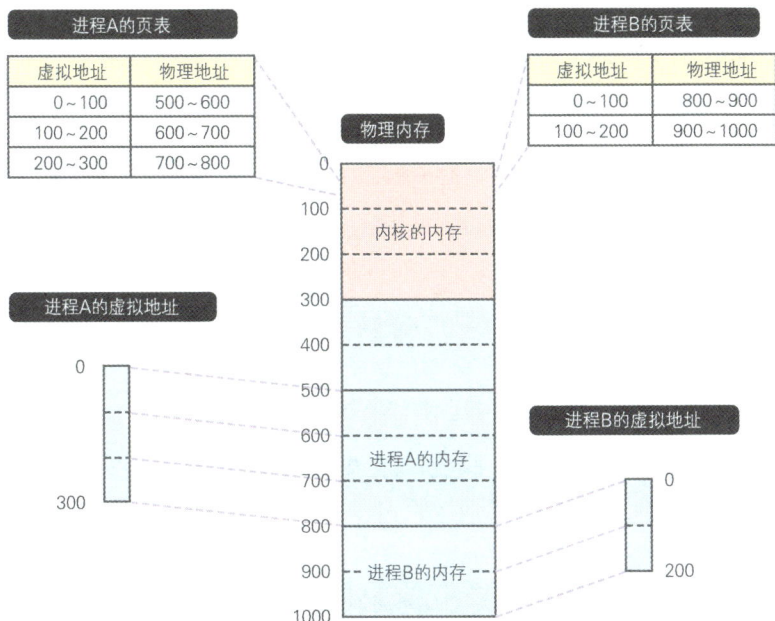

进程A的页表	
虚拟地址	物理地址
0 ~ 100	500 ~ 600
100 ~ 200	600 ~ 700
200 ~ 300	700 ~ 800

进程B的页表	
虚拟地址	物理地址
0 ~ 100	800 ~ 900
100 ~ 200	900 ~ 1000

图 4-16　每个进程都有独立的虚拟地址空间

非法内存访问

　　由于每个进程都有自己的虚拟地址空间，因此一个进程根本无法访问其他进程的内存。这样就能防止进程对其他进程的非法访问，如图 4-17 所示。

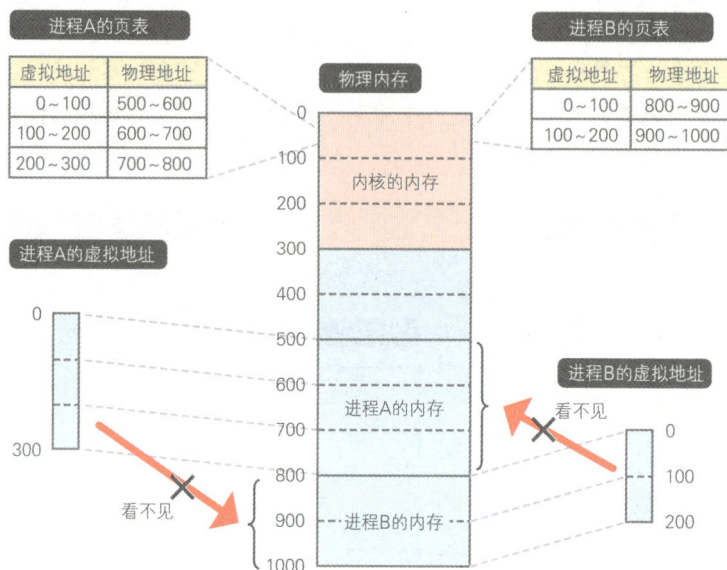

图 4-17　防止进程访问其他进程的内存

内核的内存同样无法被非法访问，因为内核的内存不会映射到普通进程的虚拟地址空间。

恐怖的"熔断"漏洞

技术专栏

自 Linux 出现到 2018 年，内核的内存一直默认映射到进程的虚拟地址空间，因为大家相信这样做能简化内核的实现并有望提高系统的性能。但是，2018 年爆出了一个名为"熔断"（Meltdown）的硬件漏洞，其影响范围极其广泛。为了防范"熔断"，从这一年开始，内核的内存不再默认映射到进程的地址空间。

被映射到虚拟地址空间的内核内存本来是受硬件保护的。运行在用户空间中的进程没有访问内核空间的权限，只有通过系统调用等方式切换到内核态后才有权访问内核空间中的内容。但"熔断"打破了这一切，内核空间的保护机制不再牢不可破。因此，为了应对"熔断"，人们不得不放弃前面提到的虚拟地址空间所带来的好处。

"熔断"漏洞的内容超出了本书范围，对该内容感兴趣的读者可以上网查阅相关资料。

4.4　为进程分配新内存

大家可能认为，内核只需提供一个能完成下列工作的系统调用即可实现分配新内存的功能。

❶ 进程通过系统调用向内核请求 ×× 字节的内存。

❷ 内核从可用内存中获取 ×× 字节的内存区域。

❸ 把成功获取的内存区域映射到进程的虚拟地址空间。

❹ 将虚拟地址空间的起始地址返回给进程。

但在现实中，进程获取内存后并不一定立刻使用，大部分情况下经过一段时间才开始使用。因此，Linux 中的内存分配分为以下两个步骤进行。

❶ 分配内存区域：把新的可访问的内存区域映射到虚拟地址空间。

❷ 分配内存：为步骤❶中的内存区域分配物理内存。

下面将详细说明这两个步骤。

4.4.1　分配内存区域：系统调用 `mmap()`

通过系统调用 mmap()，我们可以为运行中的进程分配新内存区域[①]。系统调用 mmap() 有一个参数，用于指定内存区域的大小。当进程调用 mmap() 时，内核中的内存管理系统会更改该进程的页表并将所需大小的区域[②] 追加映射到页表。最后 mmap() 把新增区域的起始地址返回给发起调用的进程。

我们通过代码清单 4-5 所示的 mmap.go 程序来查看向虚拟地址空间映射新内存区域会发生什么。mmap.go 程序执行以下操作。

❶ 输出进程的内存映射信息（输出 /proc/<pid>/maps 的内容）。

❷ 通过系统调用 mmap() 请求 1 GiB 内存。

❸ 再次输出内存映射信息。

---

① 实际上还需要使用系统调用 brk()，这里将省略这部分内容。

② 分配的内存区域的大小有可能比参数指定的值大。例如，在 x86_64 架构中，由于页面大小为 4 KiB，因此为进程分配内存区域时会以 4 KiB 为单位向上取整。

代码清单 4-5 mmap.go

```go
package main

import (
    "fmt"
    "log"
    "os"
    "os/exec"
    "strconv"
    "syscall"
)

const (
    ALLOC_SIZE = 1024 * 1024 * 1024
)

func main() {
    pid := os.Getpid()
    fmt.Println("*** 获取新内存区域前的内存映射 ***")
    command := exec.Command("cat", "/proc/"+strconv.Itoa(pid)+"/maps")
    command.Stdout = os.Stdout
    err := command.Run()
    if err != nil {
        log.Fatal("cat执行失败")
    }

    // 通过调用mmap()来获取1 GiB内存
    data, err := syscall.Mmap(-1, 0, ALLOC_SIZE, syscall.PROT_READ|sysc
all.PROT_WRITE, syscall.MAP_ANON|syscall.MAP_PRIVATE)
    if err != nil {
        log.Fatal("调用mmap()失败")
    }

    fmt.Println("")
    fmt.Printf("*** 新内存区域：地址 = %p, 大小 = 0x%x  ***\n",
        &data[0], ALLOC_SIZE)
    fmt.Println("")

    fmt.Println("*** 获取新内存区域后的内存映射 ***")
    command = exec.Command("cat", "/proc/"+strconv.Itoa(pid)+"/maps")
    command.Stdout = os.Stdout
    err = command.Run()
```

```
    if err != nil {
        log.Fatal("cat 执行失败")
    }
}
```

需要注意的是，Go 语言中 mmap() 函数的参数设计与系统调用
mmap() 的参数设计略有不同。前者用于指定请求内存区域大小的参数为
第 3 个参数，而后者则为第 2 个参数。虽然双方都有大量的参数，但在这
里我们只需要关注指定内存区域大小的参数即可。

下面是运行上述程序后的输出结果。

```
$ go build mmap.go
$ ./mmap
*** 获取新内存区域前的内存映射 ***
...
7fd00aa94000-7fd00cd45000 rw-p 00000000 00:00 0         ❶
...
*** 新内存区域：地址 = 0x7fcfcaa94000, 大小 = 0x40000000 ***
*** 获取新内存区域后的内存映射 ***
...
7fcfcaa94000-7fd00cd45000 rw-p 00000000 00:00 0         ❷
...
```

在 /proc/<pid>/maps 的输出结果中，每行对应着一个内存区域，
第 1 个字段下的数值表示该内存区域的范围。❶是获取新内存区域前的内
存区域范围，可以看到这时的范围为 0x7fd00aa94000 – 0x7fd00cd45000。在
获取新内存区域后，❶所指的区域范围扩大到❷所指的范围。可以得知，
新增内存区域的大小为 0x7fd00aa94000 – 0x7fcfcaa94000，约 1 GiB。

还有一点需要注意，大家在自己的计算机环境中运行实验程序时得到
的起始地址与结束地址可能与示例中的地址不同。因为这两个地址在每次
运行时都会发生改变，所以无须在意。但不管这两个地址如何变化，它们
的差都约为 1 GiB。

4.4.2　分配内存：按需调页

调用 mmap() 之后，新分配的内存区域没有对应的物理内存。物理内

存的分配发生在进程开始访问新内存区域的页面时。这种机制称为**按需调页**（demand paging）。为了实现按需调页，内存管理系统需要为每个页面记录物理内存的分配状态。

下面以通过 mmap() 获取一页新内存为例说明按需调页机制。在调用完 mmap() 后，操作系统会为新内存页面创建页表项，但不会为该页面分配物理内存，如图 4-18 所示。

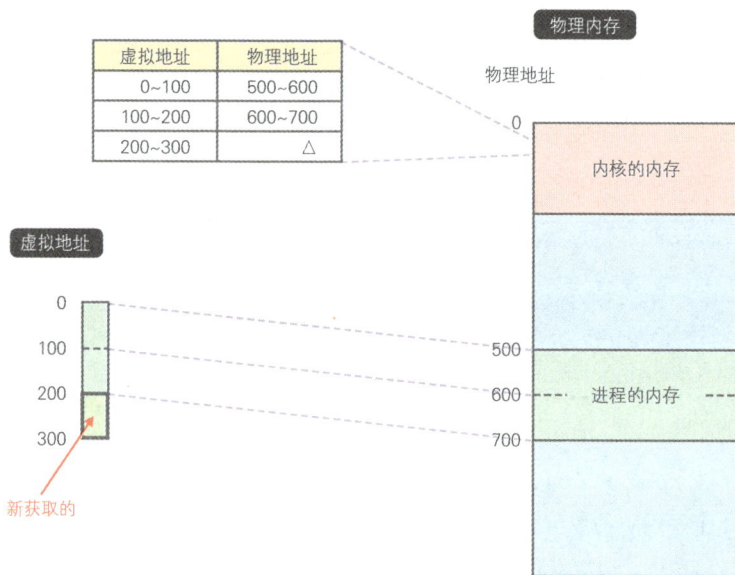

图 4-18　获取新内存区域后

在这之后，当进程访问该页面时，会通过以下步骤来获取内存。

❶ 进程访问该页面。

❷ 发生缺页中断。

❸ 内核中的缺页中断处理程序开始运行，为该页面分配对应的物理内存。

图 4-19 展示了这一过程。

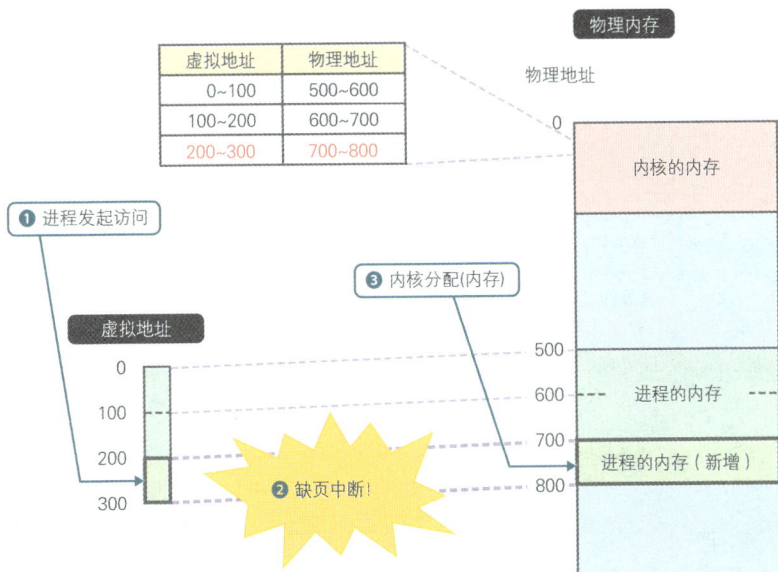

图 4-19　物理内存的分配

　　缺页中断处理程序会在进程访问没有对应页表项的页面时向进程发送 SIGSEGV 信号。如果进程访问的页面拥有对应的页表项但尚未被分配物理内存，缺页中断处理程序就会为该页面分配新内存。

　　下面通过代码清单 4-6 所示的 demand-paging.py 程序查看按需调页时会发生什么。该程序执行以下操作。

❶ 输出信息以告知用户现在尚未获取新内存区域，然后等待用户按 Enter 键。

❷ 获取 100 MiB 内存区域。

❸ 输出信息以告知用户现在已获取新内存区域，然后等待用户按 Enter 键。

❹ 从新内存区域的起始地址开始，以页面为单位按顺序访问各个页面。同时，每访问 10 MiB 内存就输出一次当前的访问进度。

❺ 完成所有新内存的访问后输出信息以告知用户，并等待用户按 Enter 键。在用户按 Enter 键后终止进程。

代码清单 4-6 demand-paging.py

```python
#!/usr/bin/python3

import mmap
import time
import datetime

ALLOC_SIZE  = 100 * 1024 * 1024
ACCESS_UNIT = 10 * 1024 * 1024
PAGE_SIZE   = 4096

def show_message(msg):
    print("{}: {}".format(datetime.datetime.now().strftime("%H:%M:%S"), msg))

show_message("获取新内存区域前。请按Enter键以获取100 MiB新内存区域：")
input()

# 通过调用mmap()来获取100 MiB内存区域
memregion = mmap.mmap(-1, ALLOC_SIZE, flags=mmap.MAP_PRIVATE)
show_message("成功获取新内存区域。接下来将以每秒10 MiB的速度来访问新获取的100 MiB内存区域。请按Enter键以开始对新内存区域的访问：")
input()

for i in range(0, ALLOC_SIZE, PAGE_SIZE):
    memregion[i] = 0
    if i%ACCESS_UNIT == 0 and i != 0:
        show_message("已访问{} MiB".format(i//(1024*1024)))
        time.sleep(1)

show_message("已完成对新内存区域的访问。请按Enter键结束运行：")
input()
```

另外，输出消息前将先输出当前时间。下面是实验结果。

```
$ ./demand-paging.py
18:54:42: 获取新内存区域前。请按Enter键以获取100 MiB新内存区域：
18:54:43: 成功获取新内存区域。接下来将以每秒10 MiB的速度来访问新获取的100 MiB内存区域。请按Enter键以开始对新内存区域的访问：
18:54:45: 已访问10 MiB
18:54:46: 已访问20 MiB
...
18:54:53: 已访问90 MiB
18:54:54: 已完成对新内存区域的访问。请按Enter键结束运行：
```

接下来我们在运行这个程序的同时采集系统中各种与内存相关的统计信息，看看该程序会发生什么样的变化。

系统整体的已用内存量

首先我们利用 `sar -r` 命令查看在运行 demand-paging.py 时，系统整体的已用内存量的变化。

以下是 demand-paging.py 程序的运行结果。

```
$ ./demand-paging.py
18:56:01: 获取新内存区域前。请按 Enter 键以获取 100 MiB 新内存区域：
18:56:02: 成功获取新内存区域。接下来将以每秒 10 MiB 的速度来访问新获取的 100 MiB 内存区
域。请按 Enter 键以开始对新内存区域的访问：
18:56:04: 已访问 10 MiB
18:56:05: 已访问 20 MiB
...
18:56:12: 已访问 90 MiB
18:56:13: 已完成对新内存区域的访问。请按 Enter 键结束运行：
```

在 demand-paging.py 运行期间通过 `sar -r 1` 命令采集到的数据如下所示。demand-paging.py 在各个时间点的状态标注在数据结果旁。

```
$ sar -r 1
Linux 5.4.0-74-generic (coffee)        2021年12月06日 _x86_64_      (8 CPU)
18时55分56秒 kbmemfree  kbavail kbmemused  %memused kbbuffers  kbcached  kbcom
mit   %commit  kbactive   kbinact   kbdirty
...
18时56分00秒  9529604 14559320    287832      1.87      2016   5065008
1352132      8.80   3743128   1496484       128
18时56分01秒  9529604 14559320    287832      1.87      2016   5065008
1446568      9.42   3743388   1496484       128
18时56分02秒  9529840 14559556    287588      1.87      2016   5065008
1446568      9.42   3743564   1496484       128      ●         ❶ 获取新内存区域前
18时56分03秒  9529840 14559556    287588      1.87      2016   5065008
1551468     10.10   3743564   1496484       128      ●         ❷ 获取新内存区域后
18时56分04秒  9529840 14559556    287588      1.87      2016   5065008
1551468     10.10   3743564   1496484       128
...
18时56分13秒  9437860 14467576    379568      2.47      2016   5065008
1551468     10.10   3836052   1496228         0
```

```
18时56分14秒   9427780  14457496    389648      2.54     2016  5065008
1551468    10.10  3846192  1496228          0  ●——③ 完成对所有新内存区域的访问
18时56分15秒   9529840  14559556    287588      1.87     2016  5065008
1347676     8.77  3743344  1496228          0  ●——④ 进程结束运行
18时56分16秒   9529840  14559556    287588      1.87     2016  5065008
1347676     8.77  3743344  1496228          0
```

我们可以得知以下信息。

❶ – ❷：即便进程成功获取了内存区域，只要不开始对该内存区域发起访问，已用内存量（kbmemused 字段的值）就不会发生变化 ①。

❷ – ❸：当进程开始访问新的内存区域时，已用内存量的值以每秒 10 MiB 的速度增加。

❸ – ❹：在进程结束运行后，已用内存量的值回落到进程运行前的状态。

系统整体的缺页中断

执行 sar -B 命令即可查看系统中发生了多少次缺页中断。下面通过 sar -B 1 命令查看在运行 demand-paging.py 期间缺页中断的次数会发生什么样的变化。

demand-paging.py 程序的运行结果如下所示。

```
$ ./demand-paging.py
20:46:43: 获取新内存区域前。请按Enter键以获取100 MiB新内存区域：
20:46:45: 成功获取新内存区域。接下来将以每秒10 MiB的速度来访问新获取的100 MiB内存区域。请按Enter键以开始对新内存区域的访问：
20:46:47: 已访问10 MiB
...
20:46:55: 已访问90 MiB
20:46:56: 已完成对新内存区域的访问。请按Enter键结束运行：

$ sar -B 1
Linux 5.4.0-74-generic (coffee)        2021年12月06日  _x86_64_      (8 CPU)
20时46分41秒  pgpgin/s pgpgout/s   fault/s  majflt/s  pgfree/s  pgscank/s pgsca
```

---

① 实际上，已用内存量除了受 demand-paging.py 的影响，还会受其他进程的影响。因此，已用内存量有可能在 demand-paging.py 运行期间发生变化。

```
nd/s pgsteal/s   %vmeff
20时46分42秒      0.00      0.00      4.95      0.00      0.99      0.00
0.00      0.00      0.00
20时46分43秒      0.00      4.00    237.00      0.00     48.00      0.00
0.00      0.00      0.00
20时46分44秒      0.00      0.00      0.00      0.00      0.00      0.00
0.00      0.00      0.00       ●➊ 获取新内存区域前
20时46分45秒      0.00      0.00      4.00      0.00      1.00      0.00
0.00      0.00      0.00
20时46分46秒      0.00      0.00      0.00      0.00      1.00      0.00
0.00      0.00      0.00       ●➋ 获取新内存区域后
20时46分47秒      0.00      0.00   2563.00      0.00      0.00      0.00
0.00      0.00      0.00
20时46分48秒      0.00      0.00   2567.00      0.00      2.00      0.00
0.00      0.00      0.00
...
20时46分56秒      0.00      0.00   2560.00      0.00      0.00      0.00
0.00      0.00      0.00
20时46分57秒      0.00      0.00   2560.00      0.00      2.00      0.00
0.00      0.00      0.00       ●➌ 完成对所有新内存区域的访问
20时46分58秒      0.00      0.00     43.00      0.00  25826.00      0.00
0.00      0.00      0.00       ●➍ 进程结束运行
20时46分59秒      0.00      0.00      0.00      0.00      4.00      0.00
0.00      0.00      0.00
^C
Average:         0.00      0.22   1438.03      0.00   1437.81      0.00
0.00      0.00      0.00
```

需要关注的是 fault/s 字段的值，该字段的值显示了系统在 1 秒内总共发生了多少次缺页中断。可以看到 fault/s 的值在进程开始访问该内存区域时变大了。

demand-paging.py 程序自身的信息

现在，我们不再关注系统整体的变化，而是查看 demand-paging.py 程序自身的信息。我们将确认 demand-paging.py 程序的已分配内存区域量、已分配物理内存量及跨越进程整个生命阶段的缺页中断总数。

这些数据可以通过 ps -h -o vsz,rss,maj_flt,min_flt 命令来采集。需要注意一点，在这一命令中，缺页中断的发生次数分成 maj_flt

（主缺页中断）与 min_flt（次缺页中断）两类，第 8 章将详述这两种类型的差异。这里只需要知道缺页中断的发生次数是这两个值的和即可。

代码清单 4-7 所示的 capture.sh 程序用于采集上述信息。

代码清单 4-7 capture.sh

```
#!/bin/bash

<<COMMENT
以每秒一次的频率采集并输出demand-paging.py程序的内存统计信息。
在每行的开头显示采集该行数据的时间，其后各字段的含义如下。
    字段1：已分配内存区域量
    字段2：已分配物理内存量
    字段3：发生主缺页中断的次数
    字段4：发生次缺页中断的次数
COMMENT

PID=$(pgrep -f "demand-paging\.py")

if [ -z "${PID}" ]; then
    echo "demand-paging.py程序不存在。请在启动 $0 前启动 demand-paging.py。" >&2
    exit 1
fi

while true; do
    DATE=$(date | tr -d '\n')
    # -h选项用于禁用表头
    INFO=$(ps -h -o vsz,rss,maj_flt,min_flt -p ${PID})
    if [ $? -ne 0 ]; then
        echo "$DATE: demand-paging.py运行结束。" >&2
        exit 1
    fi
    echo "${DATE}: ${INFO}"
    sleep 1
done
```

capture.sh 程序以每秒一次的频率采集并输出 demand-paging.py 程序的内存统计信息。在每行的开头显示采集该行数据的时间，其后各个字段的含义如表 4-3 所示。

表 4-3 capture.sh 程序的运行结果中各个字段的含义

字 段	含 义
字段1	已分配内存区域量
字段2	已分配物理内存量
字段3	发生主缺页中断的次数
字段4	发生次缺页中断的次数

启动 capture.sh 程序前需要先启动 demand-paging.py 程序。这两个程序的运行结果如下所示。

```
$ ./demand-paging.py
21:16:53: 获取新内存区域前。请按Enter键以获取100 MiB新内存区域：
21:17:01: 成功获取新内存区域。接下来将以每秒10 MiB的速度来访问新获取的100 MiB内存区
域。请按Enter键以开始对新内存区域的访问：
21:17:04: 已访问10 MiB
...
21:17:12: 已访问90 MiB
21:17:13: 已完成对新内存区域的访问。请按Enter键结束运行：


$ ./capture.sh
2021年 12月  6日 星期一 21:16:57 JST: 102804 1320  0    201      ❶ 获取新内存区域前
2021年 12月  6日 星期一 21:16:58 JST: 102804 1320  0    201
2021年 12月  6日 星期一 21:16:59 JST: 102804 1320  0    201
2021年 12月  6日 星期一 21:17:00 JST: 102804 1320  0    201
2021年 12月  6日 星期一 21:17:01 JST: 205204 1320  0    205      ❷ 获取新内存区域后
2021年 12月  6日 星期一 21:17:02 JST: 205204 1320  0    205
2021年 12月  6日 星期一 21:17:03 JST: 205204 1320  0    205
2021年 12月  6日 星期一 21:17:04 JST: 205204 11932 0    2768
2021年 12月  6日 星期一 21:17:05 JST: 205204 22288 0    5335
...
2021年 12月  6日 星期一 21:17:13 JST: 205204 104128 0   25815
2021年 12月  6日 星期一 21:17:14 JST: 205204 104128 0   25815      ❸ 完成访问
2021年 12月  6日 星期一 21:17:15 JST: demand-paging.py 运行结束。
```

我们可以得知以下信息。

❶－❷：从获取内存区域到开始访问，虚拟内存的使用量增加了 100 MiB，

但物理内存的使用量并没有发生变化。

❷－❸：缺页中断的发生次数在访问新获取的内存区域期间变多。另外，已用物理内存量在完成访问后总共增加约 100 MiB。

编程语言处理系统的内存管理　　技术专栏

　　当我们在程序的源代码中定义数据时，需要为这些数据分配内存。但编程语言的处理系统并不是在每次定义数据时都调用 mmap()。

　　通常情况下，程序开始运行时通过 mmap() 预先获取较大的内存区域，每次定义数据时从这个区域中取出一部分内存分配给该数据使用。当该内存区域被用完时，程序重新调用 mmap() 以获取一定内存区域用于分配。

4.5　多级页表

　　页表会占用多少内存呢？在 x86_64 架构中，虚拟地址空间的大小为 128 TiB，页面的大小为 4 KiB，页表项的大小为 8 B。如果利用这些数据进行计算，会发现一个进程的页表需要 256 GiB（8 B × 128 TiB ÷ 4 KiB）内存，这简直不可思议。例如笔者的计算机只有 16 GiB 内存，这意味着连一个进程都无法创建。怎么解决这个问题呢？

　　实际上页表并不是采用单级结构，而是采用多级结构以减少内存使用量。假设一个页面的大小为 100 字节，虚拟地址空间的大小为 1600 字节。

　　如果一个进程只使用 400 字节的物理内存，单级页表如图 4-20 所示。

虚拟地址	物理地址
0 ~ 100	300 ~ 400
100 ~ 200	400 ~ 500
200 ~ 300	500 ~ 600
300 ~ 400	600 ~ 700
400 ~ 500	×
500 ~ 600	×
600 ~ 700	×
700 ~ 800	×
800 ~ 900	×
900 ~ 1000	×
1000 ~ 1100	×
1100 ~ 1200	×
1200 ~ 1300	×
1300 ~ 1400	×
1400 ~ 1500	×
1500 ~ 1600	×

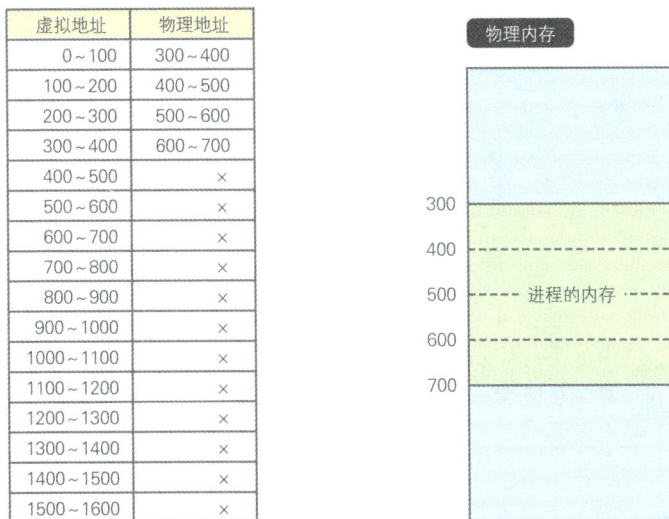

图 4-20 单级页表

如果采用每 4 个页面为一组的结构，那么同样条件下的多级页表如图 4-21 所示。

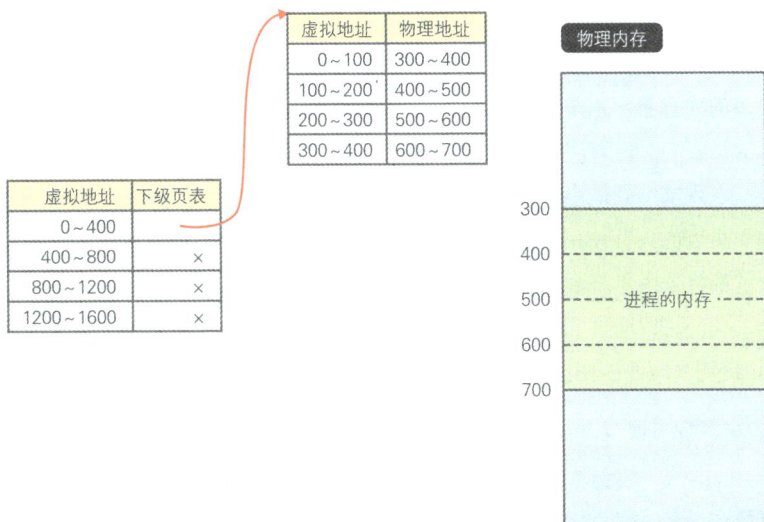

虚拟地址	物理地址
0 ~ 100	300 ~ 400
100 ~ 200	400 ~ 500
200 ~ 300	500 ~ 600
300 ~ 400	600 ~ 700

虚拟地址	下级页表
0 ~ 400	
400 ~ 800	×
800 ~ 1200	×
1200 ~ 1600	×

图 4-21 多级页表

通过对比可以看出，页表项的数量从单级页表的 16 个减少到多级页表的 8 个。但随着虚拟内存使用量的增加，页表的内存使用量也会增加，如图 4-22 所示。

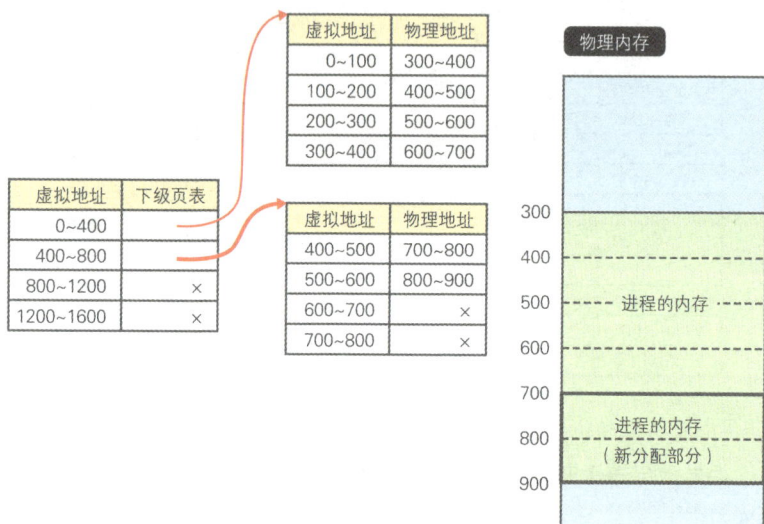

虚拟地址	物理地址
0~100	300~400
100~200	400~500
200~300	500~600
300~400	600~700

虚拟地址	下级页表
0~400	
400~800	
800~1200	×
1200~1600	×

虚拟地址	物理地址
400~500	700~800
500~600	800~900
600~700	×
700~800	×

物理内存

进程的内存

进程的内存
（新分配部分）

图 4-22 页表的内存使用量随着虚拟内存使用量的增加而增加

当虚拟内存使用量增加到一定程度时，多级页表就会比单级页表使用更多的内存量。但是发生这种情况的概率很低，在大多数情况下，所有进程的页表的总内存使用量在利用多级页表时比利用单级页表时小。

在现实的硬件中，例如在 x86_64 架构中，页表为 4 级结构。这大幅减少了页表的内存使用量。但是为了简化说明，本书后文中所有有关页表的图示都将采用单级页表的形式。

我们可以通过 sar -r ALL 命令的 kbpgtbl 字段查看系统使用的物理内存中页表所使用的内存。

```
$ sar -r ALL 1
Linux 5.4.0-74-generic (coffee)      2021年12月06日  _x86_64_      (8 CPU)
22时21分30秒 kbmemfree … kbpgtbl …
22时21分31秒  9525948 …    3868 …
22时21分32秒  9525940 …    3896 …
...
```

4.5.1　大页

　　正如前文所述，随着进程所申请的内存量的增加，该进程所占用的物理内存量也会变大。为了解决这一问题，Linux 提供了**大页**机制。

　　顾名思义，大页就是比普通页面更大的页面。页面变大后，进程的页表所需要的内存量随之变小。

　　下面通过例子来说明大页机制。假设存在一个 2 级页表，页面大小为100 字节，每 400 字节为一组页面。图 4-23 展示了该页表中的所有页面都被分配了物理内存的情形。

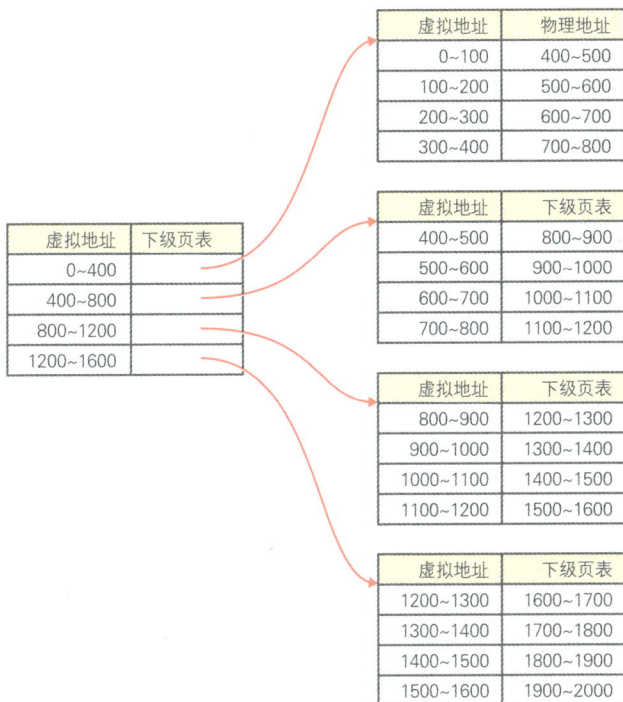

虚拟地址	物理地址
0~100	400~500
100~200	500~600
200~300	600~700
300~400	700~800

虚拟地址	下级页表
400~500	800~900
500~600	900~1000
600~700	1000~1100
700~800	1100~1200

虚拟地址	下级页表
0~400	
400~800	
800~1200	
1200~1600	

虚拟地址	下级页表
800~900	1200~1300
900~1000	1300~1400
1000~1100	1400~1500
1100~1200	1500~1600

虚拟地址	下级页表
1200~1300	1600~1700
1300~1400	1700~1800
1400~1500	1800~1900
1500~1600	1900~2000

图 4-23　所有页面都被分配了物理内存的状态

　　如果把该页表的页面替换成页面大小为 400 字节的大页，上面展示的页表就能减少一级，变成图 4-24 所示的页表。

虚拟地址	物理页面
0 ~ 400	400 ~ 800
400 ~ 800	800 ~ 1200
800 ~ 1200	1200 ~ 1600
1200 ~ 1600	1600 ~ 2000

图 4-24　替换成大页的页表

页表项的数量从 20 个减少到 4 个。这样一来就能减少页表的内存使用量。另外，还能降低调用 fork() 函数时复制页表所产生的开销，从而提高 fork() 函数的执行速度。

大页可以通过向 mmap() 函数的 flags 参数传递 MAP_HUGETLB 标志来获取。

在数据库和虚拟机管理器等大量使用虚拟内存的软件中，有时会提供启用大页机制的设置，这时可以根据实际需求来决定是否启用大页机制。

4.5.2　透明大页

若想利用大页，需要在申请内存时进行明示，这对于程序员来说比较麻烦。为了解决这一问题，Linux 提供了**透明大页**机制。

透明大页机制能在满足特定条件时自动把虚拟地址空间中连续的多个 4 KiB 页面合并成大页。

这么看来透明大页机制仿佛有益无害，但把页面合并成大页的操作及当页面不再满足特定条件时把大页重新分解为普通页面的操作可能导致局部性能下降。因此，透明大页机制的启用与否被设计成一个选项，供系统管理员选择。

我们可以通过查看 /sys/kernel/mm/transparent_hugepage/enabled 文件了解如何设置透明大页机制。该文件提供了 3 个可选值。

- always：为所有程序启用透明大页机制。
- madvise：通过向 madvise() 系统调用传递 MADV_HUGEPAGE 标志来指定启用透明大页机制的内存区域。

- never：禁用透明大页机制。

在 Ubuntu 20.04 中，该设置的默认值为 madvise。

```
$ cat /sys/kernel/mm/transparent_hugepage/enabled
always [madvise] never
```

第 5 章

进程管理（进阶篇）

在用于进程管理的诸多机制中，存在一部分没有虚拟内存的相关知识就无法理解的机制。本章将对这部分机制进行详细说明。

5.1　进程创建的高速化

Linux 中的进程创建利用虚拟内存实现了高速化。下面分别对 fork() 函数与 execve() 函数的高速化方式进行说明。

5.1.1　fork() 函数的高速化：写时复制

当调用 fork() 函数时，系统只会为子进程复制父进程的页表，而不会复制父进程的全部内存。页表项中存在一个用于标识页面写入权限的字段。在复制页表时，父进程和子进程都将禁用写入权限，如图 5-1 所示。

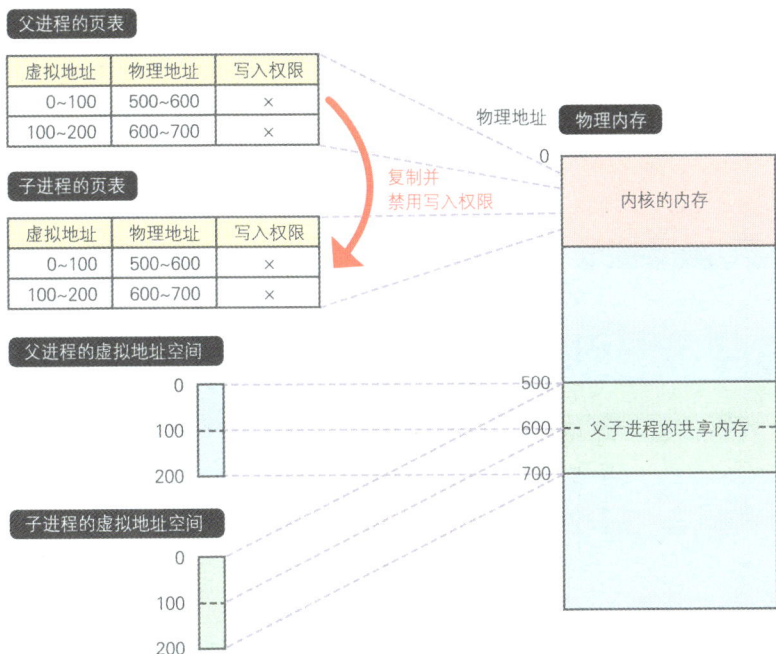

图 5-1　调用 fork() 函数后的状态

这种状态下的父进程与子进程拥有读取共享内存的权限。但如果其中一方尝试更改内存中的数据，就会解除内存的共享，父进程和子进程也将在这时拥有各自的内存页面。子进程尝试更改内存数据的情况如下（见图 5-2）。

❶ 由于子进程没有写入权限，因此会在 CPU 中诱发缺页中断。

❷ CPU 迁移到内核模式，内核中的缺页中断处理程序开始运行。

❸ 缺页中断处理程序将子进程访问的页面复制到可用的物理内存区域。

❹ 父进程和子进程都更改子进程尝试修改的页面所对应的页表项。父进程的页表项将启用写入权限，而子进程的页表项则映射到步骤❸中复制的页面中。

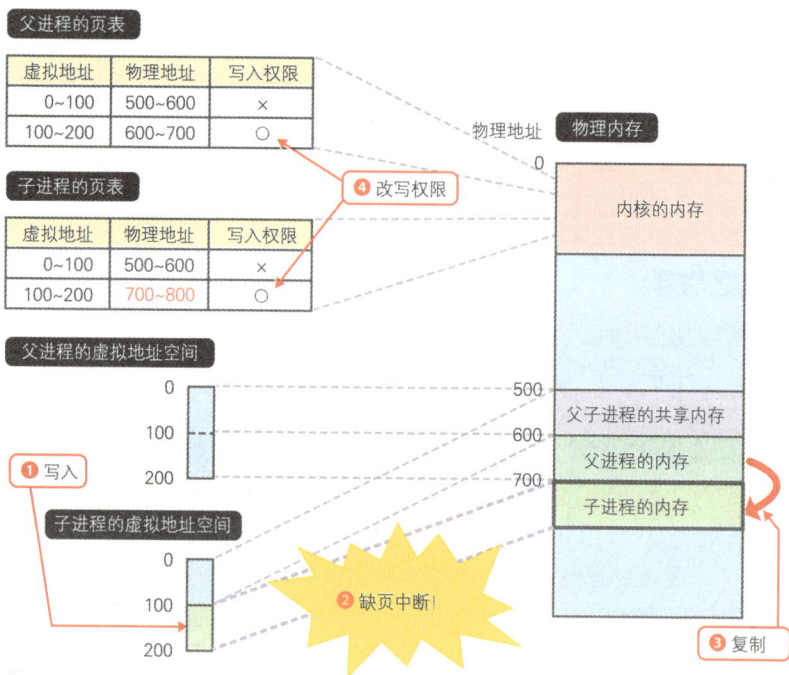

图 5-2　写时复制的相关处理步骤

由于复制操作不是在调用 fork() 时进行，而是在对各个页面发出写入请求时进行，因此这个机制被称作**写时复制**（Copy on Write，CoW）。

得益于写时复制机制，`fork()` 函数实现了高速化并减少了内存使用量，因为进程在调用 `fork()` 函数时不再需要复制全部内存。另外，由于很少出现在创建进程后对所有内存执行写入操作的情况，因此写时复制机制还能减少系统整体的内存使用量。

数据的更新发生在进程从缺页中断返回后。因为已发生更新的页面会解除父进程和子进程间的内存共享并为它们分配专用的内存，所以此后再次访问这类页面时不会引发缺页中断。

代码清单 5-1 所示的 cow.py 程序用于确认发生写时复制时的实际情形。该程序执行以下操作。

❶ 获取 100 MiB 内存区域，并向页面写入数据。

❷ 输出系统整体的已用物理内存量、进程的已用物理内存量及发生主缺页中断与次缺页中断 [1] 的次数。

❸ 调用 `fork()` 函数。

❹ 父进程等待子进程运行结束，而子进程则执行下列操作。

　a. 输出步骤❷中的信息。

　b. 访问步骤❶中获取的内存区域中的所有页面。

　c. 再次输出步骤❷中的信息。

代码清单 5-1　cow.py

```
#!/usr/bin/python3

import os
import subprocess
import sys
import mmap

ALLOC_SIZE = 100 * 1024 * 1024
PAGE_SIZE  = 4096


def access(data):
```

---

[1]　关于主缺页中断与次缺页中断的内容详见第 8 章。

```
    for i in range(0, ALLOC_SIZE, PAGE_SIZE):
        data[i] = 0

def show_meminfo(msg, process):
    print(msg)
    print("free命令的输出:")
    subprocess.run("free")
    print("{}的内存信息".format(process))
    subprocess.run(["ps", "-orss,maj_flt,min_flt", str(os.getpid())])
    print()

data = mmap.mmap(-1, ALLOC_SIZE, flags=mmap.MAP_PRIVATE)
access(data)
show_meminfo("*** 创建子进程前 ***", "父进程")

pid = os.fork()
if pid < 0:
    print("fork()执行失败", file=os.stderr)
elif pid == 0:
    show_meminfo("*** 子进程生成后 ***", "子进程")
    access(data)
    show_meminfo("*** 子进程访问内存后 ***", "子进程")
    sys.exit(0)

os.wait()
```

请注意以下事项。

- 从开始运行 fork() 函数，直至执行写入操作前，内存区域处于父进程和子进程共享的状态。
- 完成内存写入操作后，系统的已用内存量增加了 100 MiB，并且发生了缺页中断。

下面是程序运行后的输出结果。

```
$ ./cow.py
*** 创建子进程前 ***
free命令的输出:
              total        used        free      shared  buff/cache   available
Mem:       15359352      562592     9227052        1552     5569708    14466180
Swap:             0           0           0
```

```
父进程的内存信息
  RSS  MAJFL  MINFL
112532      0  27097
***  子进程生成后  ***
free命令的输出：
                total          used          free        shared  buff/cache     available
Mem:        15359352        563460       9226184          1552     5569708      14465312
Swap:              0             0             0
子进程的内存信息
  RSS  MAJFL  MINFL
110048      0    627
***  子进程访问内存后  ***
free命令的输出：
                total          used          free        shared  buff/cache     available
Mem:        15359352        666204       9123440          1552     5569708      14362568
Swap:              0             0             0
子进程的内存信息
  RSS  MAJFL  MINFL
110128      0  26667
```

我们可以得知以下信息。

- 刚完成子进程的创建时，系统整体的已用内存量只增加了不到 1 MiB[①]。
- 在子进程完成内存访问操作后，系统整体的已用内存量增加了 100 MiB 左右。

系统就像魔术师一样，让人产生一种父进程和子进程都拥有各自专用的数据的错觉，但在后台是另一番景象。这部分数据在写入之前一直处于父进程和子进程共享的状态，以节约内存。另外，RSS 字段的值在子进程生成后和子进程访问内存后并没有太大变化。

实际上，RSS 字段的值只是单纯地表示进程的页表中已分配物理内存区域的大小，而不管这部分物理内存是否与其他进程共享。因此，即便在上述示例中引发了缺页中断，RSS 字段的值也不会发生改变。这是因为，当向共享的页面写入数据并引发写时复制时，只是把别的物理内存映射到

---

① 增加的内存来自页表的复制。

该页面上，并不会改变页面的物理内存分配状态。

正因如此，通过 ps 命令获取的所有进程的 RSS 字段的值的总和有可能比系统的总物理内存量大。

5.1.2　execve() 函数的高速化：按需调页

曾在第 4 章中出现的按需调页机制不但会发生在为进程分配新的内存区域时，还会发生在调用 execve() 函数后。刚调用完 execve() 时，进程处于尚未被分配物理内存的状态，如图 5-3 所示。

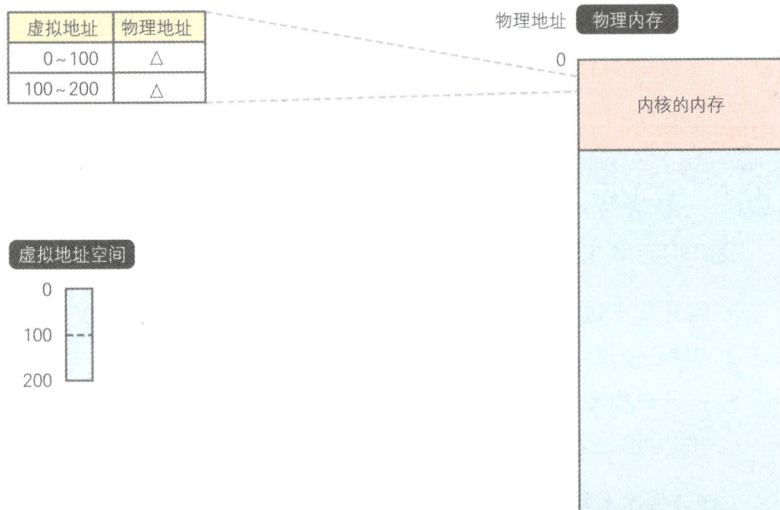

图 5-3　刚调用完 execve() 时

这时，由于入口点还没有对应的页面，因此程序从入口点开始运行会引发缺页中断，如图 5-4 所示。

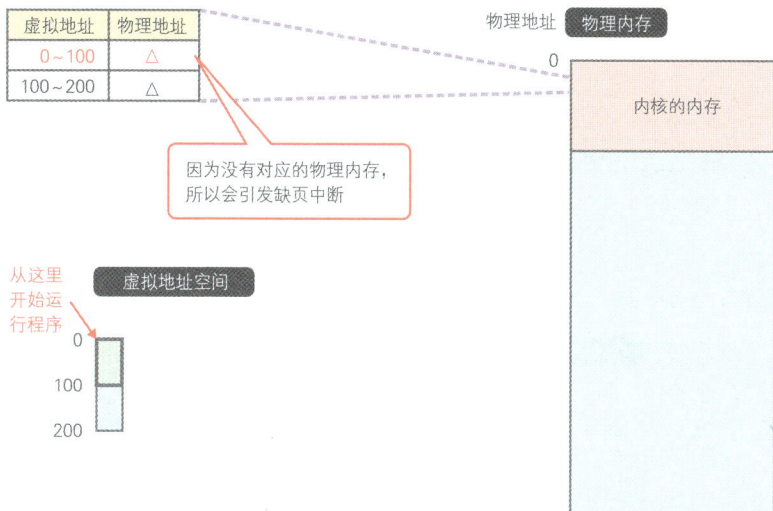

虚拟地址	物理地址
0～100	△
100～200	△

因为没有对应的物理内存，
所以会引发缺页中断

从这里
开始运
行程序

虚拟地址空间

物理地址　物理内存

内核的内存

图 5-4　访问入口点时引发缺页中断

然后，物理内存被分配给进程，如图 5-5 所示。

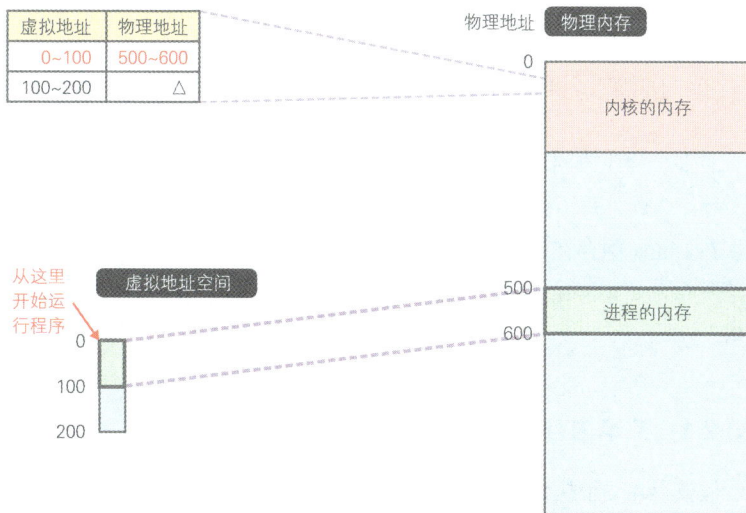

虚拟地址	物理地址
0～100	500～600
100～200	△

从这里
开始运
行程序

虚拟地址空间

物理地址　物理内存

内核的内存

进程的内存

图 5-5　为入口点所对应的页面分配物理内存

访问剩下的页面也会引发缺页中断并按照同样的流程分配物理内存，

如图 5-6 所示。

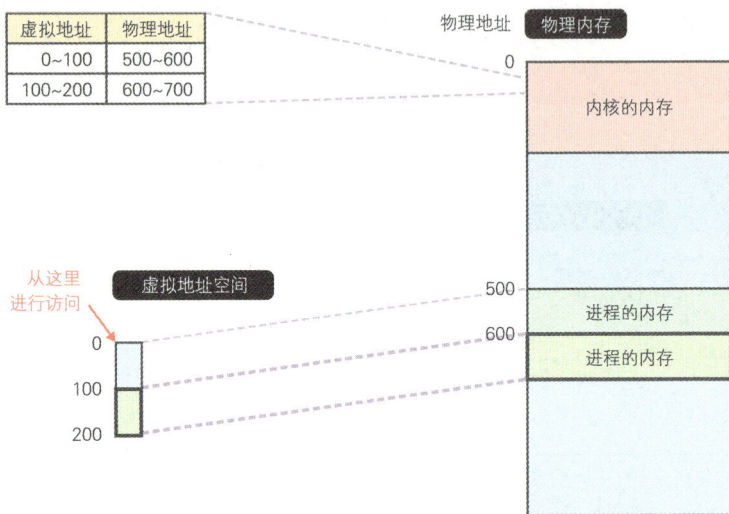

虚拟地址	物理地址
0~100	500~600
100~200	600~700

物理地址　物理内存
0
内核的内存
从这里进行访问
虚拟地址空间
0
100
200
500　进程的内存
600　进程的内存

图 5-6 继续访问其他内存

5.2　进程间通信

当多个程序协同工作时，各个进程需要共享数据或调整处理顺序（同步）等。为此，系统提供了**进程间通信**功能。

在 Linux 中存在各式各样的进程间通信方式以满足不同需求，但由于介绍所有方式并不现实，本节将挑选几个简明易懂的进程间通信方式进行介绍。

5.2.1　共享内存

假设存在一个执行下列操作的程序。

❶ 创建一个值为 1000 的整型数据并输出该数据的值。

❷ 创建子进程。

❸ 父进程等待子进程运行结束。子进程把步骤❶中的值乘以 2 后结束
运行。

❹ 父进程输出数据的值。

代码清单 5-2 所示的 non-shared-memory.py 程序还原了上述操作。

代码清单 5-2　non-shared-memory.py

```
#!/usr/bin/python3

import os
import sys

data = 1000

print("创建子进程前的值：{}".format(data))
pid = os.fork()
if pid < 0:
    print("fork()执行失败", file=os.stderr)
elif pid == 0:
    data *= 2
    sys.exit(0)

os.wait()
print("创建子进程后的值：{}".format(data))
```

下面为程序的运行结果。

```
$ ./non-shared-memory.py
创建子进程前的值：1000
创建子进程后的值：1000
```

我们没有得到预想的结果。因为调用 fork() 函数后父进程和子进程
便各自拥有自己的数据，所以某一方更改数据并不会影响另一方所拥有的
数据。虽然写时复制机制让父进程和子进程在刚调用完 fork() 函数时
共享物理内存，但只要某一方执行写入操作，就会被分配独立的物理内存
并解除共享。

我们可以利用共享内存的方法，把一个内存区域映射到多个进程上，如
图 5-7 所示。这里提到的共享内存是利用 mmap() 系统调用来实现的。

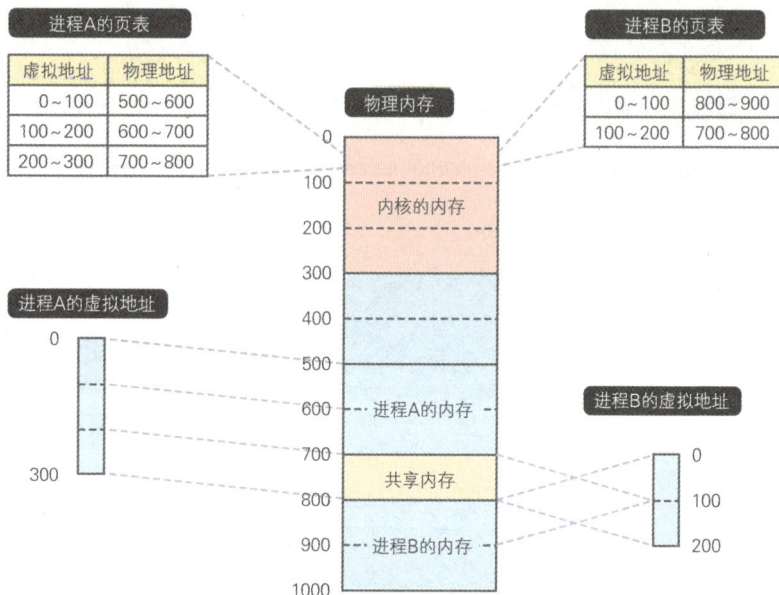

图 5-7　共享内存

代码清单 5-3 所示的 shared-memory.py 程序通过共享内存实现了本节开头提到的设想。该程序执行以下操作。

❶ 创建一个值为 1000 的整型数据并输出该数据的值。

❷ 创建共享内存区域，然后把步骤❶中创建的数据的值放到共享内存区域的起始位置。

❸ 创建子进程。

❹ 父进程等待子进程运行结束。子进程把步骤❷中的值乘以 2 后放回共享内存区域，然后结束运行。

❺ 父进程输出数据的值。

代码清单 5-3　shared-memory.py

```
#!/usr/bin/python3

import os
import sys
```

```
import mmap
from sys import byteorder

PAGE_SIZE = 4096

data = 1000
print("创建子进程前的值：{}".format(data))
shared_memory = mmap.mmap(-1, PAGE_SIZE, flags=mmap.MAP_SHARED)

shared_memory[0:8] = data.to_bytes(8, byteorder)

pid = os.fork()
if pid < 0:
    print("fork()执行失败", file=os.stderr)
elif pid == 0:
    data = int.from_bytes(shared_memory[0:8], byteorder)
    data *= 2
    shared_memory[0:8] = data.to_bytes(8, byteorder)
    sys.exit(0)

os.wait()
data = int.from_bytes(shared_memory[0:8], byteorder)
print("创建子进程后的值：{}".format(data))
```

下面是程序的运行结果。

```
$ ./shared-memory.py
创建子进程前的值：1000
创建子进程后的值：2000
```

这次成功实现了最初的设想。

5.2.2　信号

　　曾在第 2 章中出现的信号也是一种进程间通信方式。第 2 章介绍的 SIGINT、SIGTERM 和 SIGKILL 信号的作用是明确的。但在 POSIX 中还存在可以由用户自由定义具体作用的信号，如 SIGUSR1 与 SIGUSR2。两个进程边运行边确认对方的处理进度等功能可以通过进程互相发送这些自定义的信号来实现。但需要注意的是，信号是非常原始的机制。它除了告诉对方"信号已到达"外无法实现传输数据等功能，具有很多限制。因此，我们一般不用信号实现太复杂的逻辑。

顺带一提，dd 命令有一个比较特别的功能，那就是当你向 dd 命令发送 SIGUSR1 信号时，它会显示当前的进度信息。

```
$ dd if=/dev/zero of=test bs=1 count=1G &
[1] 2992194
$ DDPID=$!
$ kill -SIGUSR1 $DDPID
8067496+0 records in
8067496+0 records out
$ 8067496 bytes (8.1 MB, 7.7 MiB) copied, 15.3716 s, 525 kB/s
kill -SIGUSR1 $DDPID
9231512+0 records in
9231511+0 records out
9231511 bytes (9.2 MB, 8.8 MiB) copied, 18.2359 s, 506 kB/s
$ kill $DDPID
```

5.2.3 管道

进程之间可以通过管道进行通信。最常见的管道的例子是在 bash 命令行中使用"|"连接多个程序。

如果想在 bash 中提取 free 命令的 total 字段的值，可以执行 free | awk '(NR==2){print $2}'。这样一来，free 与 awk 就会通过管道连接起来，free 命令的输出将作为 awk 命令的输入。

只执行 free 命令时的输出如下所示（摘自第 4 章）。

```
$ free
              total        used        free      shared  buff/cache   available
Mem:       15359352      448804     9627684        1552     5282864    14579968
Swap:             0           0           0
```

可以看到，total 的值在第 2 行的第 2 个字段。通过管道连接的 awk 命令的脚本（'(NR==2){print $2}'）正是用于输出 total 字段的值。

```
$ free | awk '(NR==2){print $2}'
15359352
```

除此之外，管道还能实现双向通信，或者以文件为中介连接进程等。

5.2.4 套接字

在 Linux 中，多个进程可以通过**套接字**连接起来进行通信。套接字是一种很重要的进程间通信方式，并且被广泛使用，但由于本书篇幅有限，只能对其进行简要介绍。

套接字大致分为两类。一类是 UNIX 域套接字，用于同一台机器上的进程间通信。另一类是 TCP 套接字与 UDP 套接字，通过这两个套接字进行进程间通信时遵循互联网协议套件或 TCP/IP。TCP 套接字与 UDP 套接字虽然比 UNIX 域套接字的速度慢，但它们能跨机器进行进程间通信，这是它们的一大优势。这两个套接字在互联网上被广泛使用。

5.3 互斥锁

系统中存在大量不允许同时被多个进程访问的资源。Ubuntu 的包管理系统数据库就是一个比较常见的例子。这个数据库由 apt 命令负责更新，但如果同时运行两个以上的 apt 命令就有可能损毁该数据库，进而危及系统。为了避免引发这类问题，系统引入了**互斥锁**机制。该机制可以防止多个处理程序同时访问某个资源。

由于互斥锁机制晦涩难懂，因此这里将利用较为简单的文件锁机制来从侧面进行讲解。代码清单 5-4 所示的 inc.sh 程序用于读取某个文件中的值，然后将读取的值加 1，并把结果写回该文件。

假设有一个名为 count 的文件。在初始状态下，该文件内写入了一个数值 0。

代码清单 5-4 inc.sh

```
#!/bin/bash


TMP=$(cat count)
echo $((TMP + 1)) >count
```

```
$ cat count
0
```

在这个状态下运行一遍 inc.sh 程序并确认 count 文件中的值。

```
$ ./inc.sh
$ cat count
1
```

count 文件中的值毫无意外地从 0 变成了 1。下面把 count 文件中的值重设回初始状态，并看看运行 1000 遍 inc.sh 程序后结果如何。

```
$ echo 0 > count
$ for ((i=0;i<1000;i++)) ; do ./inc.sh ; done
$ cat count
1000
```

这次的结果也和预期一致，count 文件中的值变成了 1000。

如果通过 ./inc.sh & 的方式让 inc.sh 程序并行运行，我们会得到什么样的结果呢？

```
$ echo 0 > count
$ for ((i=0;i<1000;i++)) ; do ./inc.sh & done; wait
...
$ cat count
18
```

结果是 18[①]，这个结果与预期的 1000 相差甚远。究其原因在于，并行运行 inc.sh 程序时可能发生以下情况。

❶ inc.sh 程序 A 从 count 文件中读取 0。
❷ inc.sh 程序 B 从 count 文件中读取 0。
❸ inc.sh 程序 A 向 count 文件写入 1。
❹ inc.sh 程序 B 向 count 文件写入 1。

这只是一个实验程序，出现这种情况时我们最多感到惊讶。但如果同样的情况发生在管理自己存款的银行系统中，光是想想都能吓出一身

---

① 每次运行的结果可能不同，并且结果会因运行环境不同而有所变化。

冷汗。

为了避免发生这样的情况，需要确保"读取数值、加 1、将结果写回文件"这一系列操作在同一时间只能由一个 inc.sh 程序执行。实现这一点的机制就是互斥锁。

下面先定义两个术语。

- 临界区：如果同时执行将引发问题的一系列操作。在 inc.sh 程序中是指"读取数值、加 1、将结果写回文件"这一系列操作。
- 原子操作：从系统外部看似乎是一个单一操作的一系列操作。如果 inc.sh 程序的临界区是一个原子操作，那么❶和❸之间的❷是不可被中断的。

为了在 inc.sh 程序上实现互斥锁，我们尝试通过名为 lock 的文件存在与否来表示是否有进程正在执行临界区中的操作。代码清单 5-5 所示的 inc-wrong-lock.sh 程序实现了这一想法。

代码清单 5-5　inc-wrong-lock.sh

```bash
#!/bin/bash

while : ; do
  if [ ! -e lock ] ; then
    break
  fi
done
touch lock
TMP=$(cat count)
echo $((TMP + 1)) >count
rm -f lock
```

我们在 inc.sh 程序的临界区前添加了一个操作，用于检查 lock 文件是否存在。如果 lock 文件不存在，则创建一个 lock 文件并进入临界区，处理完毕后删除 lock 文件。新的程序看起来能够达成目标，其运行结果如下所示。

```
$ echo 0 >count
```

```
$ rm lock
$ for ((i=0;i<1000;i++)) ; do ./inc-wrong-lock.sh & done; for ((i=0;i<1000;
i++)); do wait; done
...
$ cat count
14
```

你可能已经从程序的命名上察觉到了，这次的程序还是以失败告终。那么问题出在哪里呢？

下面列出了 inc-wrong-lock.sh 无法达到预期效果的缘由。

❶ inc-wrong-lock.sh 程序 A 确认 lock 文件尚未被创建，于是进入临界区。

❷ inc-wrong-lock.sh 程序 B 确认 lock 文件尚未被创建，于是进入临界区。

❸ inc-wrong-lock.sh 程序 A 从 count 文件中读取 0。

❹ inc-wrong-lock.sh 程序 B 从 count 文件中读取 0。

❺ 之后的情况与 inc.sh 程序中一样。

为了解决这个问题，需要将"检查 lock 文件是否存在，如果不存在则创建文件并继续执行"这一系列操作作为一个原子操作来实现。这看似陷入了一个无限循环的怪圈，但实际上存在一个跳出这个怪圈的机制，那就是文件锁。

文件锁通过 flock() 与 fcntl() 这两个系统调用使文件在加锁与解锁两个状态间切换。原子操作的内部执行了以下操作。

❶ 检查文件是否已被加锁。

❷ 如果文件已被加锁，则系统调用执行失败。

❸ 如果文件处于解锁状态，则为文件加锁并让系统调用正常完成。

我们不再说明两个系统调用的用法。如果你对此感兴趣，可以查看 man 2 flock 的说明，或 man 2 fcntl 中关于 F_SETLK、F_GETLK 的说明。

在命令行脚本中可以通过 flock 命令实现文件锁。用法很简单，flock

为第 1 个参数所指定的文件加锁，然后运行第 2 个参数所指定的程序，如代码清单 5-6 所示。

代码清单 5-6 inc-lock.sh

```
#!/bin/bash

flock lock ./inc.sh
```

下面同样运行 1000 遍 inc-lock.sh 程序，看看会得到什么样的结果。

```
$ echo 0 >count
$ touch lock
$ for ((i=0;i<1000;i++)) do ./inc-lock.sh & done; for ((i=0;i<1000;i++));
do wait; done
...
$ cat count
1000
$
```

终于达到预想的效果了！

正如上文所述，互斥锁是一种非常复杂的机制。但只要你精读本节的内容，同时尝试自己描绘运行的流程，就应该能够理解。如果无论如何都无法理解互斥锁机制，不妨先跳过这一部分内容，转换思路后再重新挑战。

5.4　互斥锁中的怪圈

我们在 5.3 节中提到，互斥锁的一种实现方法为文件锁。那么文件锁又是如何实现的呢？实际上文件锁机制不是在 C 语言等高级语言级别上，而是在机器语言级别上实现的。

假设代码清单 5-7 中的汇编语言用于实现锁的功能。

代码清单 5-7 锁的实现（汇编语言）

```
start:
  load r0 mem
```

❶ 读取地址为 mem 的内存中的值并存放到 r0 寄存器。如果 mem 中的值为 1，意味着已加锁，而为 0 则意味着尚未加锁。

```
    test r0
    jmpz enter
    jmp start
enter:
    store mem 1

    ...

<临界区>

    ...

    store mem 0
```

❷ 判断r0是否为0。

❸ 当r0为0时意味着文件尚未加锁，这时跳转到enter标签处。

❹ 当r0不为0时意味着文件已加锁，这时跳转到start标签处。

❺ 向mem写入1，为文件加锁。

❻ 向mem写入0，解锁文件。

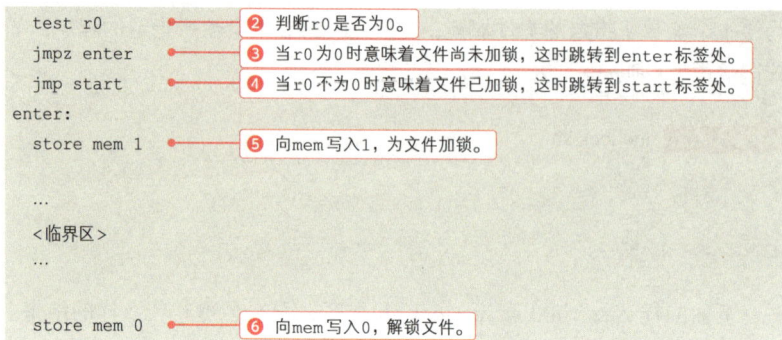

然而，即便这样做，还是不足以实现锁机制。如果存在两个同时执行步骤❶的操作，那么这两个操作都会判断可以安全进入临界区。这是因为步骤❶~步骤❺并没有组合为一个原子操作。

为了解决这个问题，大部分 CPU 架构在架构内实现了与步骤❶~步骤❺等价的原子操作，并提供了执行该原子操作的命令。感兴趣的读者可以搜索关键词 compare and exchange 或 compare and swap。

当然，在高级语言中也可以实现互斥锁，但这会耗费大量时间与内存资源。感兴趣的读者可以搜索"Peterson 算法"。

5.5　多进程与多线程

CPU 正在往多核化方向发展，因此程序的并行化变得越来越重要。实现程序并行化的方法主要有两种：一种是同时启动多个执行不同处理的程序，另一种是把一个任务分成多个工作流，并分别执行这些工作流。

本节将围绕第二种方法展开讨论。这种方法可以细分出两种实现方式，分别为多进程和多线程。

多进程是指通过 fork() 函数和 execve() 函数创建所需数量的进程，并让这些进程利用进程间通信边交互边执行任务。多线程则是指在单个进程内创建多个任务流，如图 5-8 所示。

进程

❶ 执行fork()函数

物理内存

虚拟地址空间

进程的内存

❷-1 父进程在fork()函数结束后重新开始执行任务

物理内存

虚拟地址空间

复制

进程的内存 *

虚拟地址空间

❷-2 子进程在fork()函数结束后开始执行任务

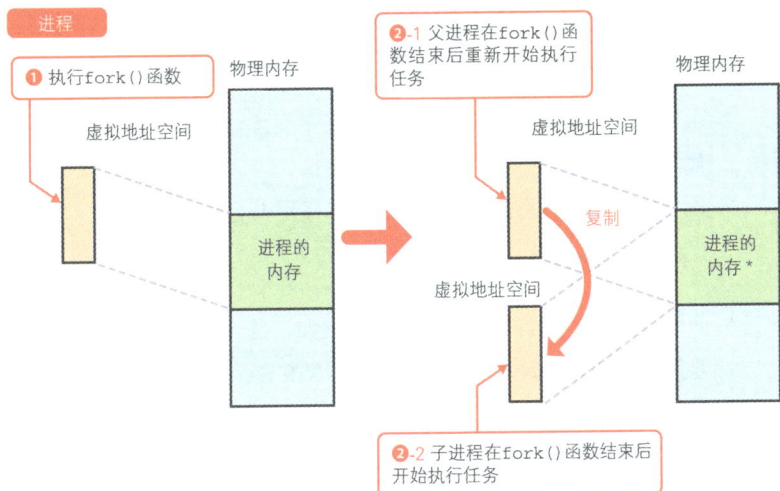

*由于写时复制机制的存在，父进程与子进程共享这部分内存。

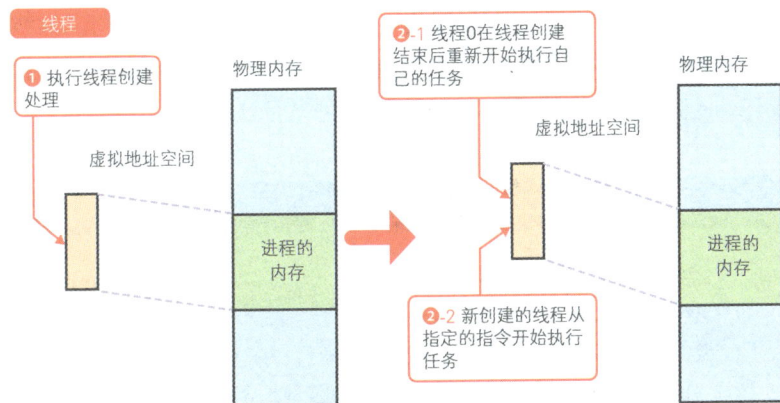

线程

❶ 执行线程创建处理

物理内存

虚拟地址空间

进程的内存

❷-1 线程0在线程创建结束后重新开始执行自己的任务

物理内存

虚拟地址空间

进程的内存

❷-2 新创建的线程从指定的指令开始执行任务

图 5-8　进程与线程的生成

　　只由单个线程执行任务的程序被称为单线程程序。相对应的，由多个线程执行任务的程序则被称为多线程程序。

　　提供线程功能的方法有很多种，POSIX 线程就是其中之一。POSIX 线程提供了创建与操纵线程的 API。在 Linux 中也可以通过 libc 等库利用 POSIX 线程的功能。

对于要实现多任务流的程序来说，多线程与多进程相比具有以下优点。

- 无须复制页表，因此创建时间更短。
- 由于同一个进程中的所有线程共享各种资源，因此内存等资源的消耗量较少。
- 因为所有线程共享内存，所以更容易实现表面上的协同操作。

与此相对，多线程也存在以下缺点。

- 一个线程的异常会影响所有线程。例如，当一个线程因访问了非法地址而异常结束时，整个进程都会异常结束。
- 要求程序员熟知在多线程任务中用到的处理是否适用于多线程调用（是否线程安全）。例如，不通过互斥锁而直接访问全局变量的处理就不是线程安全的。在这种情况下，程序员需要控制好每个线程，以确保同一时间只有一个线程调用该处理。

写出与预期相符的多线程程序是一件非常困难的事情。因此出现了很多致力于让多线程的优势与编程的简化共存的方案。内置于 Go 语言中的 goroutine 机制就是其中一例，该机制简化了线程的处理。

内核级线程与用户级线程　　技术专栏

线程的实现方式可以分为在内核空间实现的内核级线程与在用户空间实现的用户级线程[1]。

我们首先介绍内核级线程。每创建一个进程，内核就会创建一个内核级线程。第 3 章详细介绍过的进程调度器其实调度的是内核级线程，而非进程本身。

如果某进程发出 clone() 系统调用，内核就会为新创建的线程创建一个对应的内核级线程。如此一来，进程中的各个线程就可以并行地运行在不同的逻辑 CPU 上。

[1]　其实还存在一种比较复杂的混合型线程，本书将略过相关内容。

　　有趣的是，在 Linux 中，不管是创建进程（调用 fork() 函数）还是创建线程，都会使用 clone() 系统调用。

　　clone() 系统调用能够决定原内核级线程与新创建的内核级线程共享哪些资源。创建进程（调用 fork() 函数）时不共享虚拟地址空间，而创建线程时共享虚拟地址空间。

　　想要查看内核级线程，只需利用 ps -eLF 命令即可。

```
$ ps -eLF
UID         PID    PPID   LWP  C NLWP   SZ   RSS PSR STIME TTY      TIME CMD
...
root        629    1      629  0  1    2092 5108  2  1月03 ?     00:00:00 /usr/
lib/bluetooth/bluetoothd
root        630    1      630  0  1    2668 3336  4  1月03 ?     00:00:00 /usr/
sbin/cron -f
message+    633    1      633  0  1    2216 5452  7  1月03 ?     00:00:00 /
usr/bin/dbus-daemon --system --address=systemd: --nofork --nopidfile --systemd-
activation --syslog-only
...
root        634    1      634  0  3   65835 20132  0  1月03 ?    00:00:00 /usr/
sbin/NetworkManager --no-daemon
root        634    1      690  0  3   65835 20132  3  1月03 ?    00:00:03 /usr/
sbin/NetworkManager --no-daemon
root        634    1      719  0  3   65835 20132  3  1月03 ?    00:00:00 /usr/
sbin/NetworkManager --no-daemon
root        638    1      638  0  2   20491 3628   2  1月03 ?    00:00:17 /usr/
sbin/irqbalance --foreground
...
```

　　这里只说明在本书中首次出现的字段的含义。LWP 为分配给内核级线程的 ID。创建进程时分配到的 LWP 为该进程的 PID。

　　通过这一点可以发现，在上面的例子中出现的 cron 程序（PID=630）为单线程程序。而 NetworkManager（PID=634）则拥有 3 个线程（线程 ID 分别为 634、690 和 719）。

　　接下来介绍用户级线程。用户级线程的实现不需要使用 clone() 系统调用，而是通过用户空间的程序。最典型的一种实现为线程库。

　　待执行命令的相关信息将被保存在线程库中。例如，当某个线程由于发起 I/O 操作而进入某种等待状态时，线程库就会启动并执行线程切换。另外，对于内核来说，不管进程拥有多少个用户级线程，内核都只能看到一个对应的内核级线程。因此用户级线程只能运行在同一个逻辑 CPU 上。

下面看看内核级线程与用户级线程在物理内存布局上有什么区别。假设进程 A 拥有线程 0 与线程 1，其布局如图 5-9 所示。

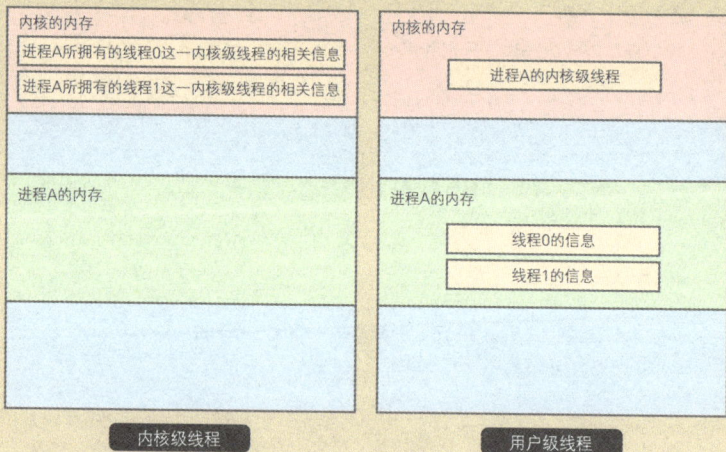

图 5-9　内核级线程与用户级线程的区别（物理内存布局）

在内核级线程的实现中，负责保管线程信息的是内核。在用户级线程的实现中，线程信息由进程负责管理。

我们再从进程调度的角度看看内核级线程与用户级线程的区别。假设在某个逻辑 CPU 上运行着进程 A（拥有两个线程）与进程 B（单线程），如图 5-10 所示。

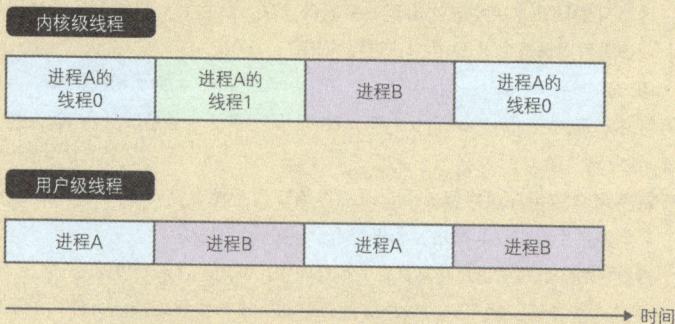

图 5-10　内核级线程与用户级线程的区别（进程调度）

在内核级线程的实现下，进程 A 的两个线程与进程 B 的待遇相同，它们轮流使用 CPU 资源。在用户级线程的实现下则是另一番情景，进程 A 的两个线程对于内核来说是不可见的，所以这时的调度就变成了进程 A 与进程 B 轮流使用 CPU 资源。当进程 A 使用 CPU 资源时，线程库负责为线程分配 CPU 资源。

内核级线程的优点在于多逻辑 CPU 的并行运行。用户级线程的优点是创建成本与线程切换成本较低。顺带一提，goroutine 是基于用户级线程实现的。

Linux 内核有时也会创建内核级线程。内核创建的内核级线程可以通过 ps aux 命令来查看。ps　aux 命令的 COMMAND 字段下出现的 [kthreadd] 或者 [rcu_gp] 等被 "[]" 围起来的线程就是内核级线程。

内核创建的内核级线程也呈现为树形结构，但和进程不同的是，这棵树的根为 kthreadd。Linux 内核在刚开始运行时启动 PID=2 的 kthreadd，然后 kthreadd 根据需求创建子内核级线程。kthreadd 与其余内核级线程的关系类似于 init 与系统中其他进程的关系。

至于各个内核级线程的作用，由于超出了本书的范围，在此不再介绍。

## 第 6 章

设备访问

本章将详细叙述进程访问硬件设备的方法。

正如第 1 章所述，进程是无法直接访问硬件设备的，理由如下。

- 当多个程序同时操作一个设备时，可能导致不可预知的行为。
- 本来不会被损毁也不用担心被窃取的数据将失去保护。

作为替代方案，内核将作为中介代理访问硬件设备。具体而言，将使用如下所示的接口。

- 操作名为设备文件的特殊文件。
- 直接对块设备上的文件系统进行操作。第 7 章将详述文件系统的相关内容。
- 网络接口卡（NIC，通常简称为网卡）。由于速度等问题，对网卡的操作不利用设备文件，而是采用套接字机制[1]。由于本书不涉及网络的相关内容，因此不对此方法进行详细说明。

本章将展开说明通过设备文件访问硬件设备的方式。

6.1　设备文件

每个硬件设备都有一个对应的设备文件。以存储设备为例，/dev/sda 与 /dev/sdb 等文件就是存储设备的设备文件[2]。

在 Linux 中，每当进程操作设备文件时，内核中的设备驱动程序（稍后进行说明）就会作为进程的代理向对应的设备发起访问。假设系统中存在设备 0 与设备 1 两个设备，它们的设备文件分别为 /dev/AAA 与 /dev/BBB。这时的访问操作如图 6-1 所示。

---

[1]　利用 TCP 套接字或 UDP 套接字与其他机器上的进程进行通信。

[2]　准确地说，如果存储设备被划分为多个分区，则每个分区都有相应的设备文件，如 /dev/sda1 与 /dev/sda2 等。

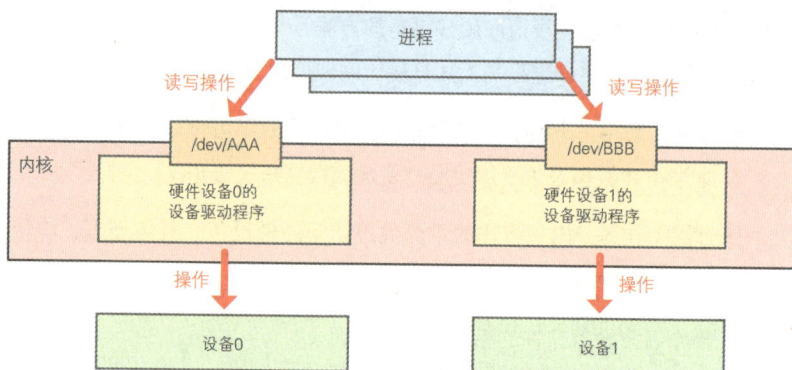

图 6-1　通过设备文件操作硬件设备

进程可以把设备文件当成普通文件进行操作。这意味着可以通过 open()、read() 及 write() 等系统调用来访问硬件设备。硬件设备的专有操作则利用 ioctl() 系统调用来进行。需要注意的是，通常情况下只有 root 用户有权限访问设备文件。

设备文件中保存着以下信息。

- 设备类型：字符设备与块设备。后文将详细介绍这两种设备。
- 设备的主设备号与次设备号：只需要知道主设备号与次设备号的组合与每种硬件设备一一对应即可 [1]。

设备文件通常位于 /dev/ 目录下。下面作为示例列出了 /dev/ 文件夹中的几个设备文件。

```
$ ls -l /dev/
total 0
crw-rw-rw-    1    root    tty      5,    0  3月  6 19:02 tty
...
brw-rw----    1    root    disk   259,    0  2月 27 09:39 nvme0n1
...
```

行首字母为 c 的设备是字符设备，行首字母为 b 的设备是块设备。第

---

[1] 以前，主设备号用于标识硬件设备的类型，次设备号则用于区分同种类型的多个硬件设备。但现在不一定是这种用法。

5 个字段的值为主设备号，第 6 个字段的值为次设备号。在上述示例中，
/dev/tty 为字符设备，/dev/nvme0n1 为块设备。

6.1.1　字符设备

字符设备可以进行读写操作，但是不能进行在设备内部改变访问位置
的寻址操作。比较有代表性的字符设备包括终端、键盘和鼠标等。

例如，终端的设备文件可以按以下方式操作。

- write() 系统调用：向终端输出数据。
- read() 系统调用：从终端输入数据。

下面我们尝试通过访问对应的设备文件来操作终端设备。首先需要确
定当前进程所对应的终端，以及与该终端对应的设备文件。我们可以通过
查看 ps ax 命令的第 2 个字段获取各个进程所关联的终端。

```
$ ps ax | grep bash
 6417 pts/9    Ss     0:00 -bash
 6432 pts/9    S+     0:00 grep bash
$
```

当前的 bash 运行在名为 pts/9 的终端上。/dev/ 文件夹中名为 pts/9 的文
件则是与该终端对应的设备文件。

接着我们向该文件中写入一个字符串。

```
$ sudo su
# echo hello >/dev/pts/9
hello
#
```

向终端设备写入 hello（准确地说是向设备文件发出 write() 系统调
用）后，该字符串被输出到终端。这个结果与直接执行 echo hello 的结
果一样。这是因为 echo 命令会向标准输入写入 hello，而标准输出被
Linux 关联到了终端上。

接下来，我们尝试操作系统中的其他终端。首先启动一个新的终端并
在新的终端上执行 ps ax 命令。

```
$ ps ax | grep bash
 6417 pts/9    Ss+    0:00 -bash
 6648 pts/10   Ss     0:00 -bash
 6663 pts/10   S+     0:00 grep bash
$
```

可以看到，第 2 个终端所对应的设备文件为 /dev/pts/10。下面尝试从第 1 个终端向该设备文件写入字符串。

```
$ sudo su
# echo hello >/dev/pts/10
#
```

虽然我们没有在第 2 个终端上执行任何操作，但在第 1 个终端中向设备文件写入的字符串被输出到第 2 个终端。

```
$ hello
```

6.1.2 块设备

块设备既允许读写操作，也允许寻址操作。HDD 与 SSD 等存储设备是比较有代表性的块设备。通过对块设备进行数据的读写，可以像访问普通文件一样，直接访问块设备中特定位置的数据。

我们同样尝试通过块设备文件来操作块设备。这里进行的实验将越过块设备文件中的 ext4 文件系统，而通过操作块设备文件的方式改写文件系统中的内容。实际上，用户直接操作块设备文件的情况很少，通常通过文件系统来读写数据（详见第 7 章）。

首先我们要找到一个适于做实验的空闲分区。如果系统中没有空闲分区，可以使用回环设备进行实验。本节最后的技术专栏将对回环设备进行介绍。如果在正在使用的分区上进行本实验，可能会损毁该分区中的数据，所以一定要注意避开正在使用的分区。

接下来在空闲分区中创建 ext4 文件系统。假设 /dev/sdc7 为空闲分区。

```
# mkfs.ext4 /dev/sdc7
...
#
```

挂载刚创建的文件系统并把 hello world 写入 testfile 文件中。

```
# mount /dev/sdc7 /mnt/
# echo "hello world" >/mnt/testfile
# ls /mnt/
lost+found  testfile   ←lost+found是在创建ext4文件系统时必定创建的文件夹
# cat /mnt/testfile
hello world
# umount /mnt
```

下面查看一下设备文件的内容。我们可以利用 strings 命令从包含文件系统数据的 /dev/sdc7 中提取字符串信息。执行 strings -t x 命令可以以一行一个字符串的形式显示文件中的字符串。每行第 1 个字段为该字符串在文件中的偏移量，而第 2 个字段则表示字符串的内容。

```
# strings -t x /dev/sdc7
...
 f35020 lost+found
 f35034 testfile
...
803d000 hello world
10008020 lost+found
10008034 testfile
...
#
```

我们可以从上面的输出结果得知以下信息。

- 分区中存在 lost+found 文件夹与 testfile 文件。
- 上述文件中的内容为字符串 hello world。

每个字符串都出现了两次，因为它们被正式写入设备前都曾被 ext4 中的日志功能写入日志区域。第 7 章将详述日志功能的相关内容。

下面尝试通过块设备改写 testfile 文件的内容。

```
$ echo "HELLO WORLD" >testfile-overwrite
# cat testfile-overwrite
HELLO WORLD
# dd if=testfile-overwrite of=/dev/sdc7 seek=$((0x803d000)) bs=1
                        ←向与testfile文件对应的位置写入HELLO WORLD
```

再次挂载文件系统并确认是否成功改写了 testfile 文件的内容。

```
# mount /dev/sdc7 /mnt/
# ls /mnt/
lost+found  testfile
# cat /mnt/testfile
HELLO WORLD
#
```

可以看到，文件的内容正如我们所预料的变成了 HELLO WORLD。

回环设备

技术专栏

大家可能会因为计算机环境中没有空闲的分区或存储设备，或者不想进行任何存在损毁硬盘数据风险的操作等而没有办法做 6.1.2 节中的实验。这时，回环设备就能派上用场了。回环设备机制允许我们把普通文件当作设备文件进行操作。

```
$ fallocate -l 1G loopdevice.img
$ sudo losetup -f loopdevice.img
$ losetup -l
NAME         SIZELIMIT OFFSET AUTOCLEAR RO BACK-FILE
DIO LOG-SEC
/dev/loop0          0      0         0  0 /home/sat/src/st-book-
kernel-in-practice/06-device-access/loopdevice.img   0     512
```

通过上面所示的操作，我们可以把 loopdevice.img 文件挂载到 /dev/loop0 这一回环设备上，然后就可以把 /dev/loop0 当作普通的块设备来操作了。下面展示了在回环设备中创建文件系统的方法。

```
$ sudo mkfs.ext4 /dev/loop0
...
$ mkdir mnt
$ sudo mount /dev/loop0 mnt
$ mount
..
/dev/loop0 on /home/sat/src/st-book-kernel-in-practice/06-device-
access/mnt type ext4 (rw,relatime)
```

执行上述操作后，对 mnt 目录下的文件执行的操作都会反映到 loopdevice.img 文件中。

完成实验后不要忘记删除实验用的文件。

```
$ sudo umount mnt
$ rm loopdevice.img
```

另外，如果只是想把回环设备当成文件系统来使用，可以省略一部分步骤，只需要执行以下操作即可。

```
$ fallocate -l 1G loopdevice.img
$ mkfs.ext4 loopdevice.img
$ sudo mount loopdevice.img mnt
$ mount
...
/home/sat/src/st-book-kernel-in-practice/06-device-access/loopdevi
ce.img on /home/sat/src/st-book-kernel-in-practice/06-device-access/
mnt type ext4 (rw,relatime)
```

最后，不要忘记删除不再需要的回环设备和相关文件。

```
$ sudo umount mnt
$ sudo losetup -d /dev/loop0
$ rm loopdevice.img
```

6.2　设备驱动程序

当进程访问设备文件时会启动设备驱动程序。本节将展开说明设备驱动程序这一内核功能。

为了直接操作硬件设备，需要对硬件设备中的**寄存器区域**执行读写操作。不同硬件设备中的寄存器是不同的，访问寄存器所执行的操作也多种多样。需要注意的是，虽然设备寄存器与 CPU 寄存器可能名称相同，但它们是不同类型的寄存器，具有不同的用途和功能。

进程视角下的设备操作流程如下（见图 6-2）。

❶ 进程通过设备文件向设备驱动程序发出操作设备的请求。

❷ CPU 切换到内核模式，设备驱动程序通过设备寄存器向硬件设备传达请求的内容。

❸硬件设备根据请求执行处理。

❹设备驱动程序检测到硬件设备完成处理后接收处理结果。

❺CPU 切换到用户模式，进程检测到设备驱动程序完成处理后接收处理结果。

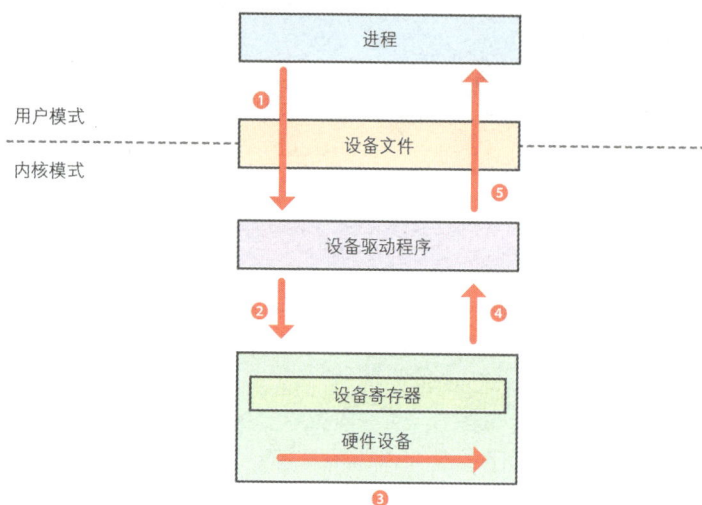

图 6-2　通过设备寄存器操作硬件设备

6.2.1　内存映射 I/O

当今的硬件设备通过内存映射 I/O（以下简称为 MMIO）机制来访问设备寄存器。

在 x86_64 架构中，Linux 把所有的物理内存映射到内核的虚拟地址空间中。假设内核的虚拟地址空间的范围为 0~1000 字节。图 6-3 展示了将物理内存映射到虚拟地址空间的 0~500 字节的情形。

地址

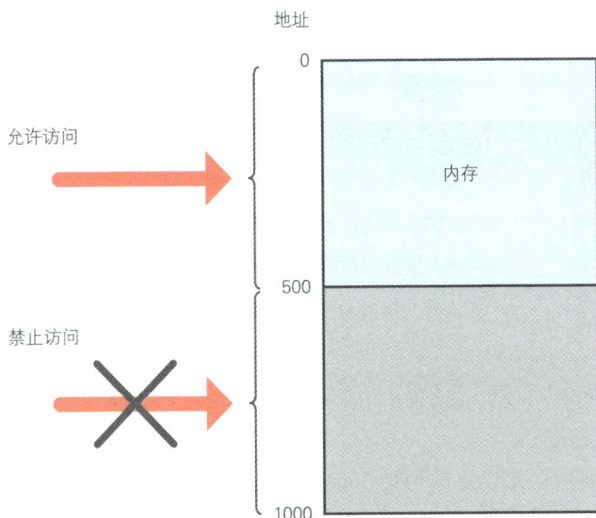

图 6-3　内核的虚拟地址空间

当通过 MMIO 操作硬件设备时，除了内存，还会把设备寄存器映射到地址空间中。假设系统中存在 3 个编号分别为 0、1、2 的设备，这时的映射如图 6-4 所示。

地址

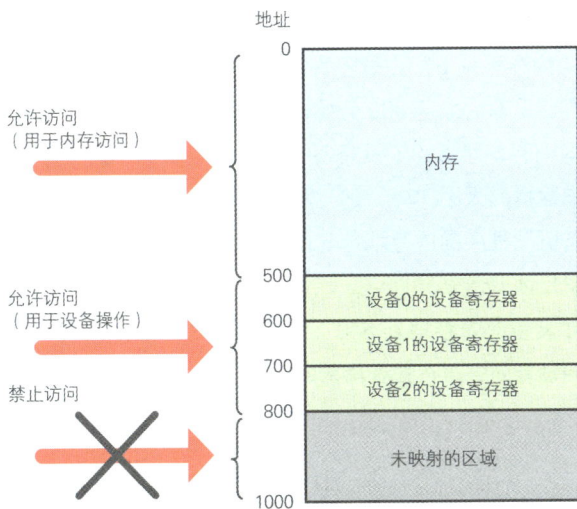

图 6-4　设备寄存器的映射

我们以表 6-1 所示的虚拟存储设备为例查看设备操作的流程。

表 6-1 用作例子的虚拟存储设备

设备寄存器的偏移量	用　途
0	指定用于读写的内存区域的起始地址
10	指定在存储设备中用于读写的数据区域的起始地址
20	指定读写的数据的大小
30	通过向这里写入指定的值以请求读写操作。当写入0时发出读取请求；当写入1时发出写入请求
40	表示请求的处理状态的标志。当发出请求时，该标志变为0；在处理完成后，该标志变为1

假设要把存储设备的地址 300~400 中的数据读取到地址 100~200 的内存区域，并且存储设备的设备寄存器映射到了起始地址为 500 的内存区域。在这种状态下发出读取请求时执行的流程如下（见图 6-5）。

❶ 设备驱动程序指定从存储设备的哪个区域读取数据和把数据放到内存的哪个位置。

　a. 向内存地址 500（设备寄存器的偏移量为 0）写入 100 以指定从地址 100 开始存放读取到的数据。

　b. 向内存地址 510（设备寄存器的偏移量为 10）写入 300 以指定从存储设备的地址 300 开始读取数据。

　c. 向内存地址 520（设备寄存器的偏移量为 20）写入 100 以指定读取数据的大小。

❷ 设备驱动程序向内存地址 530（设备寄存器的偏移量为 30）写入 0 以发出读取请求。

❸ 硬件设备向内存地址 540（设备寄存器的偏移量为 40）写入 0 以表明设备处于正在处理请求的状态。

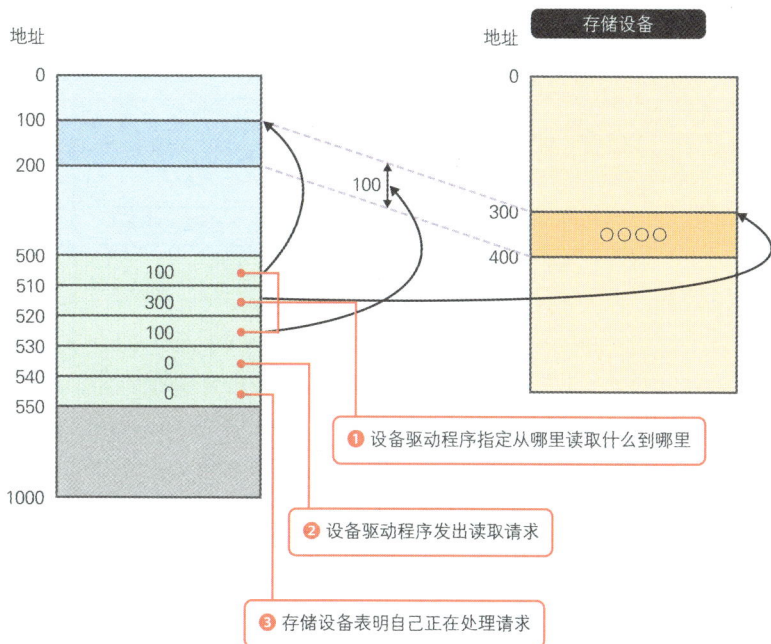

图 6-5 从存储设备读取数据的流程

发出读取请求后的流程如下（见图 6-6）。

❶ 硬件设备把地址 300~400 中的数据放到内存中以地址 100 为起始地址的区域。

❷ 硬件设备向内存地址 540（设备寄存器的偏移量为 40）写入 1 以表明当前的请求处于已完成的状态。

❸ 设备驱动程序检测设备的状态。

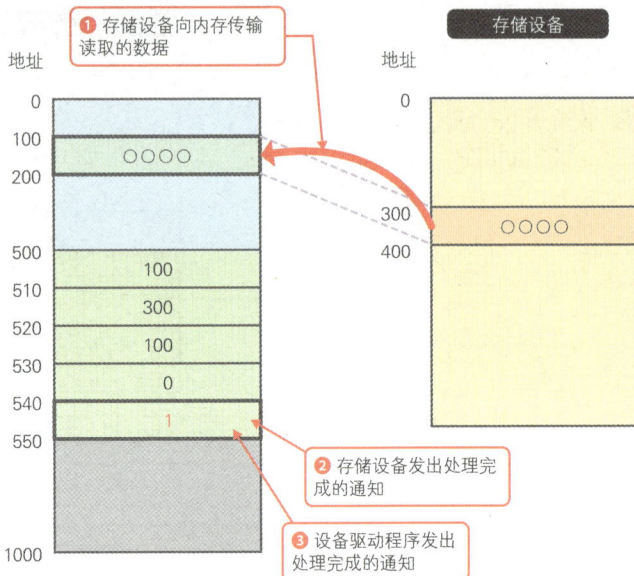

图 6-6 从存储设备读取数据后

为了实现第❸步中的设备状态检测，我们需要利用**轮询**或**中断**机制。

6.2.2 轮询

轮询机制是指设备驱动程序主动检查设备的处理状态。设备会在完成来自设备驱动程序的请求后，通过改变设备寄存器中的数值来通知设备驱动程序。设备驱动程序则会定期读取该数值以检测设备的处理状态。以大家常用的手机聊天软件为例，轮询相当于你和某人聊天时，定期查看对方是否回复消息。

最简单的轮询方式是设备驱动程序从发出请求开始就不停地读取设备寄存器中的数值，直到硬件设备完成处理。假设存在 p0 与 p1 两个进程，设备驱动程序收到来自 p0 的请求后定期启动并检测设备的处理状态，如图 6-7 所示。

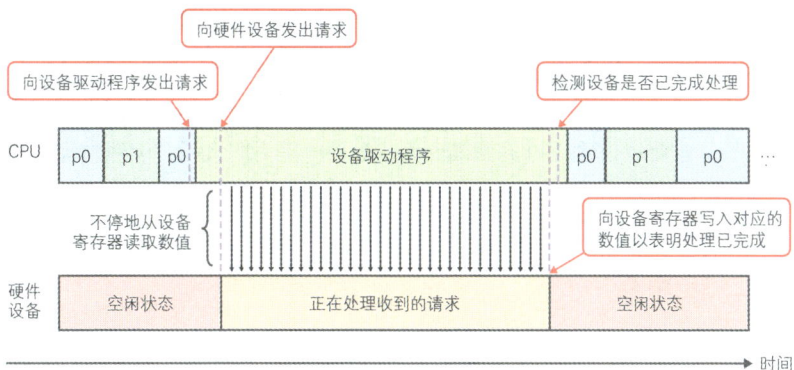

图 6-7 简单的轮询方式

可以看到，在设备驱动程序获知硬件设备已完成所有处理前，CPU 无法执行其他处理。虽然对于 p0 来说，可能本来就不得不等待硬件设备完成请求后才能继续执行下一步的处理[1]，但原本不受硬件设备影响的 p1 也无法继续运行，这是在浪费 CPU 资源。硬件设备处理请求的时间通常是毫秒级或微秒级的，而 CPU 执行一条命令的时间则是纳秒级甚至更短。考虑到这一点，我们可以得知上面的做法会浪费大量的 CPU 资源。

为了避免出现这样的问题，轮询还存在另一种实现方式，那就是以一定的时间间隔读取设备寄存器中的数值，如图 6-8 所示。

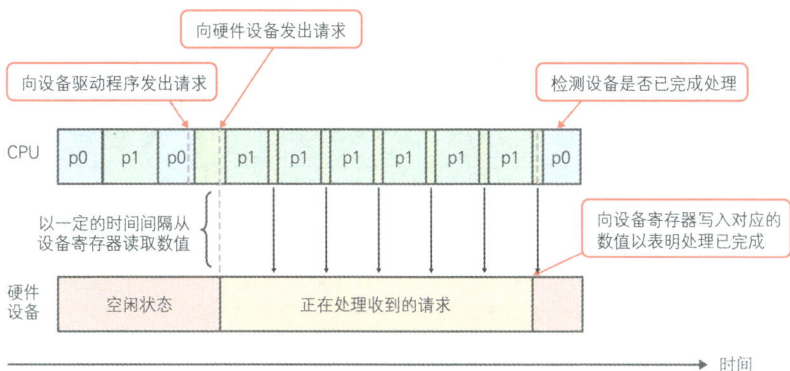

图 6-8 复杂的轮询方式

---

[1] 当然也存在无须停下来等待硬件设备完成处理的编程模型，这里将跳过这部分内容。

即便采用如此精心的设计，也依旧存在令设备驱动程序复杂化的问题。以图 6-8 为例，在硬件设备尚未完成处理期间，如果要运行 p1，就需要在 p1 的各个关键位置插入用于读取设备寄存器中数值的代码。即便把时间间隔延长，也难以设定关键的间隔时间。如果间隔时间太长，无法在完成处理后第一时间通知用户进程；如果间隔时间太短，则会增加无谓的开销。

6.2.3 中断

中断机制通过以下流程来检测硬件设备的状态。

❶ 设备驱动程序向硬件设备发出请求。CPU 在这之后可以处理其他任务。

❷ 当硬件设备完成处理后，通过中断机制通知 CPU。

❸ 设备驱动程序预先把中断处理程序注册到名为中断控制器的硬件中。CPU 在收到通知时从这里调用对应的中断处理程序。

❹ 中断处理程序接收硬件设备的处理结果。

同样以手机聊天软件为例，不管你是否在运行聊天软件，只要对方回复了消息，聊天软件就会立刻通知你，这就相当于中断机制。

与 6.2.2 节一样，假设存在 p0 与 p1 两个进程，p0 向设备驱动程序发出请求时的情形如图 6-9 所示。

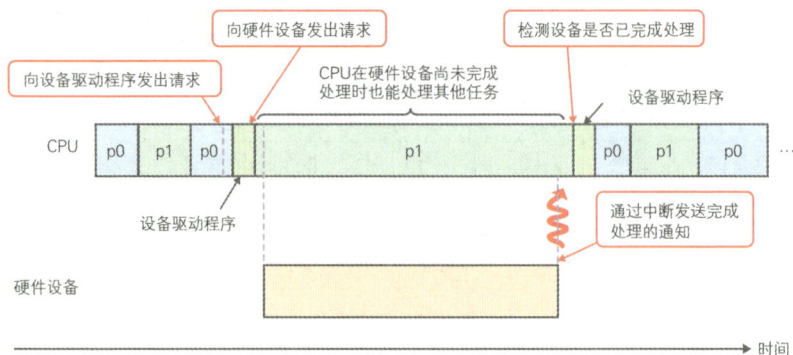

图 6-9　中断

以下几点非常重要。

- 即便硬件设备尚未完成请求的处理，CPU 也能执行其他任务。在上述例子中，p1 能在硬件设备执行请求期间运行。
- 进程能在硬件设备完成处理时立刻获知其状态。就如上述例子中的 p0 能在请求完成时立刻开始运行。
- 在硬件设备完成处理之前运行的程序（如上述例子中的 p1）无须在意硬件设备正在做什么。

我们通常使用中断机制检测硬件设备的请求处理状态，因为中断机制比轮询机制更容易实现。

下面通过实验来观察发生中断时的情形。在这个实验中，我们向存储设备发出请求，然后观测中断发生次数。通过 /proc/interrupts 文件可以查看从系统启动到当前时间点的中断发生次数。在笔者的计算机环境中，情况如下所示。

```
$ cat /proc/interrupts
        CPU0     CPU1     CPU2     CPU3    ...
  0:      36        0        0        0        IR-IO-APIC   2-edge   timer
  1:       0        0        5        0        IR-IO-APIC   1-edge   i8042
  7:       0        0        0   100000        IR-IO-APIC   7-fasteoi pinctrl_amd
...
```

输出结果有 70 多行。大家应该也能得到相似的结果。下面将说明输出内容的含义。

中断控制器能够处理多个中断请求（Interrupt Request，简称 IRQ），并且可以根据请求类型注册不同的中断处理程序。每个中断请求都被分配一个 IRQ 号用于识别。在上面的输出内容中，每一行都对应着一个 IRQ 号。我们可以大致认为，一个硬件设备对应一个 IRQ 号。

每一行中重要字段的含义如下。

- 第 1 个字段：IRQ 号。有些行中该字段的值并不是数值类型的值，无须在意。
- 第 2~9 个字段（一个逻辑 CPU 对应一个字段）：与 IRQ 号对应的

中断在各个逻辑 CPU 上的发生次数。

大家得到的输出内容可能与上面的输出内容有所差别，请根据实际情况进行调整与理解。

在内核中，定时器中断用于在指定的时间后引发中断。我们尝试每秒输出一次定时器中断的发生次数。需要注意的是，该中断的第 1 个字段的值为 LOC：。

```
$ while true ; do  grep Local /proc/interrupts ; sleep 1 ; done
 LOC:    21864665   18393529   28227980   84045773   23459541   19307390
25777844   19001056   Local timer interrupts
 LOC:    21864669   18393529   28227983   84045788   23459557   19307390
25777852   19001077   Local timer interrupts
...
 LOC:    21864735   18393584   28228116   84046062   23459767   19307398
25778080   19001404   Local timer interrupts
```

该中断的发生次数不断增加。以前，每个逻辑 CPU 上每秒都会发生 1000 次定时器中断。但现在已经不再采用这种模式，而是根据需求来请求定时器中断。这样可以减少由中断引起的 CPU 模式切换所带来的开销。得益于此，逻辑 CPU 处于空闲状态的时间变长了，从而降低了功耗。

主动利用轮询机制的情形 技术专栏

如果某个硬件设备能快速处理请求并且会高频收到请求，那它可能会主动选用轮询机制。这是因为调用中断处理程序也存在一定的额外开销，并且在这种情况下选用中断机制，若上一次的中断处理程序还没结束调用，下一次中断请求就已经开始发出，可能导致处理速度无法赶上发出请求的速度。此外，有一些设备驱动程序在通常情况下利用中断机制，但在中断的频率变高后切换到轮询机制。

用户空间 I/O（Userspace I/O，简称 UIO）是一种允许进程操作硬件设备的机制，该机制将映射着设备寄存器的内存区域映射到进程的虚拟地址空间中。利用 UIO 机制，甚至可以用 Python 编写设备驱动程序。另外，利用 UIO 机制能避免每次访问设备文件时都要让 CPU 切换到内核模式，从而实现设备访问的高速化。

为了实现高速化，利用 UIO 机制的设备驱动程序会运用各种各样的技术，如在与硬件设备的交互中活用轮询机制，或者为设备驱动程序分配专用的逻辑 CPU 等。对这些内容感兴趣的读者可以搜索 Userspace I/O（UIO）、Data Plane Development（DPDK）及 Storage Performance Development Kit（SPDK）等关键词以了解更多信息。

6.3　设备文件名

如果机器上安装着多个相同类型的设备，需要特别注意设备文件名。这里把讨论范围限定为存储设备的名称。当多个设备连接到系统时，内核会按照某种规则把设备关联到不同名称（准确地说是主设备号与次设备号的组合）的设备文件上。例如，SATA 或 SAS 设备将关联到 /dev/sda、/dev/sdb、/dev/sdc 等，NVMe SSD 将关联到 /dev/nvme0n1、/dev/nvme1n1、/dev/nvme2n1 等。需要注意的是，这种关联并不是固定的，系统每次启动时都可能发生变化。

假设某台机器上安装着 A 和 B 两个 SATA 存储设备。这时，哪个设备关联到 /dev/sda，哪个设备关联到 /deb/sdb 是由识别顺序决定的。如图 6-10 所示，如果某次启动时内核先识别 A 后识别 B，那么 A 将关联到 /dev/sda，而 B 将关联到 /dev/sdb。

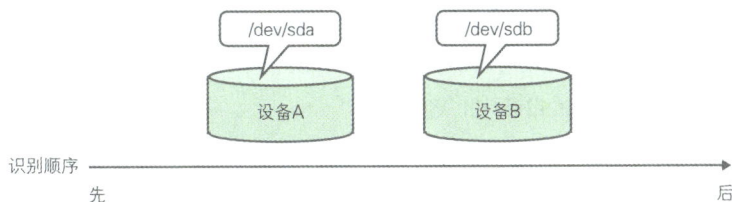

图 6-10　按顺序识别设备 A 和设备 B

如果在重启时两者的识别顺序发生改变，设备名就会随之改变[1]。导致

---

[1]　通过 USB 连接的热插拔存储设备可能在系统启动时出现问题。

这种改变的部分原因如下（见图 6-11）。

- 添加其他存储设备：如果新安装了一个存储设备 C，当识别顺序变成 A→C→B 时，B 的名称将从 /dev/sdb 变成 /dev/sdc。
- 改变安装的位置：如果 A 与 B 交换了插槽，那么 A 将变成 /dev/sdb，而 B 将变成 /dev/sda。
- 存储设备出现故障而无法被识别：如果 A 出现故障，B 将被识别为 /dev/sda。

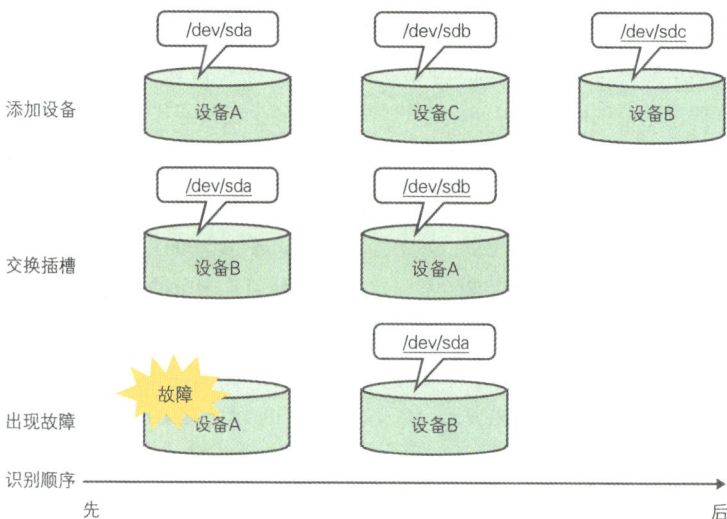

图 6-11 导致设备名发生变化的部分原因

当设备名发生变化时会引发什么问题呢？有可能只是导致系统无法启动，但也有可能损毁设备中的数据。

例如，在上文添加一个新设备的例子中，若打算通过执行 `mkfs.ext4 /dev/sdc` 命令在磁盘 C 中创建一个文件系统，可能变成在磁盘 B 中创建文件系统，从而导致数据被损毁[①]。

---

① mkfs 命令很智能，如果磁盘 B 上存在文件系统，它就会警告用户该磁盘上已存在文件系统，无法进行删除。但对于已经习惯了此类操作的人来说，很可能直接执行 `mkfs.ext4 -F /dev/sdc`（启用 -F 选项会让 mkfs 忽略现有的文件系统），导致现有的文件系统被删除。

通过利用 systemd 的 udev 程序提供的**设备持久化命名**可避免引发上述问题。

在系统启动等需要识别设备的情况下，udev 将在 /dev/disk 下自动创建不会因为设备配置发生变化而改变的或者难以发生改变的设备名。

设备持久化命名的一种实现方式是根据磁盘安装在总线上的位置来创建设备文件，这些文件位于 /dev/disk/by-path/ 目录下。在笔者的计算机环境中，/dev/sda 文件拥有以下别称。

```
$ ls -l /dev/sda
brw-rw---- 1 root disk 8, 0 Dec 24 18:34 /dev/sda
$ ls -l /dev/disk/by-path/acpi-VMBUS\:00-scsi-0\:0\:0\:0
lrwxrwxrwx 1 root root 9 Jan  4 11:05 /dev/disk/by-path/acpi-VMBUS:00-scsi
-0:0:0:0 -> ../../sda
```

除此之外，如果为文件系统添加了标签或者 UUID，udev 会为对应的设备在 /dev/disk/by-label 目录和 /dev/disk/by-uuid/ 目录下创建文件。

详情请查看 Arch Wiki 中的"块设备持久化命名"（Persistent block device naming）页面。

如果只是不想错误地挂载文件系统，可以利用 mount 命令中的添加标签或 UUID 功能来避免问题的发生。

例如在笔者的计算机环境中，/etc/fstab 文件（用于配置系统启动时需要挂载的分区）就是利用 UUID 而不是 /dev/sda 等内核分配的名称来指定设备的。

```
$ cat /etc/fstab
UUID=077f5c8f-a2f3-4b7f-be96-b7f2d31d07fe / ext4 defaults 0 0
UUID=C922-4DDC /boot/efi vfat defaults 0 0
```

这样，不管内核把 UUID=077f5c8f-a2f3-4b7f-be96-b7f2d31d07fe 的设备命名为 /dev/sda 还是 /dev/sdb，都能正常进行挂载。

第7章

文件系统

第 6 章介绍了通过设备文件访问各种设备的方法。然而，存储设备在大多数情况下是通过本章将要介绍的文件系统来访问的。

如果没有文件系统，用户需要自己决定将数据保存到磁盘中的哪个位置。为了不影响其他数据，用户需要管理好磁盘中的可用区域。此外，为了顺利读取保存在磁盘中的数据，用户还需要记录好每个数据的保存位置和大小等信息，如图 7-1 所示。

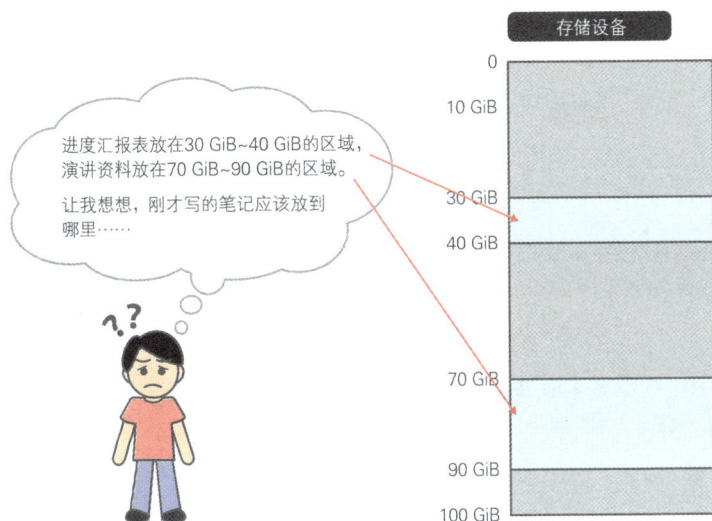

图 7-1　用户需要记住所有数据的位置和大小等信息

文件系统能够代替用户做好上面的事情。文件系统以文件为单位管理对用户来说有意义的数据块。有了文件系统，用户无须亲自管理各个数据的位置等信息。如图 7-2 所示，这些信息都被保存在存储设备上用于保存管理信息的区域中。

在图 7-2 中，存储设备上以文件形式管理数据的区域（包括管理区域）与负责处理存储区域的操作（文件系统的代码）都被称为文件系统。

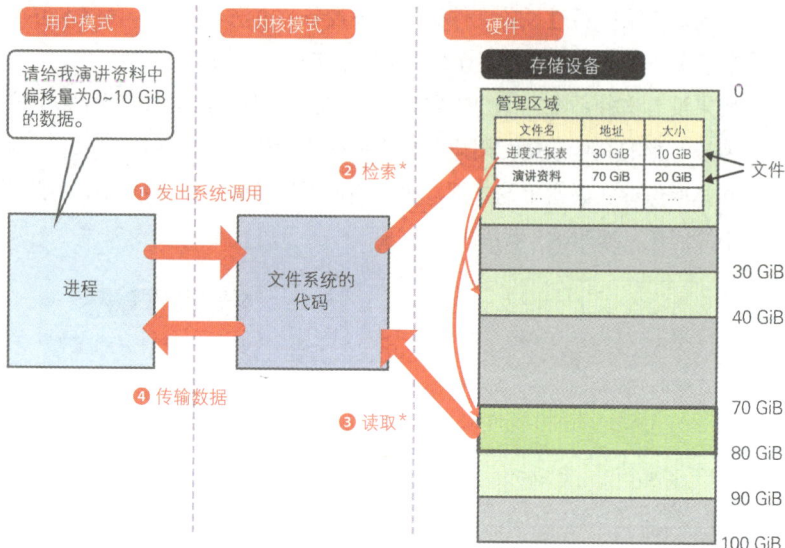

＊为简化说明，这里省略了设备驱动程序。

图 7-2　文件系统

图 7-3 展示了通过设备文件访问存储设备和通过文件系统访问存储设备的区别。

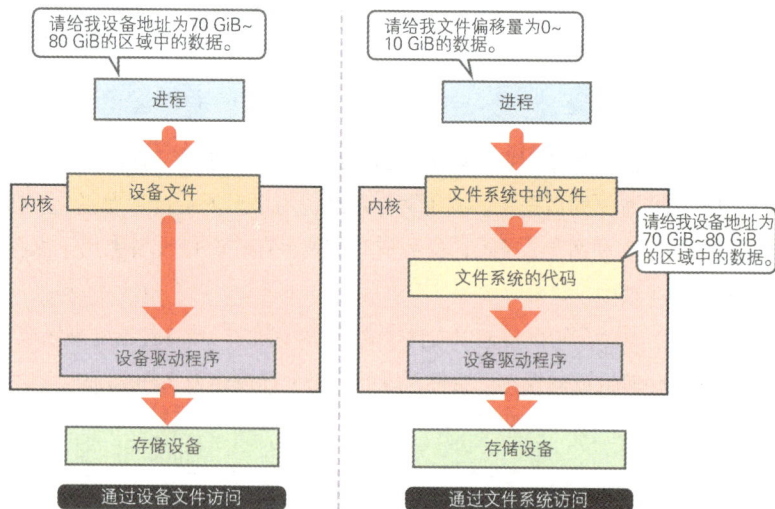

图 7-3　分别通过设备文件和文件系统访问存储设备

Linux 的文件系统通过名为**目录**的特殊文件来进行文件分类。不同的目录下可以存在同名的文件。另外，还能在目录中创建目录，最终形成树形结构的目录树，如图 7-4 所示。经常使用 Linux 的读者应该对此非常熟悉。

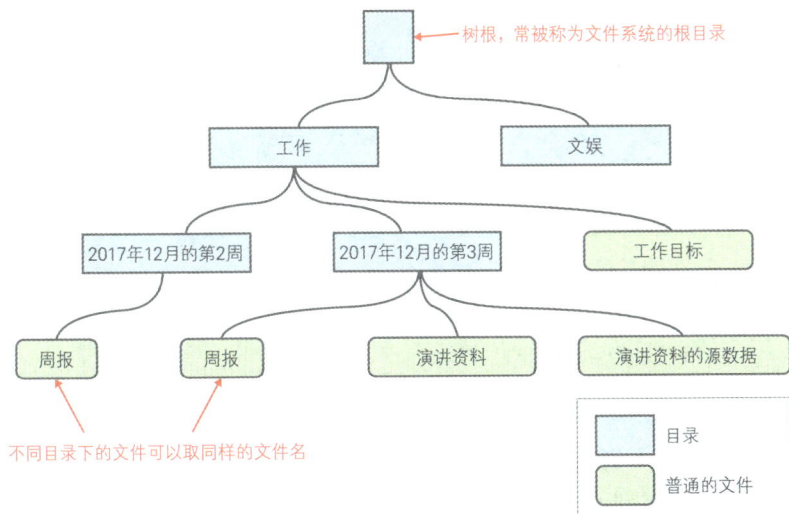

图 7-4　文件系统的树形结构

　文件系统中存在两种数据，分别为**数据**与**元数据**。数据是指用户创建的文本文档、图片、视频及程序等。元数据是指文件系统中用于支持文件管理的数据。在图 7-2 中，管理区域中的管理信息即为元数据。表 7-1 展示了较有代表性的元数据的种类和内容。

表 7-1　较有代表性的元数据的种类和内容

种　类	内　容
文件的名称	—
文件在存储设备上的位置与大小	—
文件的种类	普通的文件、目录、设备文件等
文件的时间信息	创建时间、最近访问时间及最近更改时间
文件的权限信息	允许哪些用户访问该文件
目录的数据	目录中有哪些文件等

7.1　访问文件的方法

POSIX 规定了用于访问文件系统的函数。

- 文件操作
  - 创建、删除：`creat()`、`unlink()` 等。
  - 打开、关闭：`open()`、`close()` 等。
  - 读取、写入：`read()`、`write()`、`mmap()`（稍后说明）等。
- 目录操作
  - 创建、删除：`mkdir()`、`rmdir()`。
  - 更改当前工作目录：`chdir()`。
  - 打开、关闭：`opendir()`、`closedir()`。
  - 读取：`readdir()` 等。

得益于这些函数，用户在访问文件系统时无须考虑文件系统的种类。也就是说，不管是在 ext4 上还是 XFS 上，创建文件时只需要调用 `creat()` 函数即可。

当大家在 bash 上通过各种程序来访问文件系统时，实际上是在底层调用了上述函数。

调用操作文件系统的函数的处理流程如下。

❶ 程序在底层发出相应的系统调用。

❷ 内核中的虚拟文件系统（Virtual File System，VFS）在这时启动，然后调用各种文件系统的处理。

❸ 文件系统的相关处理调用设备驱动程序 [1]。

❹ 设备驱动程序操作硬件设备。

假设存在 3 个分别构建了 ext4、XFS 及 Btrfs 文件系统的块设备 A、B 与 C，并且这 3 个块设备使用同一个设备驱动程序来实行操作，则它们的调用关系如图 7-5 所示。

---

[1]　更准确地说，在文件系统的处理与设备驱动程序之间还存在一个通用块层。关于通用块层的内容将在第 9 章出现。

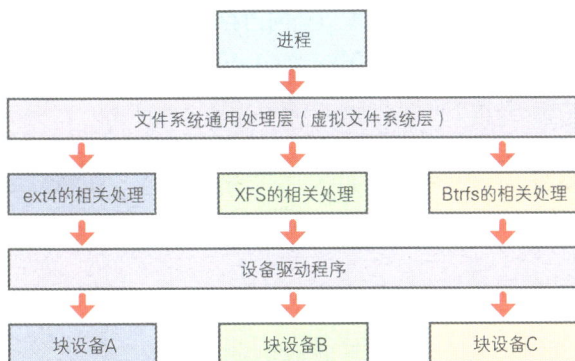

图 7-5 文件系统的接口

7.2 内存映射文件

Linux 提供了把文件区域映射到虚拟地址空间的功能，该功能被称为**内存映射文件**。通过指定的用法调用 `mmap()` 函数即可把文件的内容读取到内存中，并将该内存区域映射到虚拟地址空间，如图 7-6 所示。

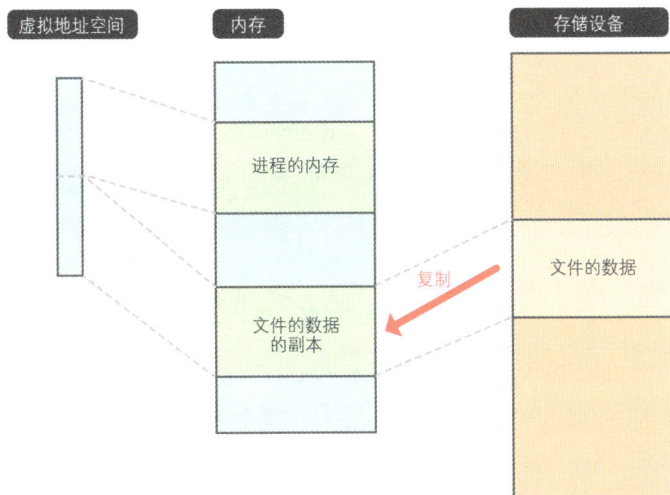

图 7-6 内存映射文件

把文件映射到内存后，便能以访问内存的方式访问该文件。当内存中的文件数据发生变更时，这部分数据将在指定的时间点重新写入存储设备，如图 7-7 所示。指定的时间点的相关内容详见第 8 章。

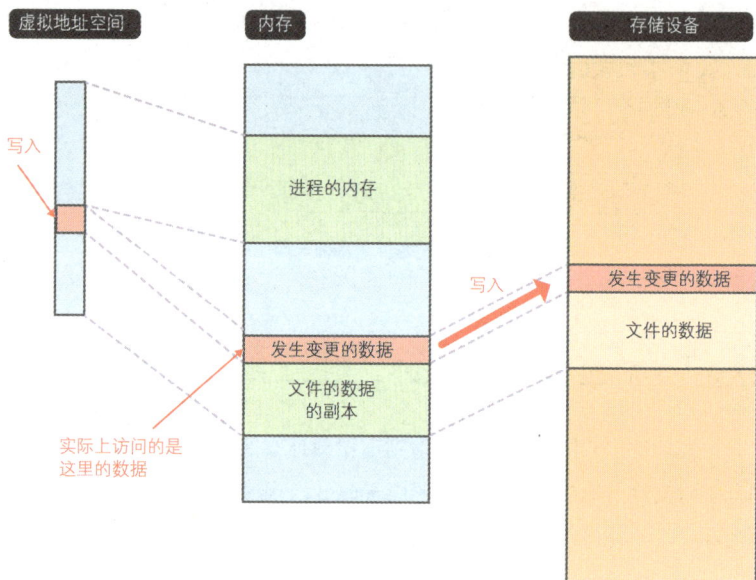

图 7-7　把发生变更的区域重新写入存储设备

下面尝试通过内存映射文件的方式更新文件中的数据。首先创建一个名为 testfile 的文件并向其写入 hello 字符串。

```
$ echo hello >testfile
$
```

接下来编写一个执行下列操作的程序（见代码清单 7-1）。

❶ 显示进程的内存映射信息（输出 /proc/<pid>/maps 中的内容）。
❷ 打开 testfile 文件并利用 mmap() 函数把该文件映射到内存空间。
❸ 再次显示进程的内存映射信息。
❹ 把映射到内存的文件数据改写为 HELLO。

代码清单 7-1 filemap.go

```go
package main

import (
    "fmt"
    "log"
    "os"
    "os/exec"
    "strconv"
    "syscall"
)

func main() {
    pid := os.Getpid()
    fmt.Println("*** 进程的虚拟地址空间（映射testfile文件前）***")
    command := exec.Command("cat", "/proc/"+strconv.Itoa(pid)+"/maps")
    command.Stdout = os.Stdout
    err := command.Run()
    if err != nil {
        log.Fatal("cat命令执行失败")
    }

    file, err := os.OpenFile("testfile", os.O_RDWR, 0)
    if err != nil {
        log.Fatal("无法打开testfile文件")
    }
    defer file.Close()

    // 由于调用了mmap()，进程获取了5字节的内存区域
    data, err := syscall.Mmap(int(file.Fd()), 0, 5, syscall.PROT_READ|syscall.PROT_WRITE, syscall.MAP_SHARED)
    if err != nil {
        log.Fatal("mmap()命令执行失败")
    }

    fmt.Println("")
    fmt.Printf("testfile文件被映射到：%p\n", &data[0])
    fmt.Println("")

    fmt.Println("*** 进程的虚拟地址空间（映射testfile文件后）***")
    command = exec.Command("cat", "/proc/"+strconv.Itoa(pid)+"/maps")
    command.Stdout = os.Stdout
```

```
    err = command.Run()
    if err != nil {
        log.Fatal("cat命令执行失败")
    }

    // 改写映射到内存中的文件内容
    replaceBytes := []byte("HELLO")
    for i, _ := range data {
        data[i] = replaceBytes[i]
    }
}
```

执行上述程序并看看运行结果。

```
$ go build filemap.go
$ ./filemap
*** 进程的虚拟地址空间（映射testfile文件前） ***
...
c000000000-c004000000 rw-p 00000000 00:00 0
7fbb1ad2d000-7fbb1d09e000 rw-p 00000000 00:00 0
...
testfile文件被映射到：0x7fbb1ad2c000          ❶
*** 进程的虚拟地址空间（映射testfile文件后） ***
...
c000000000-c004000000 rw-p 00000000 00:00 0
7fbb1ad2c000-7fbb1ad2d000 rw-s 00000000 08:02 6031478  .../testfile  ❷
7fbb1ad2d000-7fbb1d09e000 rw-p 00000000 00:00 0
...
$ cat testfile
HELLO   ❸
```

从❶所指的一行可以得知，testfile 文件成功地通过 mmap() 函数映射到地址 0x7fbb1ad2c000 上。从❷所指的一行可以得知，以上述地址为起始地址的区域的确有 testfile 的映射。从❸所指的一行可以得知，在内存中更改的内容成功地反映到文件中。

7.3 普通的文件系统

在 Linux 中，经常使用 ext4、XFS 及 Btrfs 等文件系统。表 7-2 简单地列出了常用文件系统的特征。

表 7-2　常用的文件系统及其特征

文件系统	特　征
ext4	能方便地从ext2与ext3迁移到ext4。ext2与ext3曾是Linux中最常用的文件系统
XFS	具有良好的可扩展性
Btrfs	功能丰富

不同类型的文件系统可在存储设备上创建不同类型的数据结构，处理数据的方式也不尽相同。各文件系统在以下方面存在差异。

- 文件系统的最大容量
- 最大文件大小
- 最大文件数量
- 文件名的最大长度
- 处理速度
- 是否具有标准功能以外的附加功能

限于篇幅，本书无法全面介绍所有差异。从下一节开始，我们将着重介绍文件系统的常见功能，并阐述这些功能在不同文件系统中的实现方式的区别。

7.4　容量限制（磁盘配额）

当系统被用于执行多个任务时，如果某个任务的处理能不受限制地利用文件系统的容量，那么其余任务的处理就有可能容量不足。当系统管理的相关处理容量不足时，可能导致整个系统无法正常工作。

为了避免发生这样的问题，有一个功能可以针对不同处理限制文件系统用量，这个功能就是**磁盘配额**（disk quota）。图 7-8 显示了通过磁盘配额对任务 A 施加限制的情形。

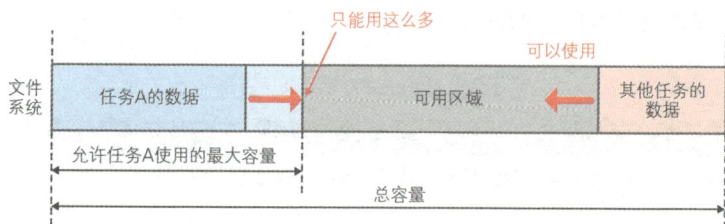

图 7-8 磁盘配额

磁盘配额有以下几种类型。

- 用户配额：限制作为文件所有人的用户的可用容量。例如，限制普通用户的配额以防止 /home/ 目录的容量被占满。ext4 与 XFS 文件系统具有用户配额功能。

- 目录配额（项目配额）：限制某个目录的可用容量。例如，限制某个项目中用于项目人员共享文件的目录的容量。ext4 与 XFS 文件系统具有目录配额功能。

- 子卷配额：在文件系统中以子卷为单位限制可用容量，其用法与目录配额的用法基本相同。Btrfs 文件系统提供子卷配额功能。

在商用系统中，通过磁盘配额限制用户或者程序的可用存储容量十分常见。

7.5 文件系统的一致性

当系统运行时，文件系统的内容可能出现不一致的情况。举一个典型的例子，当文件系统的数据被读写到存储设备时突然断电，就会引发文件系统不一致。

下面通过例子来进行说明。假设根目录下存在两个目录，分别为 foo 和 bar。foo 目录下存在两个文件，分别为 hoge 和 huga。图 7-9 展示了文件系统把目录 bar 移动到目录 foo 下的操作流程。

❶ 初始状态　　　　　　　　❷ 创建从foo指向bar的链接　　　❸ 删除从root指向bar的链接

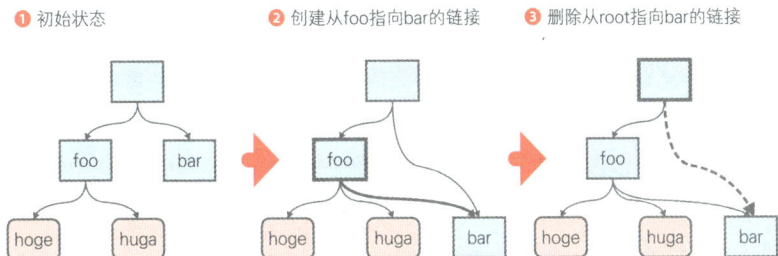

图 7-9　移动目录的操作流程

从进程的角度来看，这一系列操作为一个整体（原子操作）。但如果在第一次写入（foo 的数据更新）完成后、第二次写入（root 的数据更新）之前断电，文件系统就会发生如图 7-10 所示的不一致。

发生不一致。
存在两个指向bar的链接，分别来自root与foo

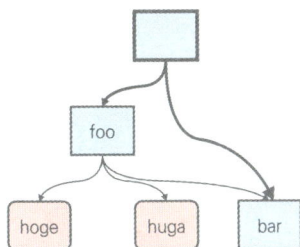

图 7-10　文件系统不一致

当文件系统检测到不一致时，将引发各种各样的问题。如果在挂载时检测到不一致，将会导致文件系统无法被挂载，或者以只读模式被重新挂载（remount），甚至可能导致系统崩溃（在 Windows 系统中表现为蓝屏）。

防止文件系统不一致的技术有很多，其中有两种技术被广泛采用，分别是**日志**与**写时复制**。ext4 与 XFS 采用的是日志技术，Btrfs 采用的是写时复制技术。

7.5.1　日志技术

利用日志技术时，文件系统中有一个特殊的元数据区域，即**日志区域**。

此时，文件系统的更新流程如下（见图 7-11）。

❶ 将更新所需要执行的原子操作的清单临时写入日志区域。这里的清单被称为日志。

❷ 根据日志区域的内容更新文件系统。

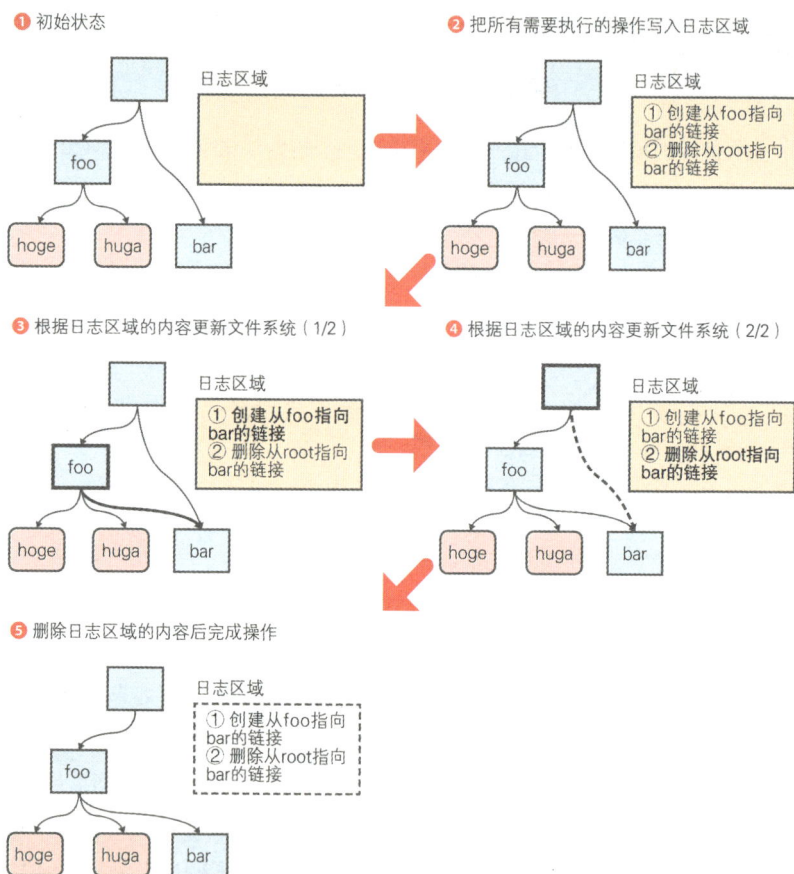

❶ 初始状态

日志区域

❷ 把所有需要执行的操作写入日志区域

日志区域
① 创建从 foo 指向 bar 的链接
② 删除从 root 指向 bar 的链接

❸ 根据日志区域的内容更新文件系统（1/2）

日志区域
① 创建从 foo 指向 bar 的链接
② 删除从 root 指向 bar 的链接

❹ 根据日志区域的内容更新文件系统（2/2）

日志区域
① 创建从 foo 指向 bar 的链接
② 删除从 root 指向 bar 的链接

❺ 删除日志区域的内容后完成操作

日志区域
① 创建从 foo 指向 bar 的链接
② 删除从 root 指向 bar 的链接

图 7-11 日志方式下的文件系统的更新流程

如图 7-12 所示，如果断电发生在更新日志途中（图 7-11 中的步骤❷），则只需要删除日志即可恢复到执行更新操作前的状态。

❷ 在把需要执行的操作写入日志区域时断电

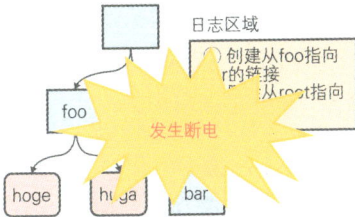

❸ 重启后只需要删除日志区域的内容即可恢复到一致的状态

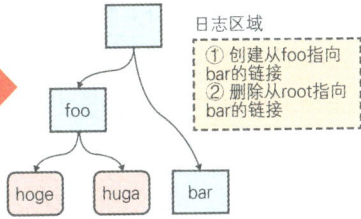

图 7-12　通过日志技术防止不一致的发生（1）

如图 7-13 所示，如果断电发生在更新数据期间（图 7-11 中的步骤 ❹），则只需要重新执行一遍日志中的操作即可保证文件系统的一致性。

❹ 在根据日志区域的内容更新文件系统时断电

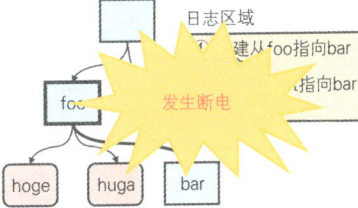

❺ 重启后的文件系统处于不一致的状态

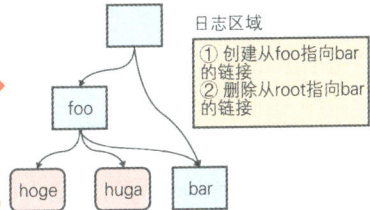

❻ 挂载时再次根据日志的内容更新数据（1/2）

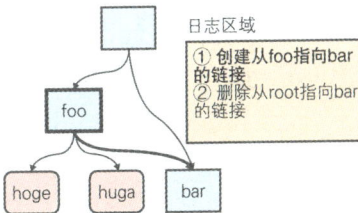

❼ 挂载时再次根据日志的内容更新数据（2/2）

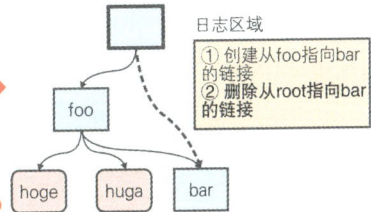

❽ 删除日志区域的内容后完成操作

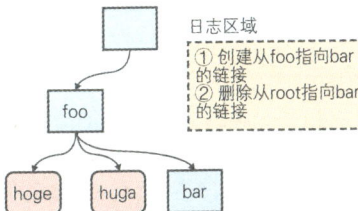

图 7-13　通过日志技术防止不一致的发生（2）

7.5.2 写时复制技术

在展开说明写时复制技术前，我们需要先说明一下文件系统是如何保存数据的。在 ext4 和 XFS 等文件系统中更新已经写入存储设备的文件时，会把更新后的数据写入与原文件相同的位置，如图 7-14 所示。

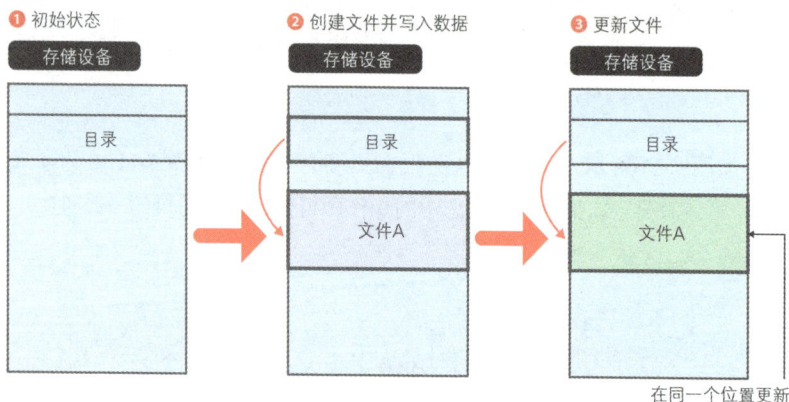

图 7-14　非写时复制方式下的文件更新

与之相对，在 Btrfs 等利用写时复制技术的文件系统中，每次更新文件时会把更新后的数据写入不同的位置，如图 7-15 所示 [1]。

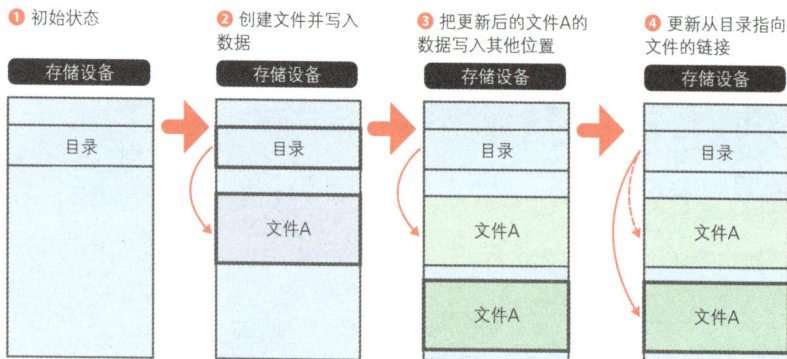

图 7-15　写时复制方式下的文件更新

---

[1]　为了让说明更加简单易懂，图 7-15 把更新数据时的写入方式表现为将整个文件写入其他位置。但实际上只会把发生更新的部分复制到其他位置。

在 Btrfs 文件系统中执行上文中提到的文件移动（mv）操作时，先将更新后的数据写入其他位置，再执行链接的更新操作，如图 7-16 所示。

❶ 初始状态

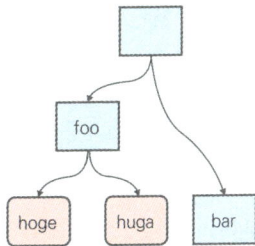

❷ 创建一个新的foo，并创建从新的foo指向hoge、huga及bar的链接

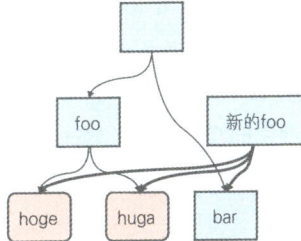

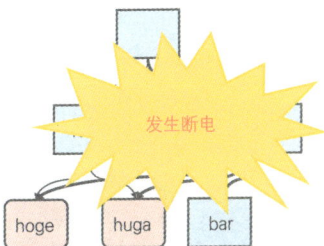

❸ 将来自root的链接替换为新的链接

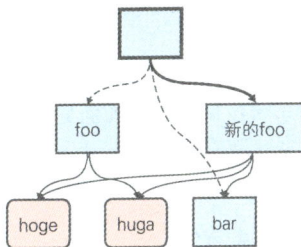

❹ 删除原来的foo后完成更新

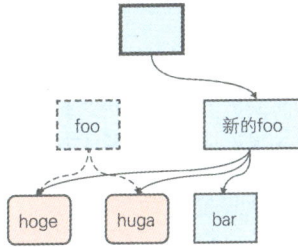

图 7-16　Btrfs 中的 mv 操作

如图 7-17 所示，即便在执行第❷步时发生断电，重启后也只需删除正在创建的新数据即可恢复到一致的状态。

创建一个新的foo，并创建从新的foo指向hoge、huga及bar的链接

只需在重启后删除新的foo即可恢复到一致的状态

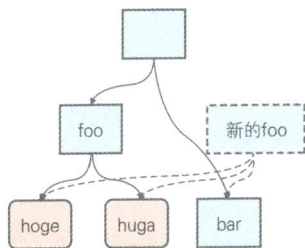

发生断电

图 7-17　在 Btrfs 中执行 mv 操作时断电

7.5.3 首要之事是备份

前面介绍的技术能够减少但不能杜绝文件系统不一致的发生。如果文件系统有漏洞或者硬件存在某些问题，都会导致不一致的发生。

应该采取什么措施呢？通常的做法是定期备份文件系统，当文件系统不一致时，恢复到最近一次备份时的状态即可。

如果平时没有定期备份文件系统，当文件系统不一致时，可以利用文件系统提供的修复命令来尝试进行修复。

每种文件系统提供的修复命令的数量和功能不尽相同。但不管哪种文件系统，都会提供一个称为 fsck 的命令（在 ext4 中是 fsck.ext4，在 XFS 中是 xfs_repair，在 Btrfs 中是 btrfs check）。由于下列原因，我们并不推荐利用 fsck 命令来修复文件系统。

- 为了确认文件系统的一致性并执行修复，需要遍历整个文件系统，而遍历操作所耗费的时间会随着文件系统使用量的增加而变长。当文件系统的使用量达到 TiB 级别时，遍历操作可能耗费数小时甚至数天。
- 即使花费很长时间进行修复，也常常以失败告终。
- 不一定能将文件系统修复到用户想要的状态。这是因为 fsck 命令只是把发生不一致的文件系统强制修复到能挂载的状态，它会如图 7-18 一般，在修复过程中删除所有引发不一致的数据与元数据。

❶ 初始状态。bar 处于不一致的状态，
因为有两个链接指向 bar

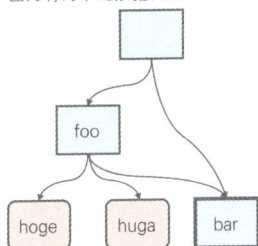

❷ 检测到有两个链接指向 bar

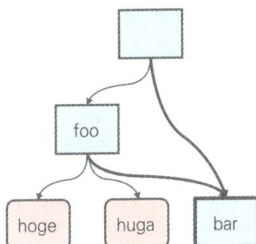

❸ 因为不知道原来的情况（只有 foo
指向 bar 的链接），所以删除 bar 以恢
复一致性

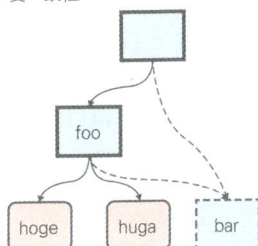

❹ 最终状态。虽然文件系统恢复了
一致，但 bar 消失了

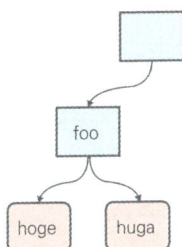

图 7-18　`fsck` 的操作

由此可见，定期备份是最好的做法。

7.6　Btrfs 提供的高级功能

ext4 和 XFS 虽然存在一些细微的差别，但它们提供的大多是自 UNIX
诞生以来就存在的基本功能。Btrfs 则提供了这些文件系统不具备的功能。

7.6.1　快照

在 Btrfs 中可以创建文件系统的快照。创建快照时不需要复制所有数
据，只需要创建一份链接到已有数据的元数据即可。因此创建快照比复制
操作要快得多。

另外，由于快照与原本的文件系统共享数据，因此存储空间成本很低。快照最大限度地利用了 Btrfs 的写时复制数据更新特性。

Btrfs 的机制非常复杂，本书无法对其进行详尽的说明。这里通过简单的例子介绍快照功能的实现原理。假设 root 目录下存在两个文件，分别为 foo 与 bar，如图 7-19 所示。

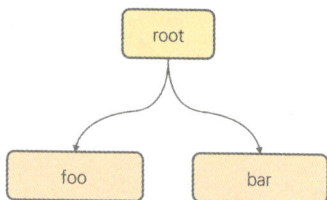

图 7-19　创建快照前

在这个状态下创建快照，将变成图 7-20 所示的状态。可以看到，这时只是多了一个 root 目录的快照及从该快照指向 foo 与 bar 的链接，并没有复制 foo 与 bar 的数据。

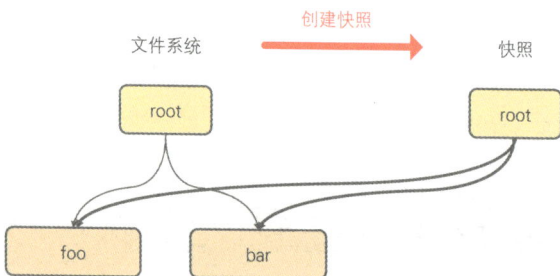

图 7-20　创建快照

若在创建快照后更新 foo 的数据，流程如下所示。

❶把 foo 的数据复制到一个新的区域。

❷更新新的区域中的数据。

❸更新从 root 指向 foo 的链接[1]，如图 7-21 所示。

---

[1]　正如前文所述，实际上并不会复制文件的全部数据，只会复制发生变更的部分。

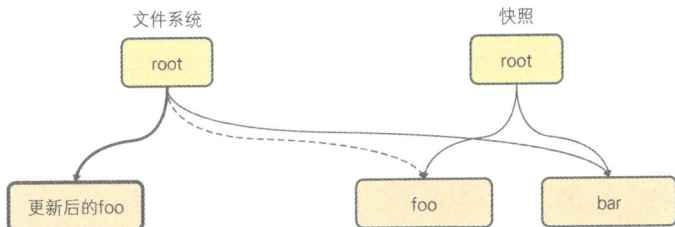

图 7-21　创建快照后的数据更新

可以看到，快照与原有的文件系统共享数据。当共享数据损坏时，快照中的数据也会损坏。因此不能把快照当成备份来使用。若要进行备份，需要在创建快照后把对应的数据复制到其他位置。

在进行文件系统级别的备份时，通常需要暂停对文件系统的 I/O 操作，使用快照功能可以大大缩短这一时间。这是因为，只需要在创建快照期间暂停 I/O 操作，成功创建快照后可以通过快照执行备份操作，而无须暂停文件系统本身的 I/O 操作，如图 7-22 所示。

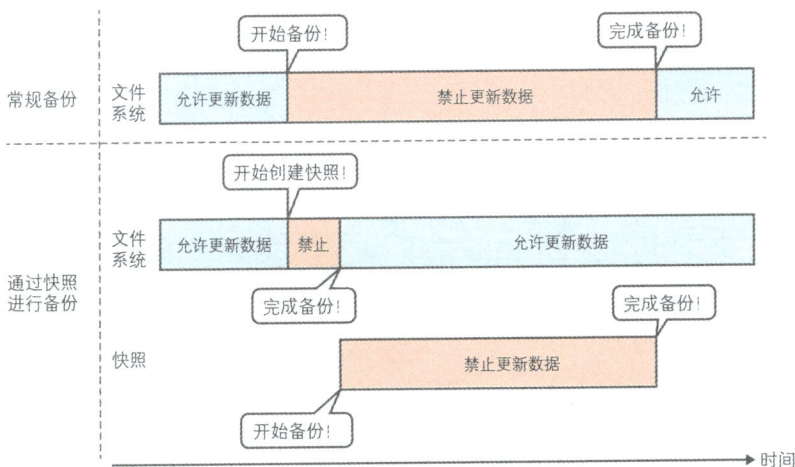

图 7-22　备份与快照

7.6.2　卷

在 ext4 与 XFS 中，一个分区对应一个文件系统。但在 Btrfs 中可以把

多个存储设备 / 分区合并为一个容量巨大的存储池，然后在存储池上创建名为子卷的区域用于挂载。存储池的概念与**逻辑卷管理器**（Logical Volume Manager，LVM）中的卷组相似，而子卷则类似于 LVM 中的逻辑卷和文件系统的结合体。因此，与其把 Btrfs 看作文件系统，不如把它当作"文件系统 +LVM"的卷管理器（见图 7-23），这样或许更容易理解。

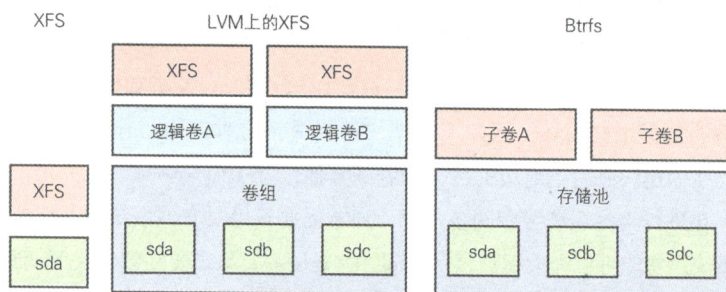

图 7-23 Btrfs 的存储池

Btrfs 还能像 LVM 那样配置 RAID 阵列，其支持的 RAID 级别为 RAID 0、RAID 1、RAID 10、RAID 5、RAID 6 及 dup[1]。图 7-24 展现了采用 RAID 1 配置时的情形。

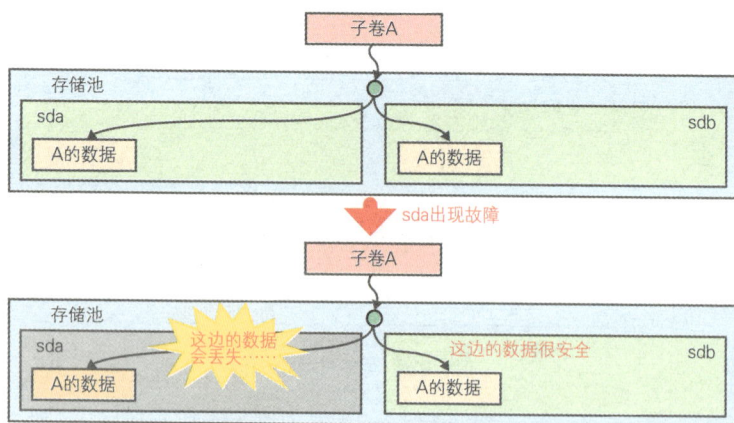

图 7-24 采用 RAID 1 配置的 Btrfs

---

[1] 在同一个设备上创建两份数据。

应该使用哪种文件系统？　　　　　　　　　　　　　　技术专栏

很多读者有这个疑问，但这个问题真的很难回答。如果有 10 个人回答，就有可能存在 10 个答案，因为每种文件系统都有各自的优缺点。

根据要求的不同，答案也会发生变化。如果要求是"必须有 XX 功能"，而这个功能只有某个文件系统才能提供，那么答案很明确。但大部分情况下是依据工作量发生改变的复杂要求，例如"在 XX 情况下创建文件，并且希望在发生 XX 访问时提供最快的访问速度"等。这样一来，就无法单靠诸如"连续创建 100 万个空文件的性能"等小规模基准测试的结果来判断文件系统的优劣了。最终，还是需要自己进行性能测试并评估。很多时候，只有自己知道什么才是最适合自己的。

不同文件系统的细微差别超出了本书的范围，这里不再赘述。对此感兴趣的读者可以在相关网站进行了解。

7.7　数据损坏的检测与修复

文件系统中的数据可能因为硬件出现比特差错而损坏。数据损坏本身就是一个严重的问题，而且可能引发更多问题。更麻烦的是，引发这类问题的原因往往难以查明。Btrfs 文件系统可以检测到这类数据损坏，而且如果配置了 RAID，还可以进行修复。

Btrfs 文件系统通过为所有数据附加校验和来检测数据是否损坏。在读取数据时，如果检测到校验和出错，Btrfs 文件系统就丢弃读取的数据并通知发出读取请求的程序出现 I/O 错误。假设在 /dev/sda 设备上构建了 Btrfs 文件系统，则检测数据损坏的流程如图 7-25 所示。

如果配置了 RAID，Btrfs 文件系统就可以根据留存的正确数据修复损坏的数据。假设利用 /dev/sda 与 /dev/sdb 两个存储设备配置了 RAID 1，利用 RAID 1 修复数据的流程如图 7-26 所示。

子卷A

存储池

sda

数据0 数据1

数据1损坏

子卷A

存储池

sda

数据0 数据1

检测到数据1损坏，将其删除后继续运行

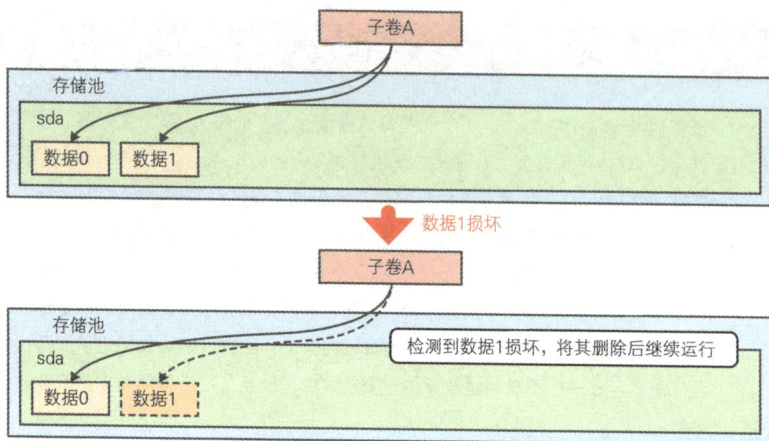

图 7-25 通过校验和检测数据损坏

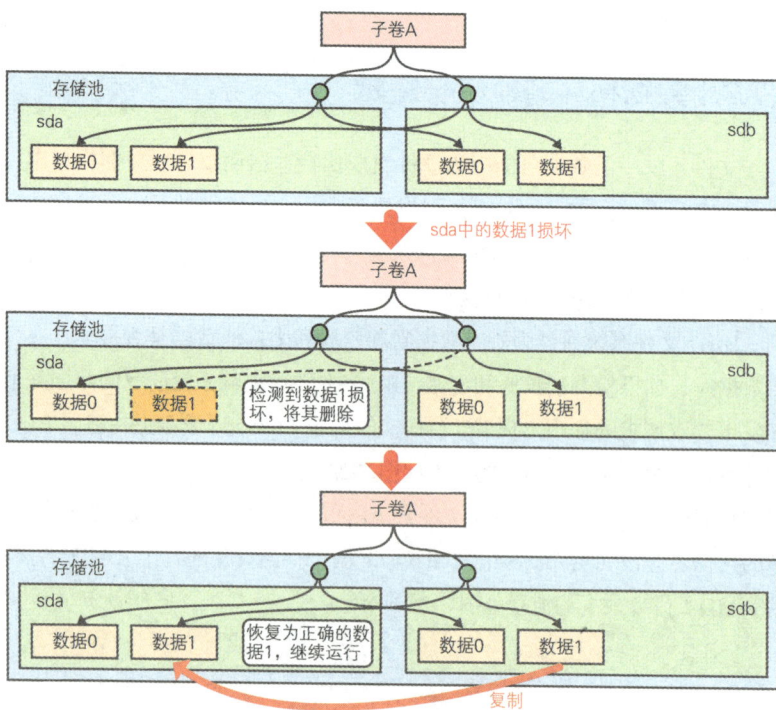

子卷A

存储池

sda   sdb

数据0 数据1   数据0 数据1

sda中的数据1损坏

子卷A

存储池

sda   sdb

数据0 数据1   数据0 数据1

检测到数据1损坏，将其删除

子卷A

存储池

sda   sdb

数据0 数据1   数据0 数据1

恢复为正确的数据1，继续运行

复制

图 7-26 修复损坏的数据

7.8　其他文件系统

除了前面介绍的 ext4、XFS 及 Btrfs，Linux 中还存在很多文件系统，本节将介绍其中的几种。

7.8.1　基于内存的文件系统

Linux 中存在一种名为 tmpfs 的文件系统。不同于创建在存储设备上的普通文件系统，tmpfs 是创建在内存中的文件系统。保存在这个文件系统中的数据在关闭电源后会消失。但由于这种文件系统无须访问存储设备，因此能够实现访问的高速化。图 7-27 展示了 tmpfs 与普通文件系统的区别。

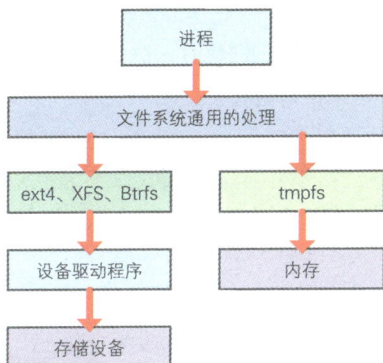

图 7-27　tmpfs 与普通文件系统的区别

存储在 tmpfs 中的数据通常无须在重启后保留，因此 tmpfs 常用于 /tmp 与 /var/run 等目录。在笔者的计算机上，Ubuntu 20.04 也把 tmpfs 应用于很多不同的用途。

```
$ mount | grep ^tmpfs
tmpfs on /run type tmpfs (rw,nosuid,nodev,noexec,relatime,size=1535936k,mode=755)
tmpfs on /dev/shm type tmpfs (rw,nosuid,nodev)
tmpfs on /run/lock type tmpfs (rw,nosuid,nodev,noexec,relatime,size=5120k)
tmpfs on /sys/fs/cgroup type tmpfs (ro,nosuid,nodev,noexec,mode=755)
tmpfs on /run/user/1000 type tmpfs (rw,nosuid,nodev,relatime,size=1535932k,mode=700,uid=1000,gid=1000)
```

　　free 命令的输出结果中的 shared 字段表示 tmpfs 等占用的内存量。

```
$ free
             total        used        free      shared   buff/cache    available
Mem:      15359352      471052     9294360        1560      5593940     14557712
Swap:            0           0           0
```

　　可以看到，tmpfs 总共占用了 1560 KiB，也就是约 1.5 MiB 的内存量。

　　需要注意的是，tmpfs 不仅可以由操作系统创建，还可以由用户通过 mount 命令创建。下面的例子展示了创建 1 GiB 的 tmpfs 并把它挂载到 /mnt 目录的方法。

```
$ sudo mount -t tmpfs tmpfs /mnt -osize=1G
$ mount | grep /mnt
tmpfs on /mnt type tmpfs (rw,relatime,size=1048576k)
```

　　tmpfs 所使用的内存不是在创建时一次性全部获取的，而是在首次访问数据时以页面为单位来申请内存。

```
$ free
             total        used        free      shared   buff/cache    available
Mem:      15359352      464328     9301044        1560      5593980     14564436
Swap:            0           0           0
```

　　可以看到，shared 字段的值并没有变大。接下来向 /mnt 写入数据，然后再次通过 free 命令来查看数值是否发生变化。

```
$ sudo dd if=/dev/zero of=/mnt/testfile bs=100M count=1
1+0 records in
1+0 records out
104857600 bytes (105 MB, 100 MiB) copied, 0.0580327 s, 1.8 GB/s
$ free
             total        used        free      shared   buff/cache    available
Mem:      15359352      464292     9198452      103960      5696608     14462072
Swap:            0           0           0
```

　　正如所见，内存使用量增加了 100 MiB。

　　完成实验后记得进行清理工作。通过 umount 可以删除 tmpfs。这时，tmpfs 所占用的内存也随之被释放。

```
$ sudo umount /mnt
$ free
            total        used        free      shared   buff/cache   available
Mem:     15359352      464108     9300896        1560      5594348    14564656
Swap:           0           0           0
```

7.8.2　网络文件系统

前文所介绍的所有文件系统都用于展示本地机器上的数据。**网络文件系统**（Network File System，NFS）能通过文件系统接口来访问经由网络连接的远程主机上的数据。

网络文件系统与**通用 Internet 文件系统**（Common Internet File System，CIFS）等文件系统可以在本地以文件系统的形式对远程文件系统进行操作，如图 7-28 所示。通常，网络文件系统用于远程访问 Linux 等类 UNIX 系统中的文件系统，而通用 Internet 文件系统用于远程访问 Windows 系统中的文件系统。

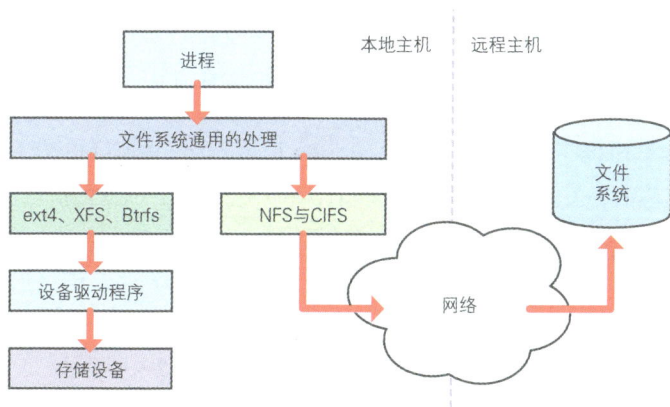

图 7-28　NFS 与 CIFS

此外，还存在 CephFS（见图 7-29）。这类文件系统能够把分布在多台机器上的存储设备整合起来，构建一个大型文件系统。

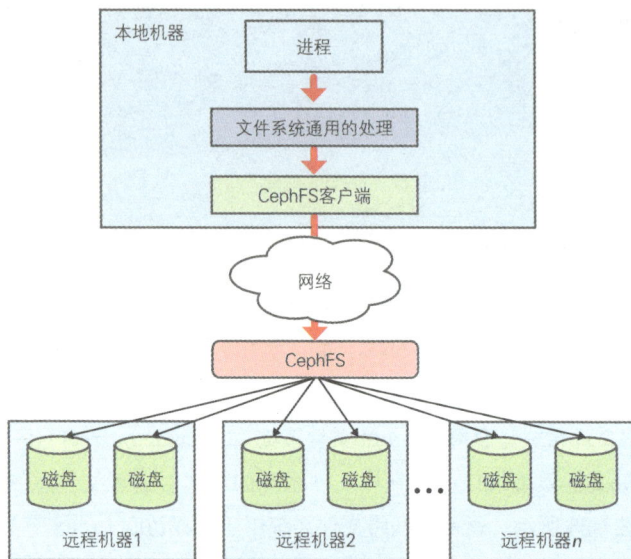

图 7–29 CephFS

7.8.3 procfs

procfs 文件系统用于获取系统中的进程的信息。通常情况下，procfs 挂载在 /proc 目录下。通过访问 /proc/<pid> 目录下的文件即可获取与 pid 对应的进程的相关信息。下面是笔者的计算机环境中关于 bash 的信息。

```
$ ls /proc/$$
... cmdline ... maps ... stack ...
... comm    ... mem  ... stat  ...
```

该目录下存在大量的文件，部分文件的含义如表 7-3 所示。

表 7–3 /proc/<pid> 目录下的文件（部分）

文件名	含　义
/proc/<pid>/maps	本书中利用过很多次的文件，保存了进程的内存映射信息
/proc/<pid>/cmdline	保存了进程的命令行参数
/proc/<pid>/stat	保存了进程的状态，如已使用CPU时间、优先级、已用内存量等

如表 7-4 所示，我们还能获取进程以外的信息。

表 7-4　/proc 目录下的文件（部分）

文件名	含　义
/proc/cpuinfo	保存了安装于系统上的CPU的相关信息
/proc/diskstat	保存了安装于系统上的存储设备的相关信息
/proc/meminfo	保存了系统内存的相关信息
/proc/sys 目录下的文件	保存了各种内核参数。与 sysctl 命令及 /etc/sysctl.conf 文件中的参数一一对应

前文介绍过的 ps、sar、free 等用于显示 OS 提供的信息的命令都是从 procfs 获取信息的。对此感兴趣的读者可以通过 strace 命令追踪这些命令，就能发现这些命令是从 /proc 目录下的文件读取数据的。

想要了解更详细的信息，请使用 man 5 proc 命令查看。

7.8.4　sysfs

在 Linux 引入 procfs 后不久，内核中与进程无关的一些信息也被保存到 procfs 中。为了防止对 procfs 的滥用，Linux 引入了 sysfs 文件系统，用于存放这些信息。sysfs 通常被挂载到 /sys 目录下。

下面以 /sys/block/ 目录为例介绍可以从 sysfs 获取的信息。该目录下的目录与系统中的块设备一一对应。

```
$ ls /sys/block/
loop0 loop1 loop2 loop3 loop4 loop5 loop6 loop7 nvme0n1
```

nvme0n1 目录代表 NVMe SSD 设备，与 /dev/nvme0n1 对应。该目录下的 dev 文件记录着设备的主设备号与次设备号。

```
$ cat /sys/block/nvme0n1/dev
259:0
$ ls -l /dev/nvme0n1
brw-rw---- 1 root disk 259, 0 10月  2 08:06 /dev/nvme0n1
```

除此以外，还存在表 7-5 所示的几个有趣的文件。

表 7-5 块设备的 sysfs 文件（部分）

文 件	含 义
removable	如果设备支持CD或者DVD等可以弹出的媒介，则值为1；否则，值为0
ro	如果值为1，表示只读；如果值为0，表示可读写
size	保存了设备的大小等信息
queue/rotational	如果设备是HDD、CD及DVD等旋转磁盘，则值为1；如果设备为SSD等非旋转磁盘，则值为0
nvme0n1p<n>	与分区对应的目录。每个目录都包含与上述文件类似的文件

希望更进一步了解 sysfs 的读者请通过 man 5 sysfs 命令查看。

## 第 8 章

存储层次

大家是否见过类似图 8-1 这种展示计算机存储器层次结构的图？

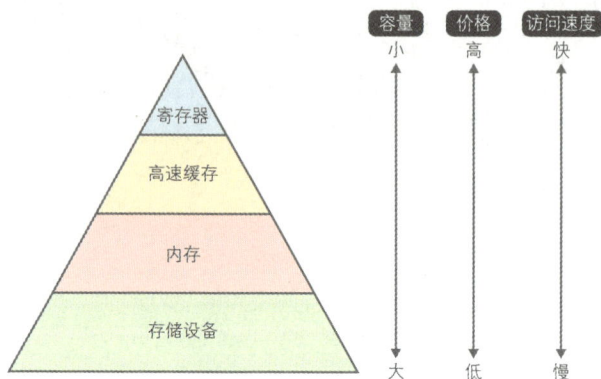

图 8-1 存储器的层次结构

在计算机中存在各式各样的存储器。从图 8-1 可以看到，越是靠近上层的存储设备，访问速度越快，但容量越小，且单位容量的价格越高。

本章将深入探讨这些存储器的容量和性能差距，并详细说明硬件与 Linux 为了应对这些差距做了哪些优化。

8.1 高速缓存

CPU 的工作可以简单地概括为以下步骤的循环。

❶ 读取命令，然后根据命令的内容把数据从内存读取到寄存器。
❷ 基于寄存器的数据执行计算。
❸ 把计算结果重新写入内存。

通常情况下，访问内存的速度比寄存器上的计算慢得多。例如在笔者的计算机环境中，寄存器上的计算只需要不到 1 纳秒，但访问内存却需要花费数十纳秒。因此，不管步骤❷的处理速度多么快，步骤❶与步骤❸都会成为瓶颈，阻碍整体速度的提升。

为了解决这个问题，引入了高速缓存。高速缓存通常是内置于 CPU 中的高速存储器。CPU 访问高速缓存的速度比访问内存的速度快几倍甚至数十倍。

当从内存读取数据到寄存器时，首先将数据以缓存行为单位读取到高速缓存，然后从高速缓存读取数据到寄存器。缓存行的大小取决于 CPU。另外，这一过程由硬件完成，内核并不参与[①]。

下面以一个虚拟的 CPU 为例来说明高速缓存的具体工作方式。该CPU 的规格如下。

- 拥有两个大小为 10 字节的寄存器，分别为 R0 与 R1。
- 拥有大小为 50 字节的高速缓存。
- 缓存行的大小为 10 字节。

假设首先将内存地址 300 中的数据读取到 R0，如图 8-2 所示。

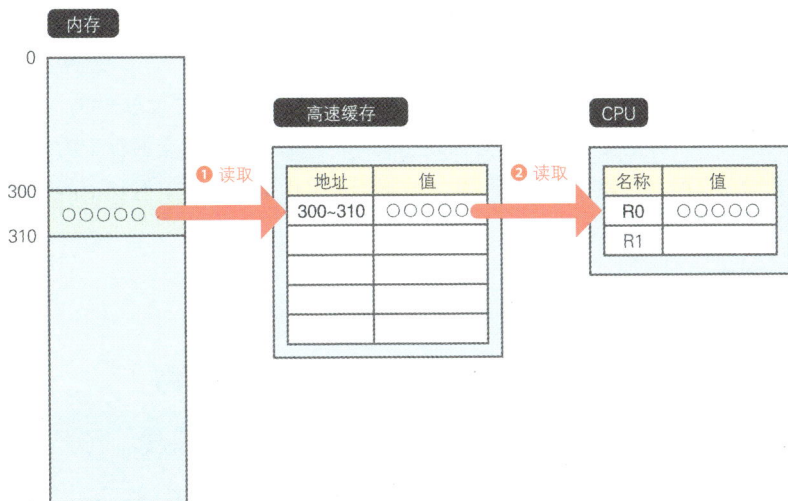

图 8-2　把内存地址 300 中的数据读取到 R0

此后，CPU 如果需要再次读取地址 300 中的数据，比如需要把数据读取到 R1，只需访问高速缓存即可，无须再次访问内存，如图 8-3 所示。

---

① 需要注意的是，CPU 会提供类似于清除高速缓存等用于控制高速缓存的命令。本书不涉及这一部分内容。

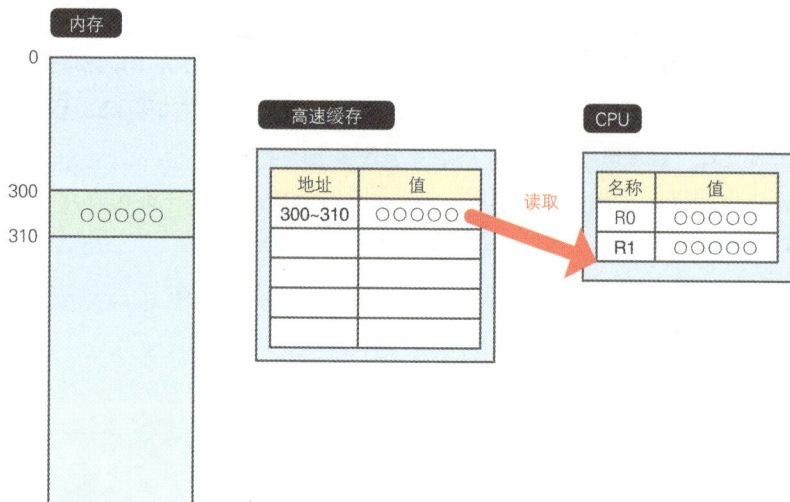

图 8-3 访问高速缓存中的数据

如果要在图 8-3 所示的状态下更改 R0 的值并写回内存地址 300，则将数据写入内存前会先将数据写入高速缓存。此时，缓存行会被标记为该部分数据自内存读取后发生了变化（脏标记，见图 8-4）。带有脏标记的缓存行中的数据称为脏数据。

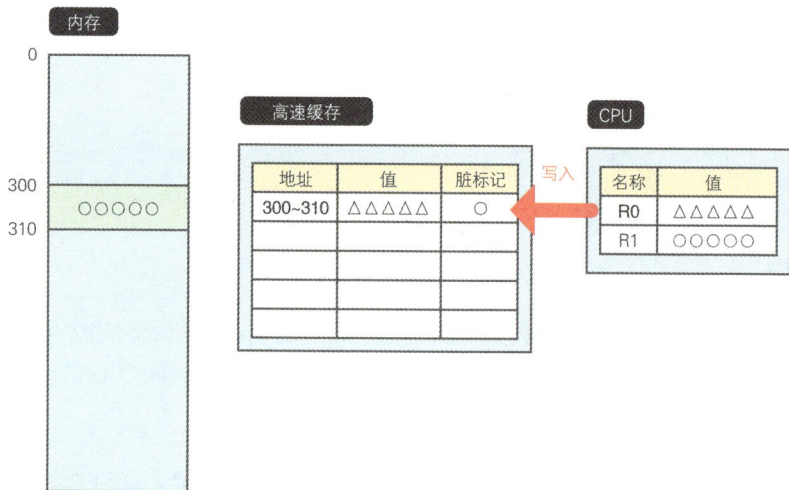

图 8-4 更改内存地址 300 中的值

如图 8-5 所示，在缓存行中的脏数据被成功写回内存后，该脏数据就会变为普通数据。写入内存的方式有两种，分别为直写与回写。采用直写方式时，会在向高速缓存写入数据的同时把数据写回内存。采用回写方式时，则会一直等到指定的时间点再将数据写回内存。直写方式的实现方法更加简单，而回写方式可以减少 CPU 访问内存的次数，从而提高处理效率。

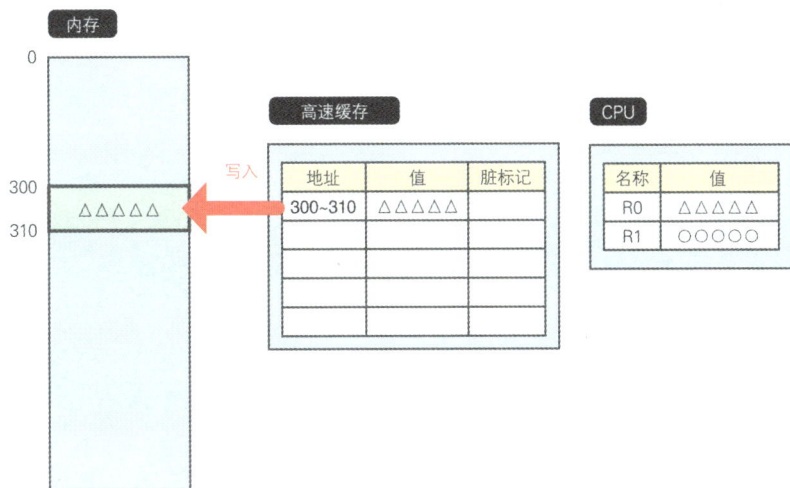

图 8-5 把脏数据写回内存

如果在高速缓存容量不足的状态下读写不在缓存中的数据，需要通过清除某个缓存行中数据的方式来为新的数据空出可用空间。在图 8-6 所示的状态下读取内存地址 350 中的数据时，需要清除地址 340~350 中的数据，然后把新数据复制到空出来的缓存行中。这时就会从图 8-6 所示的状态变成图 8-7 所示的状态。

内存

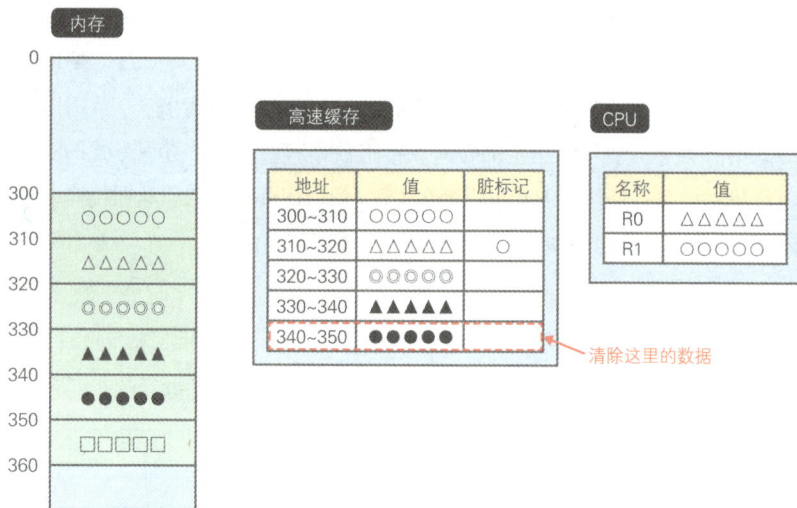

图 8-6 为了空出可用缓存空间而清除一个缓存行中的数据

内存

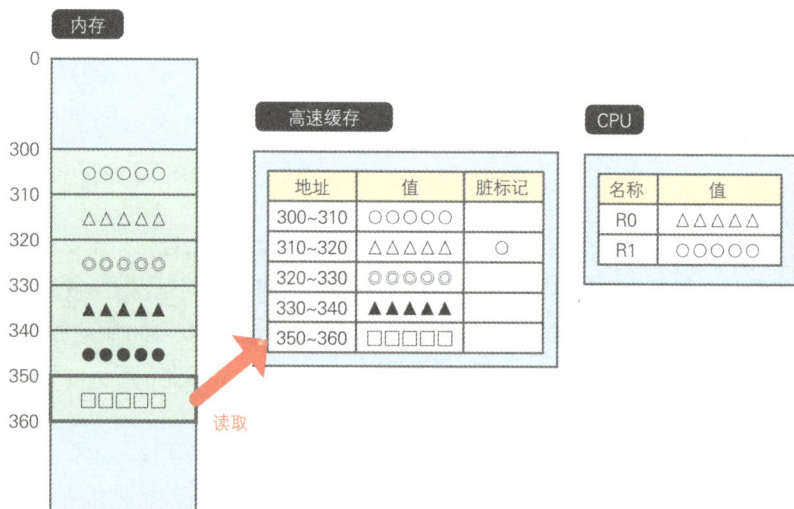

图 8-7 把新数据复制到缓存行中

如果要被清除的数据为脏数据，需要在清除前把脏数据写回对应的内存，使其变为普通数据后再清除。当在高速缓存容量不足的状态下频繁访问不在高速缓存中的数据时，会导致缓存行中的数据不断地被替换，这种现象称为颠簸，将导致性能下降。

8.1.1　局部性原理

如果 CPU 需要的数据都在高速缓存中，那么无须从内存中读取数据到寄存器上，所有访问操作都只需要针对高速缓存即可。同样地，若采用回写方式，也无须将寄存器中的数据一一写入内存。你可能觉得这种理想情况并不常见，但实际上，这种情况经常发生。

局部性原理适用于大部分程序，这部分程序大致具有以下两种特征。

- 时间局部性：在某一时间点访问过的内存，短期内很可能被再次访问。典型的例子是循环中的代码。
- 空间局部性：在某一时间点访问内存后，短期内很可能访问其附近的数据。典型的例子是遍历数组元素。

因此，观察进程的内存访问行为可以发现，进程在某一较短的时间段内使用的内存量通常只占进程的总内存使用量的极少一部分。如果这部分内存量完全在高速缓存中，就有可能出现上述理想情况并实现处理速度的提升。

8.1.2　多级高速缓存

现代 CPU 通常采用多级高速缓存。各级高速缓存分别以 L1 缓存、L2 缓存及 L3 缓存等形式命名，其中 L 表示 Level。最接近寄存器的高速缓存为 L1 缓存，它是所有高速缓存中速度最快并且容量最小的。随着级数的增加，高速缓存的速度越来越慢，且离寄存器越来越远，但容量越来越大。

我们可以通过查看 /sys/devices/system/cpu/cpu0/cache/index0/ 目录下的文件获取高速缓存的相关信息，其中部分文件及其含义如表 8-1 所示。

表 8-1 高速缓存的 sysfs 文件（部分）

文件名	含　义
type	缓存的数据类型。值为Data时代表只缓存数据；值为Instruction时代表只缓存指令；值为Unified时代表能缓存数据与指令
shared_cpu_list	共享该高速缓存的逻辑CPU列表
coherency_line_size	缓存行的大小
size	缓存容量的大小

表 8-2 展示了笔者的计算机环境中的数据。

表 8-2 高速缓存的相关信息

目录名	硬件名称	类型	共享的逻辑CPU	缓存行的大小（单位：B）	大小（单位：KiB）
index0	L1d	数据	不共享	64	32
index1	L1i	指令	不共享	64	64
index2	L2	数据与指令	不共享	64	512
index3	L3	数据与指令	所有逻辑CPU共享	64	4096

8.1.3　测试高速缓存的访问速度

下面利用代码清单 8-1 中的 cache.go 程序来测试并比较内存的访问速度与高速缓存的访问速度。该程序执行以下操作。

❶ 依次把数值设定为 2^2=4 KiB、$2^{2.25}$=4.76 KiB、$2^{2.5}$=5.7 KiB……2^{16}=64 MiB 并执行以下操作。

　a. 按照设定的值获取相应大小的缓冲区。

　b. 依次访问上述缓冲区中的缓存行并在完成访问后回到最初的缓存行。然后循环执行该操作 NACCESS 次。这里的 NACCESS 为源代码中的变量。

　c. 记录访问一次缓冲区所需要的时间。

❷ 根据步骤❶中记录的结果制作图表并输出为 cache.jpg。

代码清单 8-1　cache.go

```
/*

cache

1. 依次把数值设定为 2²=4KiB、2².²⁵=4.76KiB、2².⁵=5.7KiB……2¹⁶=64MiB 并执行以下操作
   ① 按照设定获取相应大小的缓冲区
   ② 依次访问上述缓冲区中的缓存行并在完成访问后回到最初的缓存行。然后循环执行该操作
      NACCESS 次。这里的 NACCESS 为源代码中的变量
   ③ 记录访问一次缓冲区所需要的时间
2. 根据步骤1中记录的结果制作图表并输出为 cache.jpg

*/

package main

import (
    "fmt"
    "log"
    "math"
    "os"
    "os/exec"
    "syscall"
    "time"
)

const (
    CACHE_LINE_SIZE = 64
    // 如果程序无法正常运行，请更改该值
    // 在高性能的计算机上可能因为访问次数太少而导致出现异常值，特别是当缓冲区较小时。这时
    // 请调大该数值
    // 在低性能的计算机上可能出现程序运行时间过长的问题。这时请调小该数值
    NACCESS = 128 * 1024 * 1024
)

func main() {
    _ = os.Remove("out.txt")
    f, err := os.OpenFile("out.txt", os.O_CREATE|os.O_RDWR, 0660)
    if err != nil {
```

```
        log.Fatal("openfile() 执行失败")
    }
    defer f.Close()
    for i := 2.0; i <= 16.0; i += 0.25 {
        bufSize := int(math.Pow(2, i)) * 1024
        data, err := syscall.Mmap(-1, 0, bufSize, syscall.PROT_READ|syscall.
PROT_WRITE, syscall.MAP_ANON|syscall.MAP_PRIVATE)
        defer syscall.Munmap(data)
        if err != nil {
            log.Fatal("mmap() 执行失败")
        }

        fmt.Printf("当前缓冲区大小为 2^%.2f(%d) KiB 。正在收集相关数据……\n", i,
bufSize/1024)
        start := time.Now()
        for i := 0; i < NACCESS/(bufSize/CACHE_LINE_SIZE); i++ {
            for j := 0; j < bufSize; j += CACHE_LINE_SIZE {
                data[j] = 0
            }
        }
        end := time.Since(start)
        f.Write([]byte(fmt.Sprintf("%f\t%f\n", i, float64(NACCESS)/float64
(end.Nanoseconds()))))
    }
    command := exec.Command("./plot-cache.py")
    out, err := command.Output()
    if err != nil {
        fmt.Fprintf(os.Stderr, "命令执行失败: %q: %q", err, string(out))
        os.Exit(1)
    }
}
```

cache.go 程序通过代码清单 8-2 中的 plot-cache.py 程序来制作图表。因此，在运行 cache.go 程序前应把 plot-cache.py 文件放到同一个目录下。

代码清单 8-2 plot-cache.py
....

```
#!/usr/bin/python3


import numpy as np
from PIL import Image
import matplotlib
```

```
import os

matplotlib.use('Agg')

import matplotlib.pyplot as plt

plt.rcParams['font.family'] = "sans-serif"
plt.rcParams['font.sans-serif'] = "SimHei"

def plot_cache():
    fig = plt.figure()
    ax = fig.add_subplot(1,1,1)
    x, y = np.loadtxt("out.txt", unpack=True)
    ax.scatter(x,y,s=1)
    ax.set_title("高速缓存性能可视化")
    ax.set_xlabel("缓冲区大小（单位：2ˣ KiB）")
    ax.set_ylabel("访问速度（单位：次访问/纳秒）")

    # 为了避免触发Ubuntu 20.04上的matplotlib的bug，这里先把图表保存为.png格式，
    # 然后将其转换为.jpg格式
    # https://bugs.launchpad.net/ubuntu/+source/matplotlib/+bug/1897283?
    # comments=all
    pngfilename = "cache.png"
    jpgfilename = "cache.jpg"
    fig.savefig(pngfilename)
    Image.open(pngfilename).convert("RGB").save(jpgfilename)
    os.remove(pngfilename)

plot_cache()
```

图 8-8 展示了在笔者的计算机环境中得到的实验结果。

```
$ go build cache.go
$ ./cache
```

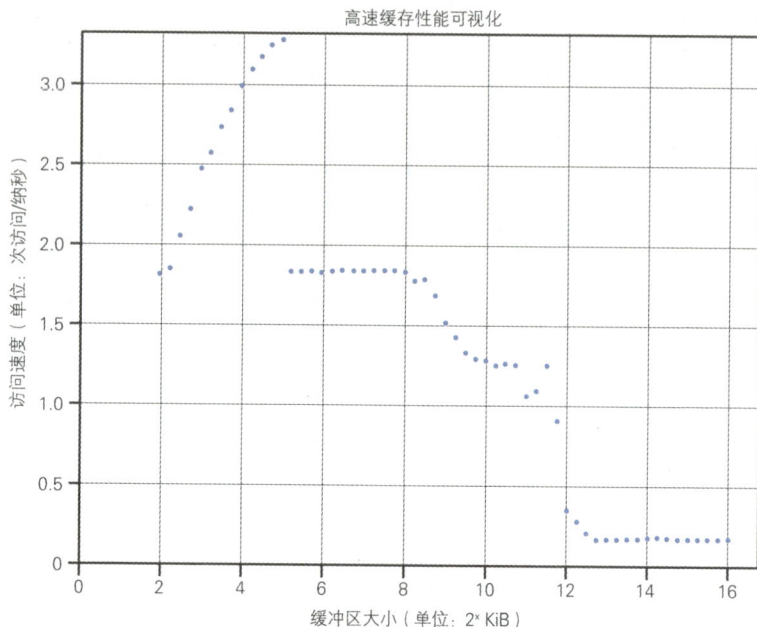

图 8-8 高速缓存的性能

请注意，缓冲区大小为 2^x 轴的值。

从图中可以看出，访问时间大致以各级缓存的大小为界限呈阶梯状变化。另外，当缓冲区大小大约增长到 L1、L2、L3 缓存的容量时，访问速度就会发生变化。

下面补充说明一下访问速度在 2^2~2^5 KiB 这一区间内不断提高的原因。

实际上这个程序所测得的时间除了缓冲区的访问时间，还包含程序中各种处理所耗费的时间，例如让 i 递增的相关命令和 if 语句等的执行时间。当缓冲区较小时，也就是说访问时间较短时，相对于该访问时间来说，耗费在其他处理上的时间不可忽略，从而导致访问速度不断提高。

但 cache 程序归根到底是为了测试缓存性能如何随着缓存大小的变化而变化，并非用于获取准确的访问速度，因此无须深究。

8.2　同时多线程

正如前文所述，内存访问的速度比 CPU 的计算速度慢得多。即便是高速缓存，其访问速度也比 CPU 的计算速度稍慢。因此通过 `time` 命令统计的 CPU 使用时间（`user` 字段与 `sys` 字段的值）中，大部分时间是在等待从内存或高速缓存中传输数据，而此时 CPU 的计算资源实际上处于空闲状态。

除了等待数据传输，还有很多因素会导致 CPU 的计算资源进入空闲状态。例如当使用 CPU 上的整数运算单元来执行整数运算时，浮点数运算单元处于空闲状态。

同时多线程（Simultaneous Multi-Threading，SMT）机制就是为了有效利用空闲的 CPU 资源而存在的。需要注意的是，SMT 名字中的"线程"与进程的线程无关。

SMT 机制会在 CPU 核心中创建多份（在笔者的计算机上是两份）资源，如寄存器等，并把每一份资源视作一个线程。Linux 内核把每一个线程识别为一个逻辑 CPU。

假设在一个 CPU 上存在 t0 与 t1 两个线程，并且 t0 上运行着进程 p0，t1 上运行着进程 p1。当某些 CPU 资源在 p0 运行期间处于空闲状态时，p1 就可以利用这些空闲的资源来执行相关处理。如果 p0 与 p1 利用的资源没有重叠，SMT 机制的效果就会非常显著。

例如，当 p0 正在执行整数运算，而 p1 在执行浮点数运算时，就能最大限度地发挥 SMT 机制的作用。但是，当两个进程所使用的 CPU 资源频繁地发生重叠时，使用 SMT 机制几乎没有效果，还有可能导致性能比不使用 SMT 机制时更差。

下面以第 3 章中的 cpuperf.sh 程序为例查看 SMT 机制的效果。图 8-9 与图 8-10 展示了在启用 SMT 机制的状态下（有 8 个逻辑 CPU）执行 `./cpuperf.sh -m 12` 命令得到的结果。

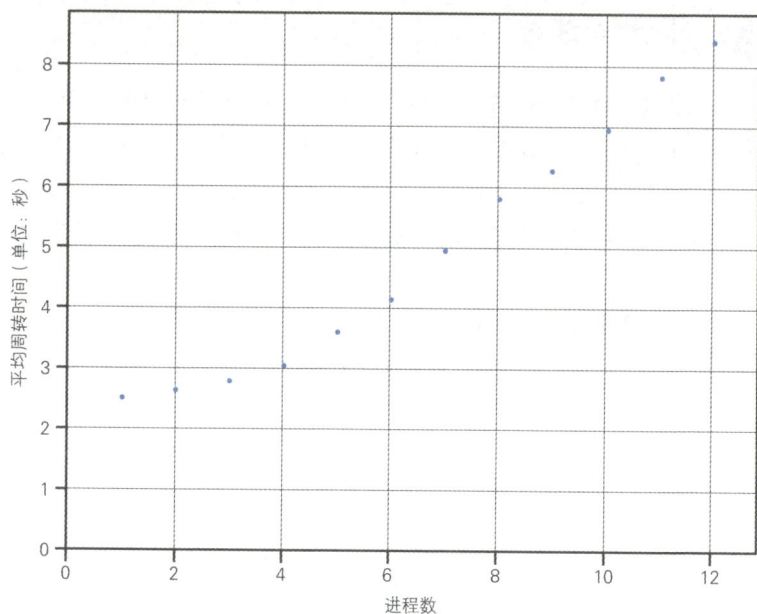

图 8-9　平均周转时间（启用 SMT，最大进程数为 12）

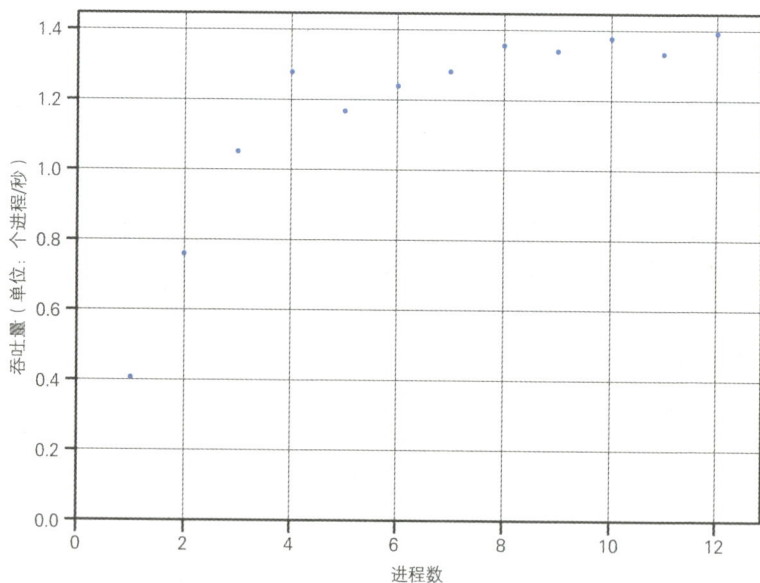

图 8-10　吞吐量（启用 SMT，最大进程数为 12）

尽管存在 8 个逻辑 CPU，但平均周转时间在进程数超过 CPU 核心数量（4 个）时开始大幅增加，吞吐量也在同一时间点开始增长减缓（甚至一度降低）。由此可知，在 cpuperf.sh 程序中运行的 load.py 程序与 SMT 机制的兼容性较差。

转译后备缓冲区　　　　　　　　　　　　　　　　　技术专栏

进程通过以下步骤访问指定虚拟地址上的数据。

❶参照物理内存中的页表把虚拟地址转换为物理地址。

❷访问步骤❶中获得的物理地址所对应的物理内存。

前文曾提到，步骤❷可以通过高速缓存实现高速化，但步骤❶依旧需要访问物理内存中的页表。这样就无法最大限度地发挥高速缓存的优势了。

为了解决这个问题，CPU 中存在一个名为转译后备缓冲区（Translation Lookaside Buffer，TLB）的区域。TLB 中保存着一个地址转换表，用于把虚拟地址转换为物理地址，这样就能实现步骤❶的高速化了。

第 4 章介绍的大页不但能减少页表的内存使用量，还能减少 TLB 的用量。

8.3　页缓存

本节将详细说明第 4 章提到的页缓存。

首先回顾一下前面的内容。访问存储设备的速度比访问内存的速度慢得多，特别是访问 HDD 时，甚至会出现上千倍的速度差。作为内核机制之一的页缓存正是用于弥补该速度差距的机制。

页缓存与高速缓存非常相似。高速缓存是把内存中的数据缓存到高速缓存中，而页缓存则是把文件数据缓存到内存中。高速缓存以缓存行为单位管理数据，而页缓存以页为单位管理数据。另外，高速缓存中的"脏数据"与"回写"的概念在页缓存中也存在。特别地，页缓存中的"脏数据"被称作**脏页**。

如图 8-11 所示，当进程读取文件数据时，内核并不是直接将文件数据复制到进程的内存中，而是先把数据复制到内核内存中一个称为页缓存的区域，然后把页缓存中的数据复制到进程的内存中。为了简化说明，这里省略了虚拟地址空间的相关内容。

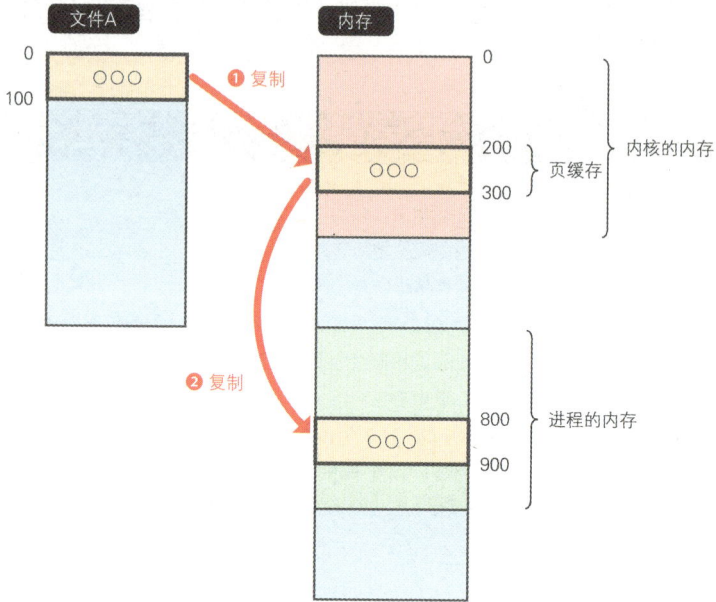

图 8-11　页缓存

内核在其内存中拥有一个管理区域，用于管理页缓存的信息，如图 8-12 所示。

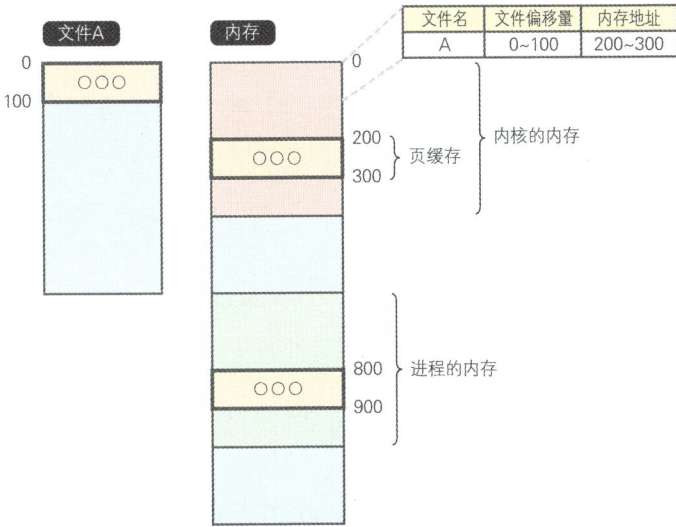

图 8-12　页缓存的管理区域

当该进程或者其他进程再次读取已经存在于页缓存中的数据时，内核无须再次访问存储设备，可以快速地向进程返回页缓存中的数据，如图 8-13 所示。

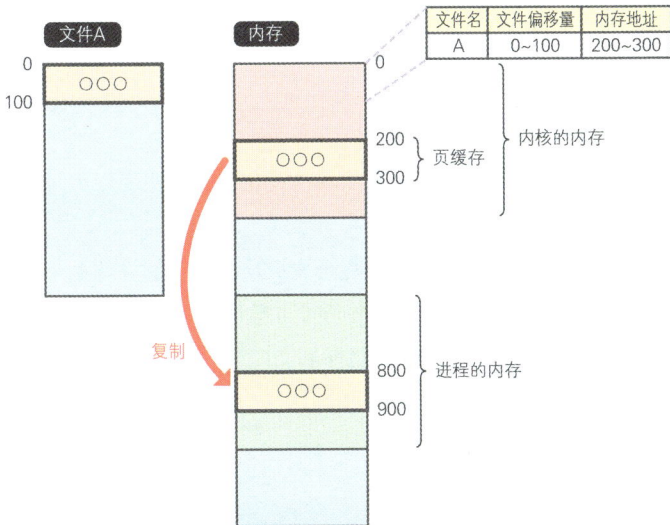

图 8-13　读取页缓存中的数据

图 8-14 展示了进程向文件写入数据的情形。内核只需要将数据写入页缓存即可。这时，内核会在管理区域中为发生变更的页面条目添加一个标记，以表明该条目的数据为新数据，而存储设备上的数据为旧数据。带有这种标记的页面即为脏页。

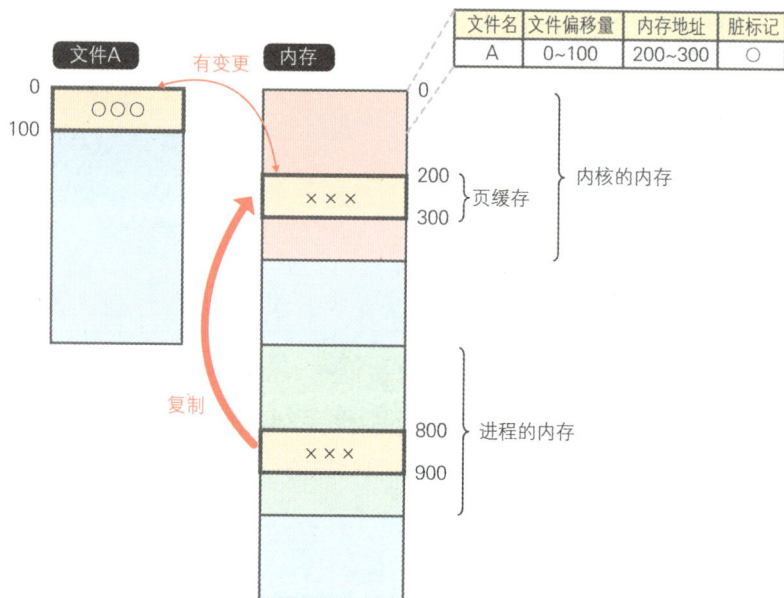

文件名	文件偏移量	内存地址	脏标记
A	0~100	200~300	○

图 8-14　向页缓存写入数据

这样，写入也可以与读取一样实现高速化，从而实现比访问存储设备更快的读写操作。

脏页中的数据会在指定的时间点把变更反映到存储设备上，这一操作称为回写操作。如图 8-15 所示，完成回写操作后，脏页的标记也会被删除。关于回写操作的时间点，我们将在后文详细说明。

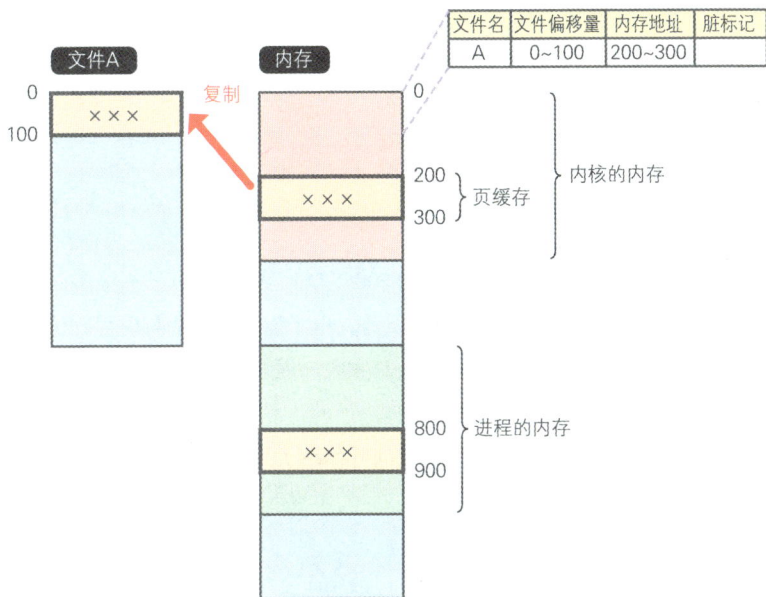

文件名	文件偏移量	内存地址	脏标记
A	0~100	200~300	

图 8-15　回写操作

如果机器在页缓存中存在脏页的状态下突然断电，页缓存中的数据将丢失。如果不能接受发生这样的事情，可以在通过 open() 系统调用打开文件时设置 O_SYNC 标志。这样，当文件发出 write() 系统调用时，不仅会将数据写入页缓存，还会将数据同步写入存储设备。

页缓存的效果

准备一个大小为 1 GiB 的文件（testfile），我们可以通过测试读写该文件所耗费的时间来验证页缓存的效果。

首先通过同步写入的方式创建一个新文件。我们使用 dd 命令进行读写操作。只需启用 dd 命令的 oflag=sync 选项即可实现同步写入。

```
$ dd if=/dev/zero of=testfile oflag=sync bs=1G count=1
...
1073741824 bytes (1.1 GB, 1.0 GiB) copied, 1.58657 s, 677 MB/s
```

这次操作耗费了 1.58657 秒。由于笔者的计算机拥有充足的可用内存，因此 testfile 的数据全部在页缓存中。在这种状态下，我们再次尝试往该文件写入 1 GiB 数据，但这次不启用 oflag=sync 选项。

```
$ dd if=/dev/zero of=testfile bs=1G count=1
...
1073741824 bytes (1.1 GB, 1.0 GiB) copied, 0.708557 s, 1.5 GB/s
```

可以看到，这次操作只耗费了 0.708557 秒，速度提升了一倍多。笔者的计算机使用 NVMe SSD 作为存储设备，由于该存储设备与内存的访问速度相差不大，因此实验结果的差距不是太大。但如果存储设备是 HDD，速度差异将非常明显。

接下来是读取测试。我们先通过向 /proc/sys/vm/drop_caches 文件写入数值 3 来清除 testfile 的页缓存。

```
$ free
              total        used        free      shared  buff/cache   available
Mem:       15359056      381080    10746368        1560     4231608    14647468    ➊
Swap:             0           0           0
$ sudo su
# echo 3 >/proc/sys/vm/drop_caches
# free
              total        used        free      shared  buff/cache   available
Mem:       15359056      377500    14768852        1560      212704    14712968    ➋
Swap:             0           0           0
```

在向 drop_caches 写入数值前，buff/cache 为 4 GiB 左右，但在写入后只有 200 MiB 左右。为什么 testfile 只有 1 GiB，但最终减少了接近 4 GiB 呢？原因在于向 drop_caches 写入数值时会清除 [①] 整个系统的页缓存。

虽然在现实中很少使用该功能，但该功能便于我们确认页缓存对系统性能的影响。至于为什么选择数值 "3"，这并非重点，因此无须太过在意。

回到正题，向 drop_caches 写入数值后，testfile 的缓存就被从页缓存中清除了。此时，如果对该文件执行两次读取操作，那么第一次是从存储设备中读取，而第二次是直接从缓存中读取。

---

① 在清除脏页前，先把数据写入磁盘。

```
$ dd if=testfile of=/dev/null bs=1G count=1
...
1073741824 bytes (1.1 GB, 1.0 GiB) copied, 0.586834 s, 1.8 GB/s
$ dd if=testfile of=/dev/null bs=1G count=1
...
1073741824 bytes (1.1 GB, 1.0 GiB) copied, 0.359579 s, 3.0 GB/s
```

读取速度提升了几十个百分点。

完成实验后记得删除 testfile 文件。

```
$ rm testfile
```

8.4　缓冲区缓存

有一种机制与页缓存相似，称为**缓冲区缓存**。缓冲区缓存机制用于缓存磁盘中文件数据以外的数据，主要应用于以下情形。

- 跳过文件系统，直接通过设备文件访问存储设备。
- 访问文件的大小、权限等元数据[1]。

缓冲区缓存中也存在脏数据的概念，是指写入缓冲区缓存但尚未同步到磁盘的数据。

假设某个设备中存在一个文件系统，并且该文件系统已挂载。这时，设备的缓冲区缓存与文件系统的页缓存各自独立存在，并且双方没有进行同步。因此，如果在文件系统已挂载的状态下执行以下备份操作，文件系统的脏页中的内容将不会反映到备份文件中。

```
dd if=<与文件系统对应的设备文件名> of=<备份文件名>
```

为了避免引发这类问题，请不要在文件系统已挂载的状态下访问该文件系统的设备文件。

---

[1]　Btrfs 文件系统是一个例外，它将元数据缓存到页缓存中。

8.5 回写的时间点

脏页通常由运行在后台的内核回写操作写入磁盘。回写操作的运行有以下两种情况。

- 周期性运行。默认为每 5 秒运行一次。
- 当脏页增加时运行。

通过 sysctl 的 vm.dirty_writeback_centisecs 参数可以改变回写的周期。需要注意的是，该参数的单位为较为罕见的厘秒（1 厘秒 =0.01 秒）。

```
$ sysctl vm.dirty_writeback_centisecs
vm.dirty_writeback_centisecs = 500
```

如果把该参数的值设置为 0，将禁用周期性的回写操作。但是，如果在这期间发生突然断电等意外情况，将造成很大的影响。因此，除非出于实验目的，否则不建议这样做。

当脏页所占的物理内存比例超过 vm.dirty_background_ratio 参数所指定的比例时也会触发回写操作。该参数的默认值为 10（单位：%）。

```
$ sysctl vm.dirty_background_ratio
vm.dirty_background_ratio = 10
$
```

另外，还存在一个 vm.dirty_background_bytes 参数，能以字节为单位指定触发值。该参数的默认值为 0，表示未启用该参数。

当脏页所占的内存比例不断增加，并超过 vm.dirty_ratio 参数所指定的百分比时，会延后文件的写入操作并把脏页的数据同步到磁盘上。该参数的默认值为 20（单位：%）。

```
$ sysctl vm.dirty_ratio
vm.dirty_ratio = 20
$
```

如果需要以字节为单位进行指定，可以使用 vm.dirty_bytes 参数。该参数的默认值为 0，表示未启用该参数。

在脏页很容易变多的系统中，因为内存不足引发脏页频繁回写，进而导致系统宕机，甚至引发 OOM 的情况并不少见。合理调整上述参数，可以有效减少此类问题的发生。

8.6 direct I/O

在大部分情况下，页缓存与缓冲区缓存能够很好地发挥其作用，但在某些情况下，没有它们反而更好。

- 数据被读写过一次就不会被再次使用。例如，当我们把某个文件系统的数据备份到通过 USB 连接的移动存储设备上时，由于完成备份后就会拔掉移动存储设备，因此为这些数据分配页缓存毫无意义，甚至可能会因为缓存这些数据而导致其余有用的页缓存被释放，从而影响系统性能。
- 进程希望自行实现类似于页缓存的机制。

若遇到上述情况，可以利用 direct I/O 机制来禁用页缓存。在打开文件时启用 open() 函数的 O_DIRECT 标志可以启用 direct I/O 机制。除此之外，通过向 dd 命令的 iflag 或 oflag 参数传递 direct 值也可启用 direct I/O 机制。

以下是通过 dd 命令使用 direct I/O 的示例。

```
$ free
              total        used        free      shared  buff/cache   available
Mem:       15359056      379448    14457512        1564      522096    14700612 ──❶
Swap:             0           0           0
$ dd if=/dev/zero of=testfile bs=1G count=1 oflag=direct,sync
...
$ free
              total        used        free      shared  buff/cache   available
Mem:       15359056      388236    14358836        1564      611984    14691808 ──❷
Swap:             0           0           0
$ rm testfile
```

为什么传递给 oflag 的不只有 direct 还有 sync 呢？这是因为纯粹的 direct I/O 只会向设备发出依赖，然后立刻返回。如果想让程序等到 I/O 结束后再返回，就需要如同普通的 I/O 一样向 oflag 传递 sync。

对于普通的文件写入，页缓存会在❶到❷期间增加大约 1 GiB。但从上面的例子可以看到，启用 direct I/O 时页缓存的容量几乎没有发生改变。

如果想深入了解 direct I/O 的细节，请查看 `man 2 open` 中有关 `O_DIRECT` 的说明。

8.7 交换机制

我们曾在第 4 章中提到，耗尽所有物理内存后，系统就会陷入 OOM 状态。利用交换（Swap）机制可以防止在物理内存耗尽后立刻引发 OOM。

交换机制能把存储设备的一部分空间当作临时的内存来使用。当在物理内存已耗尽的状态下继续申请内存时，该机制会把物理内存中的一部分数据转移到存储设备上以空出可用内存。保存被转移数据的区域称作**交换分区**[①]。

假设在物理内存已耗尽的状态下，进程 B 访问尚未被分配物理内存的虚拟地址 100 并引发缺页中断，如图 8-16 所示。

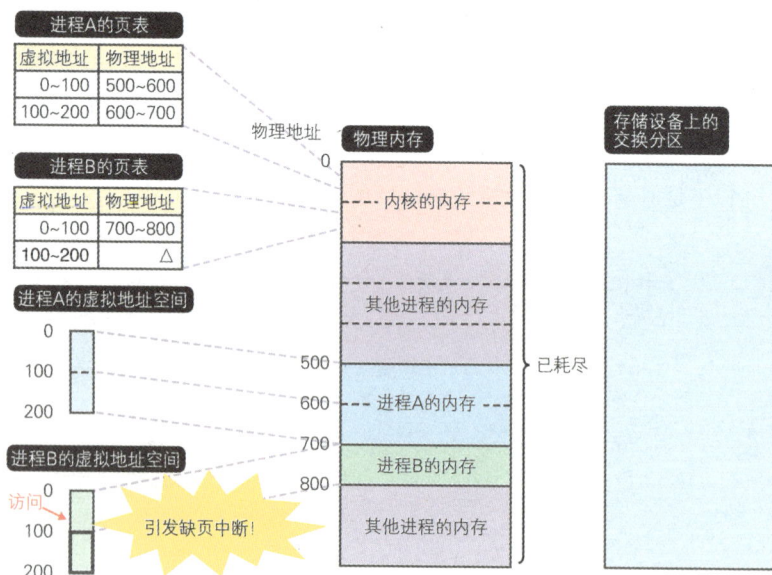

图 8-16　物理内存已耗尽

---

① 在 Windows 系统中，交换分区被称作虚拟内存。

这时，内核会把它认为暂时不会使用的物理内存中的一部分页面保存到交换分区中。这个操作称为**页调出**（也称为换出）。如图 8-17 所示，在该例子中被选作页调出对象的页面是与进程 A 的虚拟地址 100~200 对应的物理地址 600~700。

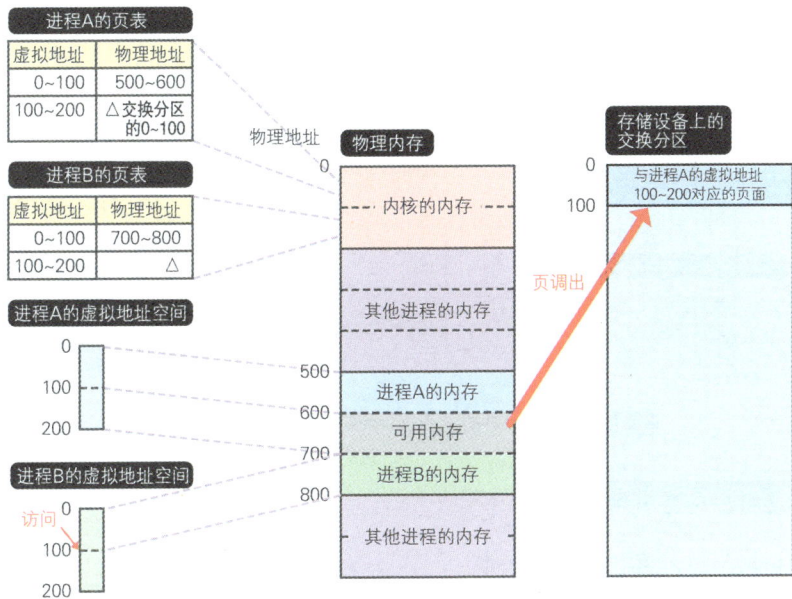

图 8-17　页调出

虽然在图 8-17 中，交换分区中的页面位置被记录在页表项中，但实际上这一信息被记录在内核的内存中。

接着，内核会把空出来的可用内存分配给进程 B，如图 8-18 所示。

此后，如果在重新出现可用内存时，进程 A 访问之前被保存到交换分区的页面，内核就会将与之对应的数据重新读取到内存中，如图 8-19 所示。这一操作称为**页调入**（也称为换入）。

进程A的页表

虚拟地址	物理地址
0~100	500~600
100~200	△交换分区的 0~100

进程B的页表

虚拟地址	物理地址
0~100	700~800
100~200	600~700

进程A的虚拟地址空间

0
100
200

进程B的虚拟地址空间

0
访问
100
200

物理地址
0

物理内存

内核的内存

其他进程的内存

500
600
进程A的内存

700
进程B的内存

800
其他进程的内存

存储设备上的交换分区

0
与进程A的虚拟地址 100~200对应的页面
100

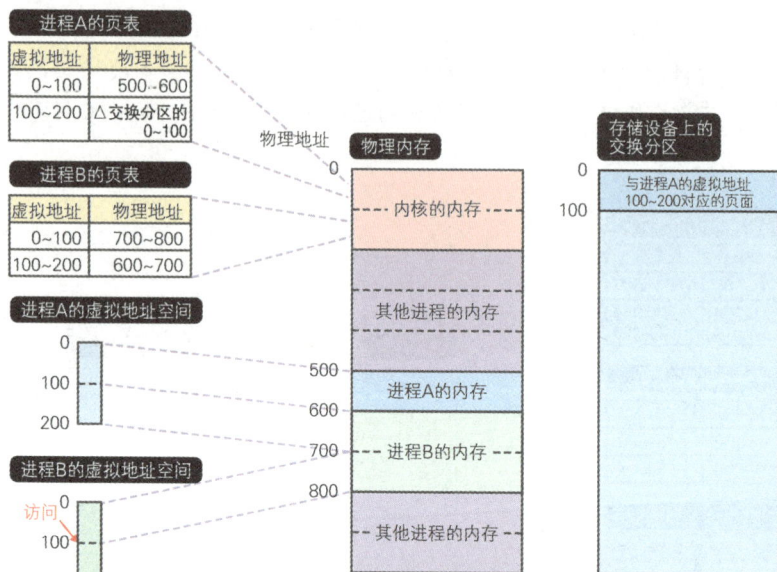

图 8-18 把通过页调出空出来的可用内存分配给进程 B

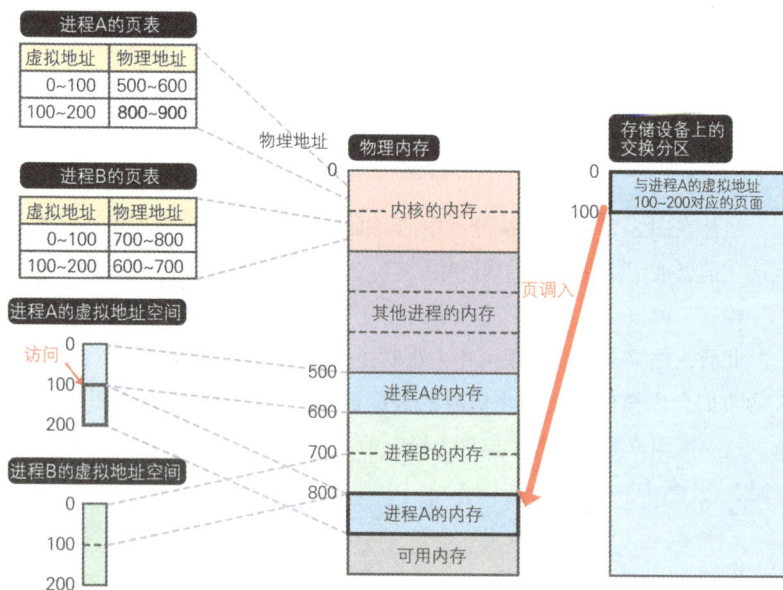

进程A的页表

虚拟地址	物理地址
0~100	500~600
100~200	800~900

进程B的页表

虚拟地址	物理地址
0~100	700~800
100~200	600~700

进程A的虚拟地址空间

0
访问
100
200

进程B的虚拟地址空间

0
100
200

物埋地址
0

物理内存

内核的内存

其他进程的内存

500
进程A的内存
600

700
进程B的内存
800
进程A的内存

可用内存

存储设备上的交换分区

0
与进程A的虚拟地址 100~200对应的页面
100

页调入

图 8-19 页调入

　　由页调入触发的对存储设备的访问所对应的缺页中断称为**主缺页中断**，而不需要访问存储设备的缺页中断称为**次缺页中断**。不管哪一种缺页中断都会触发内核中的相关处理，进而影响性能，但可以说主缺页中断所产生的影响更大。至此，第 4 章中关于 `fault/s` 与 `majflt/s` 的谜题终于揭开谜底了。

　　通过交换机制，系统的内存量表面上有所增加，变为"实际安装在系统中的内存量 + 交换分区的容量"。这看上去很美好，却是一个大陷阱。原因在于，存储设备的访问速度比内存的访问速度慢。

　　如果系统长期处于内存不足的状态，每次访问内存都会反复进行页调出与页调入，这种状态被称为系统颠簸①。大家或许都有这样的经历，明明没有进行任何文件读写操作，但计算机的存储设备的访问指示灯一直亮着②。这种情况下可能发生了系统颠簸。一旦发生系统颠簸，系统就有可能无法恢复而直接宕机，也有可能诱发 OOM。

　　若系统发生颠簸，我们可以通过减少工作负载来减少内存使用量，或者直接加大内存。

8.8　统计信息

　　本节将讨论与页缓存、缓冲区缓存及交换机制相关的统计信息。由于这 3 个机制相互交错关联，因此理解它们可能存在困难，但了解这些内容对自己未来的发展大有裨益。

　　下面基于笔者的计算机上的运行结果，对第 4 章介绍过的 `sar -r` 命令的重点字段进行说明，如表 8-3 所示。

```
$ sar -r 1
Linux 5.4.0-74-generic (coffee)      2021年12月25日  _x86_64_      (8 CPU)
20时10分18秒 kbmemfree  kbavail  …   kbbuffers  kbcached  …    kbactive
kbinact   kbdirty
20时10分19秒 13709132  14719880           24  1232900       1265492
```

---

① 不同于页缓存的颠簸。

② 如果存储设备是 HDD，机器还会不停地发出刺耳的机械噪声。

```
136124          0
20时10分20秒  13709132   14719880              24   1232900    1265492
136124          0
20时10分21秒  13709108   14720036              24   1232956    1265752
136200          0
20时10分22秒  13709108   14720036              24   1232956    1265752
136200          0
...
```

表 8-3　`sar -r` 命令的重点字段及其含义

字段名	含义
kbmemfree	可用内存量（单位：KiB）。不包含页缓存、缓冲区缓存及交换分区
kbavail	实际上的可用内存量（单位：KiB）。kbavail ＝ kbmemfree + kbbuffers + kbcached。不包含交换分区
kbbuffers	缓冲区缓存量（单位：KiB）
kbcached	页缓存量（单位：KiB）
kbdirty	缓冲区缓存与页缓存中的脏数据的总量（单位：KiB）

　　如果 `kbdirty` 的值比平时大，可能很快会触发同步回写操作。

　　通过 `sar -B` 命令可以获取页调入与页调出的相关信息。虽然到目前为止我们一直把页调入与页调出作为交换机制的术语来进行介绍，但实际上页缓存和缓冲区缓存与磁盘进行数据交换的操作也被称作页调入与页调出。

```
$ sar -B 1
Linux 5.4.0-74-generic (coffee)        2021年12月25日   _x86_64_      (8 CPU)
21时50分27秒  pgpgin/s   pgpgout/s   fault/s   majflt/s   pgfree/s pgscank/s
pgscand/s pgsteal/s    %vmeff
21时50分28秒      0.00     520.00      5.00      0.00       4.00      0.00
0.00       0.00        0.00
21时50分29秒      0.00       0.00      0.00      0.00       6.00      0.00
0.00       0.00        0.00
21时50分30秒      0.00       0.00      0.00      0.00       3.00      0.00
0.00       0.00        0.00
```

　　`sar -B` 命令的重点字段及其含义如表 8-4 所示。

表8-4 **`sar -B`命令的重点字段及其含义**

字段名	含 义
`pgpgin/s`	1秒内的页调入数据量（单位：KiB）。包含页缓存、缓冲区缓存及交换分区
`pgpgout/s`	1秒内的页调出数据量（单位：KiB）。包含页缓存、缓冲区缓存及交换分区
`fault/s`	缺页中断的次数
`majflt/s`	由页调入引起的缺页中断的次数

通过 `swapon --show` 命令可以查看系统中的交换分区。

```
# swapon --show
NAME            TYPE       SIZE USED PRIO
/dev/nvme0n1p3 partition   15G   0B   -2
```

在笔者的计算机环境中，/dev/nvme0n1p3 分区被用作交换分区。该分区的大小约为 15 GiB。通过 `free` 命令也能确认交换分区的大小。

```
# free
              total       used       free     shared  buff/cache   available
Mem:       15359056     380192   13535604       1560     1443260    14700172
Swap:      15683580          0   15683580
```

输出的第 3 行，也就是开头为 `Swap:` 的一行中的信息就是交换分区的相关信息。`total` 字段以 KiB 为单位显示了交换分区的大小，而 `free` 字段的值为可用区域的大小。

通过 `sar -W` 命令可以判断当前是否发生了交换。下面的例子以每秒 1 次的频率输出数据。

```
$ sar -W 1
...
23:30:00    pswpin/s pswpout/s
23:30:01        0.00      0.00
23:30:02        0.00      0.00
23:30:03        0.00      0.00
...
```

`pswpin/s` 字段的值为页调入的数量，`pswpout/s` 字段的值为页调出的数量。如果系统性能突然变差，并且这两个数值都不再是 0，则可能是由交换操作导致的。

通过 sar -S 命令可以查看交换分区的使用情况。

```
$ sar -S 1
...
23:28:59    kbswpfree kbswpused  %swpused  kbswpcad   %swpcad
23:29:00      976892         0      0.00         0      0.00
23:29:01      976892         0      0.00         0      0.00
23:29:02      976892         0      0.00         0      0.00
23:29:03      976892         0      0.00         0      0.00
...
```

通常只需要查看 kbswpused 字段的值，即交换分区的使用量的变化。如果该值不断变大，则可能存在风险。

第 **9** 章

通用块层

本章将介绍通用块层这一内核机制。通用块层旨在充分发挥块设备（存储设备）的性能。

虽然不同的块设备拥有不同的操作方法，但如果是相同类型的设备，基本能用同样的方法来发挥其性能。因此，为了充分发挥块设备的性能，Linux 将相关操作从设备驱动程序中分离出来，作为通用块层独立存在，如图 9-1 所示。

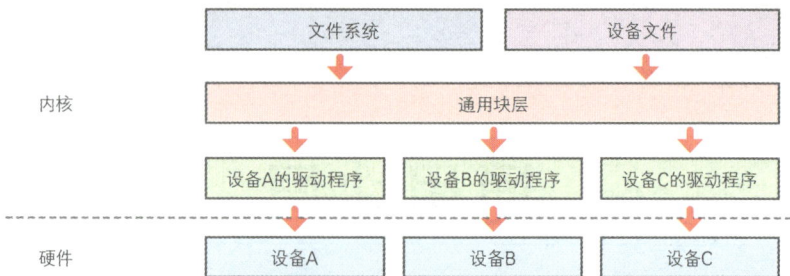

图 9-1 通用块层所处的位置

在通用块层刚出现时，块设备的主流还是 HDD，因此通用块层最初是为 HDD 设计的。之后，随着 SSD、NVMe SSD 等设备的诞生，通用块层为了支持这些新类型的设备而不断进化。基于这一背景，本章将按照以下顺序逐步深入介绍通用块层机制。

❶ HDD 的特征
❷ 通用块层的基本功能
❸ 块设备的性能指标与性能测试方法
❹ 通用块层对 HDD 性能的影响
❺ 随着技术革新而变化的通用块层
❻ 通用块层对 NVMe SSD 性能的影响

9.1 HDD 的特征

HDD 是一种通过磁介质把数据存储到盘片上的存储设备。在 HDD 上读写数据的单位不是字节而是扇区，扇区的大小通常为 512 B 或者 4 KiB。如图 9-2 所示，扇区为盘片上以同心的弧线与半径分割而成的区域，每个扇区都有各自的扇区号①。

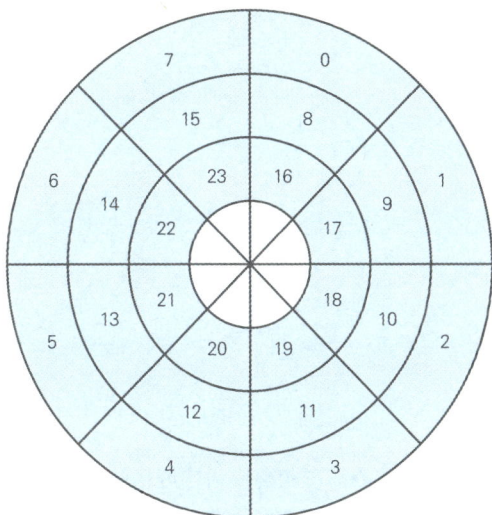

图 9-2　HDD 的扇区

　　读写扇区上的数据需要使用名为**磁头**的部件。磁头安装在**磁盘臂**上，磁盘臂可以让磁头沿着半径的方向移动，再加上盘片的转动，即可让磁头移动到任意扇区（见图 9-3）。HDD 中的数据传输流程如下。

❶ 设备驱动程序把读写数据所需要的信息传输给 HDD，包括扇区号、扇区数及访问类型（读取或写入）等信息。

❷ 通过磁盘臂的摆动与盘片的转动把磁头移动到目标扇区。

❸ 执行数据读写操作。

---

① 实际上越靠近圆心，每圈的扇区数越少。

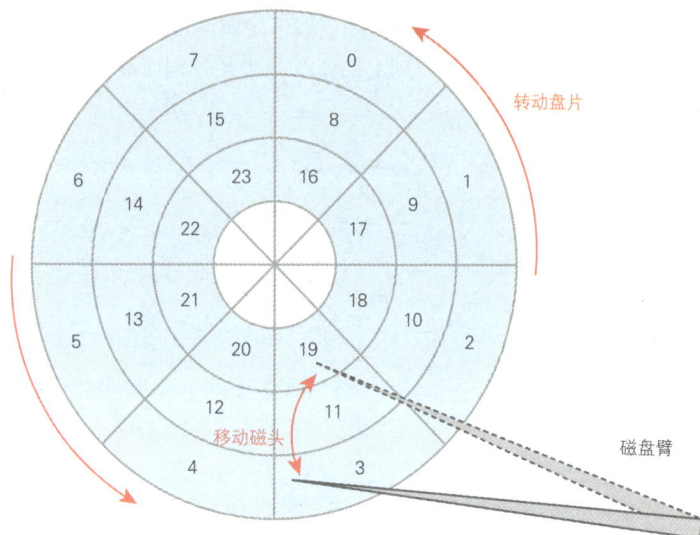

图 9-3　对 HDD 的访问

在上述流程中，步骤❶与步骤❸皆为速度极快的电子操作，但步骤❷是慢得多的机械操作。因此正如图 9-4 所示，在访问 HDD 的过程中，大部分时间耗费在机械操作上。由此可见，减少机械操作是提升性能的关键。

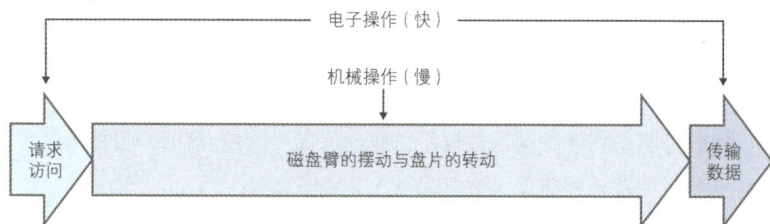

图 9-4　访问 HDD 所耗费时间的分布

另外，HDD 能够一次性读取多个连续扇区上的数据。磁头通过磁盘臂完成定位后，只需转动盘片即可对连续扇区进行读取操作。需要注意的是，每种 HDD 对单次读取的数据量有不同的限制。图 9-5 展示了磁头在一次性读取扇区 0 到扇区 2 的数据时的移动轨迹。

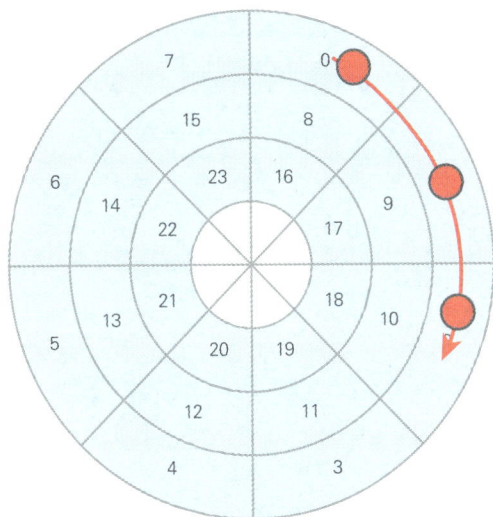

图 9-5　一次性访问相连的扇区

由于 HDD 具有这种性能特性，因此各种文件系统都尽量将文件的数据写入连续的区域。大家在编程时可以通过以下技巧提高程序的 I/O 性能。

- 尽量将文件中被同时访问的数据放在连续或相近的区域。
- 访问连续的区域时不要分成多次，应一次性完成。

访问不连续但相近的多个扇区时又会是什么情况呢？下面以访问扇区 0、扇区 3、扇区 6 为例，如果访问请求的依赖顺序为扇区 3、扇区 0、扇区 6，那么整体效率就会如下所示非常低（见图 9-6）。

❶ 访问扇区 3。
❷ 盘片转动一圈后访问扇区 0。
❸ 盘片再转动一圈后访问扇区 6。

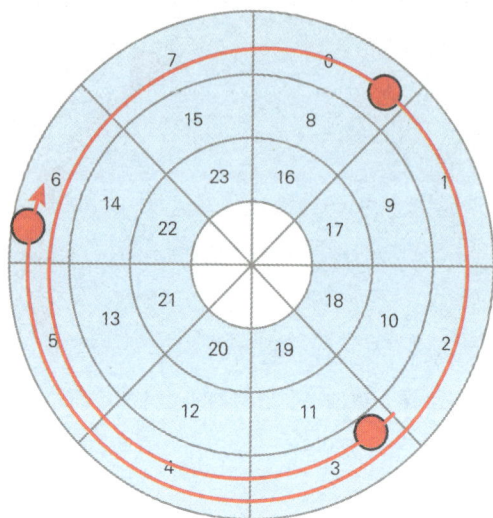

图 9-6　以低效的方式访问不连续的扇区

但是，如果依赖顺序为扇区 0、扇区 3、扇区 6，就会变成另一番景象，如图 9-7 所示。

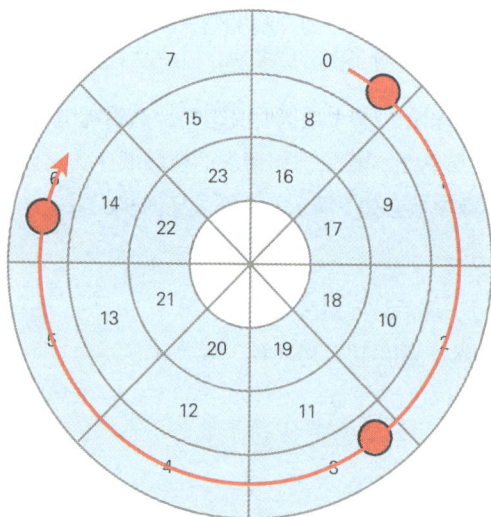

图 9-7　以高效的方式访问不连续的扇区

9.2 通用块层的基本功能

通用块层的基本功能是根据前文所介绍的 HDD 特征进行设计的。具有代表性的功能是 I/O 调度器与预读。

I/O 调度器会暂时积累对块设备的访问请求，并在对这些请求执行以下优化后向设备驱动程序发出 I/O 请求。

- 合并：把多个访问连续扇区的 I/O 请求合并成一个请求。
- 排序：把多个访问不连续扇区的 I/O 请求按照扇区号进行排序。

当然也有先排序再合并的方式，那样可能会得到更好的 I/O 性能。I/O 调度器的运作方式如图 9-8 所示。

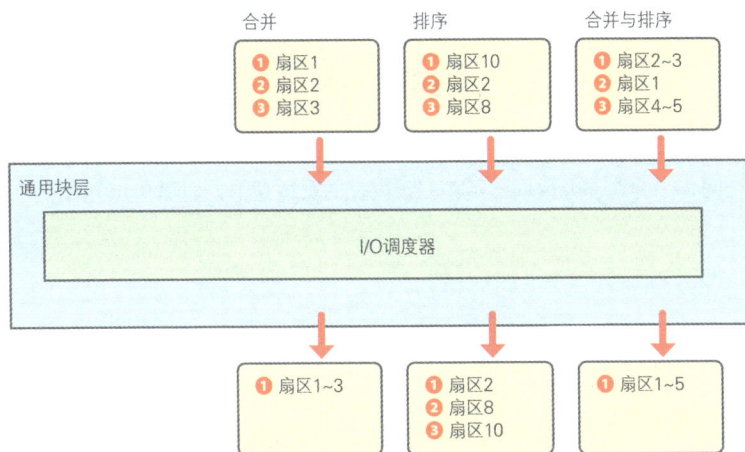

图 9-8 I/O 调度器的运作方式

得益于 I/O 调度器，即便用户程序的开发人员不太了解块设备的性能特征，也能获得不错的性能。

我们在第 8 章中介绍的空间局部性特征不但适用于内存，也适用于存储设备上的数据。预读功能利用了该特征。程序访问块设备的某个区域后，很有可能会在稍后访问其后续区域，预读功能正是基于这种推测，提前把后续区域中的数据读取并保存到页缓存中。图 9-9 展示了预读功能在程序访问扇区 0~2 时的运作方式。

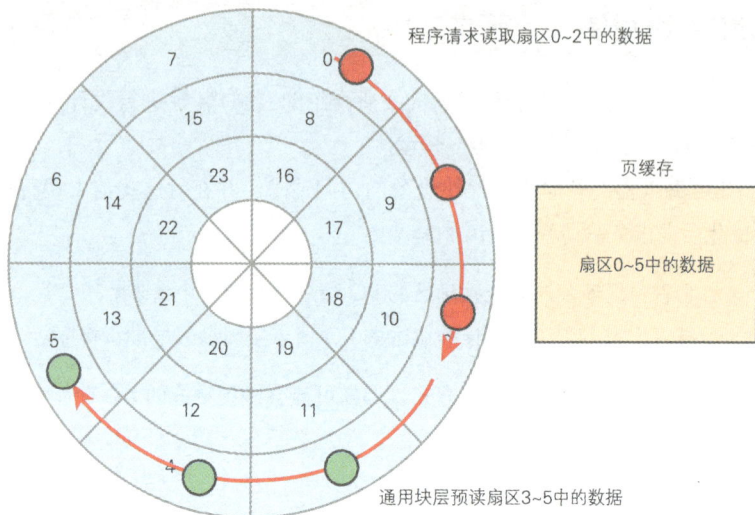

图 9-9 预读

在此之后，如果程序发出对预读区域中数据的访问请求，就可以实现高速访问，因为这部分数据已经存在于内存的页缓存中，如图 9-10 所示。

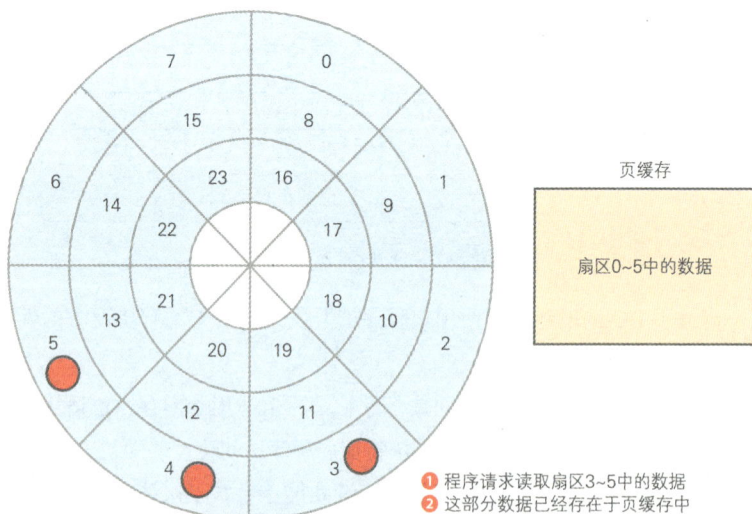

图 9-10 预读成功发挥效果的情景

预读功能在块设备的访问模式为顺序读取时能更好地发挥作用。

如果实际的访问请求与预读的预期不符，那么预读的数据暂时不会被使用。另外，预读并不是无条件触发的，当系统检测到当前块设备的访问模式以随机访问为主时，可能会缩小预读的范围，甚至可能暂停预读操作。

9.3　块设备的性能指标与性能测试方法

要理解内核的通用块层对**块设备的性能**（以下简称为性能）的影响，首先要明确性能的含义。

性能主要包括以下指标。

- 吞吐量
- 延迟
- IOPS

本节将通过示例逐一说明以上 3 个性能指标。首先，我们通过一个简单的例子进行说明。假设访问块设备的进程有且仅有 1 个，访问时发出**块 I/O**（以下简称为 I/O）请求。随后，我们进一步讨论多个进程并行发出 I/O 请求的情形。

9.3.1　有且仅有 1 个进程发出 I/O 请求的情形

吞吐量指单位时间内的数据传输量。在复制大文件的数据时，性能受该指标的影响较大。这应该也是大家最熟悉的性能指标。

假设要从块设备上复制 1 GiB 数据到内存。图 9-11 展示了在两个不同的块设备上执行该操作的区别。

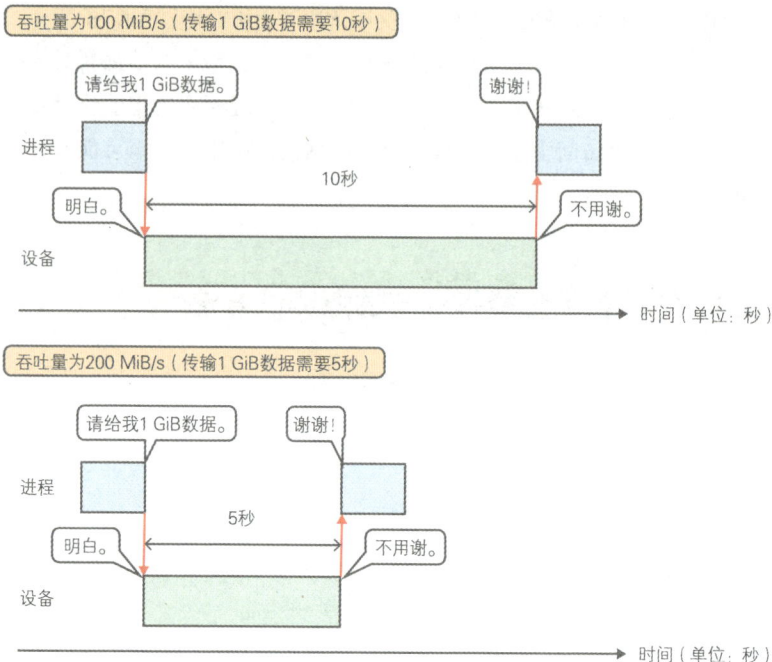

图 9-11　吞吐量

实际上，在进程与设备之间还有文件系统、通用块层及设备驱动程序等，但为了简化说明，我们在图 9-11 中省略了这些部分。

延迟是指完成单次 I/O 操作所耗费的时间。延迟指标反映了存储设备的响应性能。I/O 处理的量不会影响延迟。以图 9-11 为例，吞吐量为 100 MiB/s 时延迟为 10 秒，而吞吐量为 200 MiB/s 时延迟为 5 秒。受延迟影响最大的并非在传输大文件的数据时，而是在对大量小文件执行 I/O 操作时。

假设我们在一个系统的块设备上构建了一个关系数据库（以下简称为数据库），用于保存商品的订单数据。可以预见，该数据库将依照用户的指令以记录为单位读写数据。图 9-12 展示了从两个不同的块设备的数据库中读取记录的差别。

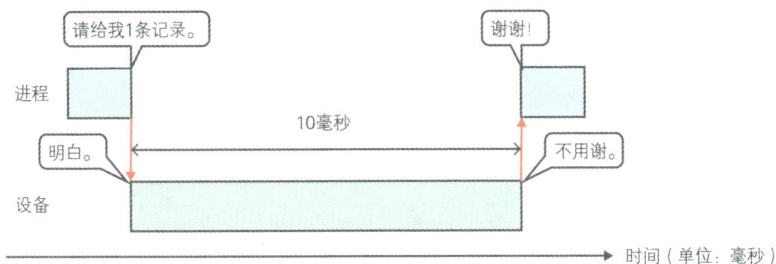

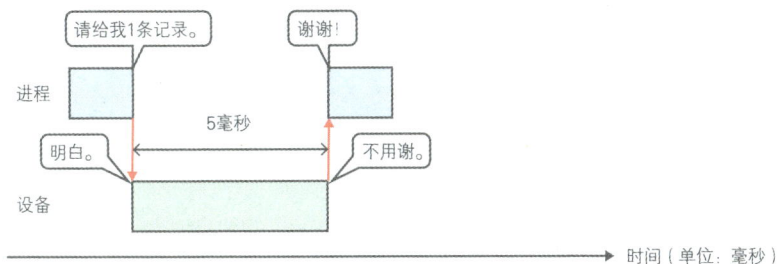

图 9-12　延迟

延迟对用户感知系统响应速度有很大的影响。假设有两个系统，一个是单击按钮后需要等待 1 秒才能获得目标记录的系统（延迟为 1 秒的系统），一个是单击按钮后只需要 1 毫秒就能获得目标记录的系统（延迟为 1 毫秒的系统）。你会选择使用哪一个系统呢？答案显而易见。

IOPS 是 I/O per second 的缩写，表示系统在 1 秒内能够完成的 I/O 操作的数量。假设存在两个设备，并且两个设备上有相同的数据库，分别从这两个设备上的数据库中连续读取 5 条记录的情形如图 9-13 所示。

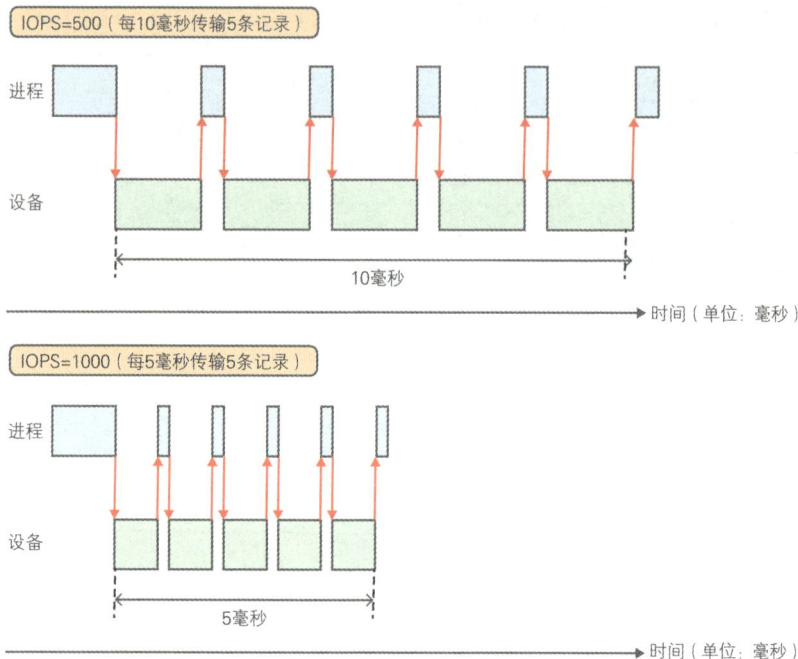

图 9-13 IOPS

你可能会想，这不就是延迟的倒数吗？但在 9.3.2 节将要讨论的并行 I/O 中，两者的区别将变得明显。

9.3.2 多个进程并行发出 I/O 请求的情形

假设两个进程并行地向某个块设备发出读取 1 GiB 数据的 I/O 请求。图 9-14 展示了不支持并行处理的设备与支持并行处理的设备在这种情况下的区别。可以看到，支持并行处理的设备的吞吐量是不支持并行处理的设备的吞吐量的 2 倍。

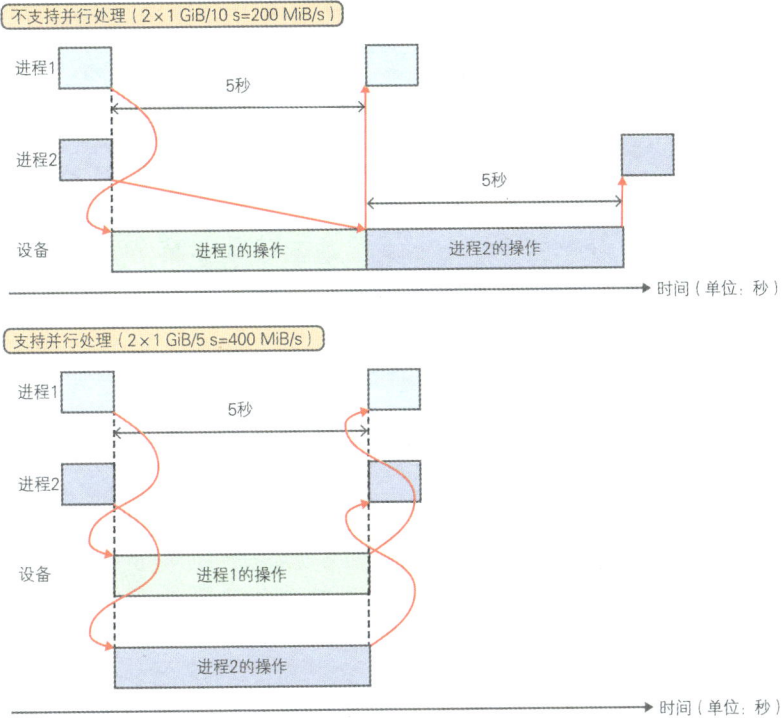

图 9-14　并行 I/O 的吞吐量

　　虽然增大并行数能够使吞吐量增加，但是这并不意味着吞吐量可以无限变大。由于设备与总线上存在多种限制，吞吐量在并行数增大到一定程度后几乎不再增加。

　　图 9-15 展示了两个进程同时从块设备上的数据库中读取一条记录的情形。

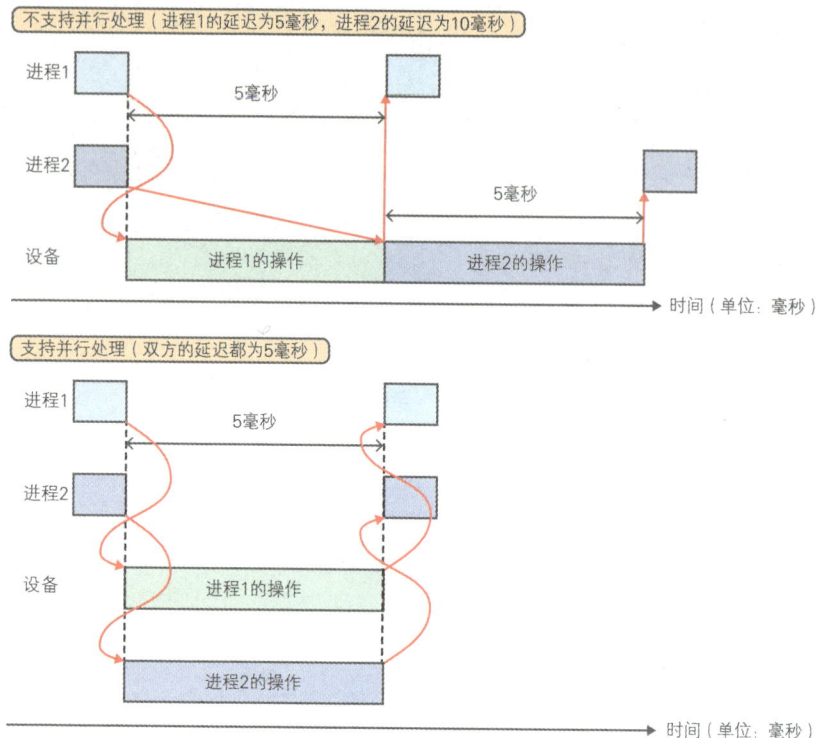

不支持并行处理（进程1的延迟为5毫秒，进程2的延迟为10毫秒）

进程1

5毫秒

进程2

5毫秒

设备   进程1的操作   进程2的操作

时间（单位：毫秒）

支持并行处理（双方的延迟都为5毫秒）

进程1

5毫秒

进程2

设备   进程1的操作

进程2的操作

时间（单位：毫秒）

图 9-15　并行 I/O 的延迟

　　图 9-15 的上半部分展示了设备不支持并行处理的情形。在这种情形下，进程 2 的 I/O 被排到进程 1 之后，因此该进程的延迟变长。图 9-15 的下半部分展示的是支持并行处理的情形，这时两个进程的延迟是一样的。

　　一般来说，设备的负载越低，延迟就越短。

　　下面通过图 9-16 来看看并行 I/O 的 IOPS。

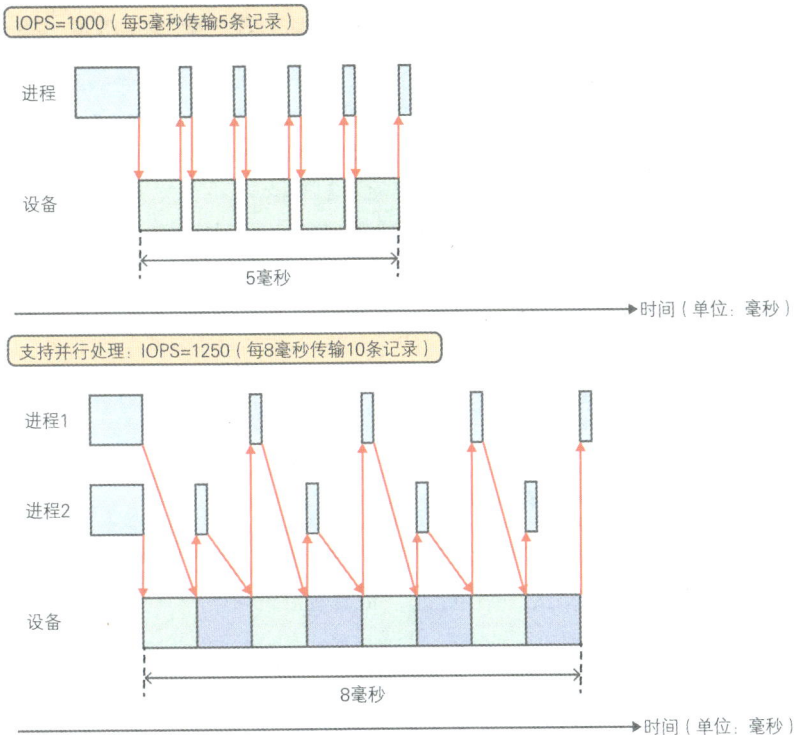

图 9-16　并行 I/O 的 IOPS

　　图 9-16 的上半部分展示的是只有单个进程的情形。在进程得知 I/O 处理已完成并执行 CPU 处理时，设备一直处于空闲状态。通过图 9-16 下半部分所示的并行发生 I/O 请求，可以填补设备的空闲时间。在图 9-16 中，处理 2 倍 I/O 操作只需要耗费 1.6 倍的时间。如果设备支持并行处理，将得到更高的 IOPS。

　　IOPS 越高的设备，单位时间内能够处理的请求越多，可以说这类设备具有更高的可扩展性。

不要推测，要实打实地测试　　技术专栏

我们不能仅靠查看参数来了解设备的性能。例如，IOPS 的最大值在单个进程发出 I/O 请求时是无法达到的，通常在并行数较大的情形下才能实现。此外，I/O 操作的数据量也会对 IOPS 的最大值产生显著影响。

性能还受设备以外的其他各种因素的影响。例如，当一条总线上连接着多个设备时，即便设备没达到自身的性能极限，也可能因为总线的性能极限的限制而无法提供更高的性能。

因此，应避免仅根据参数来为系统挑选设备。虽然通过参数来推测预期性能也很重要，但后续还要在实际环境中为设备施加有效负载并测试其实际性能。

9.3.3　性能测试工具：fio

fio 是一个功能强大的性能测试工具。该工具原本用于测试文件系统的性能，但也可以用于测试设备的性能。fio 具有以下特点。

- 可以详细设置 I/O 模式、并行数和 I/O 引擎等。
- 可以采集各种各样的性能信息，如延迟、吞吐量和 IOPS 等。

fio 可以通过命令行参数对性能测试对象的 I/O 负载进行精细控制。下面仅介绍本书中使用的一些命令行参数。

- `--name`：各个性能测试作业的名称。
- `--filename`：I/O 测试的文件名。
- `--filesize`：I/O 测试的文件的大小。
- `--size`：I/O 操作的总数据量。
- `--bs`：单次 I/O 操作的数据量。总的 I/O 请求次数等于 `--size` 的值除以 `--bs` 的值。
- `--readwrite`：指定 I/O 的类型。可用的选项有 read（顺序读取）、write（顺序写入）、randread（随机读取）和 randwrite（随机写入）。
- `--sync=1`：将每次写入操作设置为同步写入。

- --numjobs：I/O 的并行数。默认值为 1，表示不启用并行 I/O。
- --group_reporting：当并行数大于或等于 2 时，默认分别输出每个作业的测试结果，使用该参数会把所有作业的结果汇总输出。
- --output-format：指定输出的格式。

上面介绍的命令行参数只是很少的一部分，对其他参数感兴趣的读者可以通过 man 1 fio 命令查看。

我们尝试运行 fio。首先执行满足以下条件的 I/O 操作。

- 作业的名称为 test。这里的"作业"指 fio 中作为测试对象的各个 I/O 操作。
- I/O 的类型为随机读取。
- 从大小为 1 GiB 的 testdata 文件中分多次读取数据，每次读取的大小为 4 KiB，总共读取 4 MiB 数据。

下面运行符合上述要求的 fio 命令。

```
$ fio --name test --readwrite=randread --filename testdata --filesize=1G
--size=4M --bs=4K --output-format=json
```

除了使用命令行参数，还可以通过编写配置文件的方法运行 fio 工具，但本书不涉及这一部分内容，在此不再赘述。

下面是运行上述命令后得到的结果。

```
$ fio --name test --readwrite=randread --filename testdata --filesize=1G
--size=4M --bs=4K --output-format=json
{
  "fio version" : "fio-3.16",
  "timestamp" : 1640957075,
  "timestamp_ms" : 1640957075053,
  "time" : "Fri Dec 31 22:24:35 2021",
  "jobs" : [
    {
      "jobname" : "test",
      ...
      "elapsed" : 1,
      "job options" : {
        "name" : "test",
```

```
    "rw" : "randread",
    "filename" : "testdata",
    "filesize" : "1G",
    "size" : "4M",
    "bs" : "4K"
  },
  "read" : {
    "io_bytes" : 4194304,
    "io_kbytes" : 4096,
    "bw_bytes" : 35848752,        ●1
    "bw" : 35008,
    "iops" : 8752.136752,         ●2
    ...
    "lat_ns" : {
      "min" : 72967,
      "max" : 3519225,
      "mean" : 111214.847656,     ●3
      "stddev" : 130442.440934
    },
    ...
  },
  "write" : {
    "io_bytes" : 0,
    "io_kbytes" : 0,
    "bw_bytes" : 0,               ●4
    "bw" : 0,
    "iops" : 0.000000,            ●5
    ...
    "lat_ns" : {
      "min" : 0,
      "max" : 0,
      "mean" : 0.000000,          ●6
      "stddev" : 0.000000
    },
    ...
  },
  ...
}
```

　　输出的内容看起来很多且复杂，但在本书中，我们并不需要如此详细的数据，只需关注●1 到●6 所指的部分即可。

　　●1 到●3 所指的部分只有在施加读取负载时有意义，●4 到●6 所指的部分只有在施加写入负载时有意义。具体含义如下。

❶、❹ 为以字节为单位的吞吐量。

❷、❺ 为 IOPS。

❸、❻ 为以纳秒为单位的平均延迟。

运行结束后记得删除用于实验的文件。

```
$ rm testdata
```

9.4 通用块层对 HDD 性能的影响

本节将利用 fio 命令测试通用块层对 HDD 性能的影响。

具体来说，我们将分别测试启用与禁用通用块层的 I/O 调度器与预读功能时的性能，然后通过比较结果来确认每个功能对系统性能的影响。

往 /sys/block/< 设备名 >/queue/scheduler 文件写入 none 可禁用 I/O 调度器[①]。往 /sys/block/< 设备名 >/queue/read_ahead_kb 文件写入 0 可以禁用预读。

我们将分别采集以下两种情景下的性能数据。

- 情景 A：为了验证 I/O 调度器的效果，随机写入多个小文件（延迟与 IOPS 是关键指标）。
- 情景 B：为了验证预读的效果，顺序读取一个大文件（受吞吐量影响）。

两种情景都会用到表 9-1 所示的几个 fio 参数。

表 9-1 fio 参数（通用部分）

参数	数值
--filesize	1 GiB
--group_reporting	—

---

① 准确地说，可以禁用排序功能，但无法禁用合并功能。不过由于没有其他方法，我们只能暂时接受这种方式。

表 9-2 展示了情景 A 需要用到的参数。

表 9-2　fio 参数（情景 A）

参数	值
--readwrite	randwrite
--size	4M
--bs	4K
--direct	1①

在情景 A 中，我们分别采集 numjobs 为 1~8 时的性能数据。

表 9-3 展示了情景 B 需要用到的参数。

表 9-3　fio 参数（情景 B）

参数	值
--readwrite	read
--size	128M
--bs	1M

在情景 B 中，我们把 numjobs 设置为 1，然后分别采集启用与禁用 I/O 调度器时的性能数据。

I/O 调度器有多种类型。正如上文提到的，若要禁用 I/O 调度器，需要往 scheduler 文件写入 none。而在测试时将使用 mq-deadline 调度器，因此需要往 scheduler 文件写入 mq-deadline。由于其他调度器超出了本书的讨论范围，因此不再介绍。

下面展示了从禁用调度器的状态切换到启用 mq-deadline 调度器的示例。

```
# cat /sys/block/nvme0n1/queue/scheduler
[none] mq-deadline
# echo mq-deadline >/sys/block/nvme0n1/queue/scheduler
# cat /sys/block/nvme0n1/queue/scheduler
```

---

① 这是为了将数据成功写入磁盘，但这样做会导致页缓存失效。

```
[mq-deadline] none
#
```

另外，在情景 B 中，我们还分别采集启用与禁用预读功能时的性能数据。若要启用预读功能，需往 /sys/block/< 设备名 >/queue/read_ahead_kb 文件写入 `128`（默认值）。若要禁用该功能，则往该文件写入 `0`。

为了在测试时排除来自页缓存的影响，每次运行 `fio` 前都执行 `echo 3 >/proc/sys/vm/drop_caches` 命令来清除页缓存。

性能测试需要使用代码清单 9-1 所示的 measure.sh 程序与代码清单 9-2 所示的 plot-block.py 程序。measure.sh 程序在内部调用 `fio` 进行性能测试。

代码清单 9-1　measure.sh

```
#!/bin/bash -xe

extract() {
    PATTERN=$1
    JSONFILE=$2.json
    OUTFILE=$2.txt

    case $PATTERN in
    read)
        RW=read
        ;;
    randwrite)
        RW=write
        ;;
    *)
        echo "非法 I/O 类型: $PATTERN" >&2
        exit 1
    esac

    BW_BPS=$(jq ".jobs[0].${RW}.bw_bytes" $JSONFILE)
    IOPS=$(jq ".jobs[0].${RW}.iops" $JSONFILE)
    LATENCY_NS=$(jq ".jobs[0].${RW}.lat_ns.mean" $JSONFILE)
    echo $BW_BPS $IOPS $LATENCY_NS >$OUTFILE
}

if [ $# -ne 1 ] ; then
    echo "用法: $0 <配置文件名>" >&2
```

```
    exit 1
fi

if [ $(id -u) -ne 0 ] ; then
    echo "你需要以 root 身份执行此程序" >&2
    exit 1
fi

CONFFILE=$1

. ${CONFFILE}

DATA_FILE=${DATA_DIR}/data
DATA_FILE_SIZE=$((128*1024*1024))
QUEUE_DIR=/sys/block/${DEVICE_NAME}/queue
SCHED_FILE=${QUEUE_DIR}/scheduler
READ_AHEAD_KB_FILE=${QUEUE_DIR}/read_ahead_kb

if [ "$PART_NAME" = "" ] ; then
    DEVICE_FILE=/dev/${DEVICE_NAME}
else
    DEVICE_FILE=/dev/${PART_NAME}
fi

if [ ! -e ${DATA_DIR} ] ; then
    echo "数据目录 (${DATA_DIR}) 不存在" >&2
    exit 1
fi

if [ ! -e ${DEVICE_FILE} ] ; then
    echo "设备文件 (${DEVICE_FILE}) 不存在" >&2
    exit 1
fi

mount | grep -q ${DEVICE_FILE}
RET=$?
if [ ${RET} != 0 ] ; then
    echo "设备文件 (${DEVICE_FILE}) 未挂载" >&2
    exit 1
fi

if [ ! -e ${SCHED_FILE} ] ; then
```

```
        echo "I/O调度器的文件 (${SCHED_FILE})不存在" >&2
        exit 1
fi

SCHEDULERS="mq-deadline none"

if [ ! -e ${READ_AHEAD_KB_FILE} ] ; then
        echo "预读的配置文件 (${READ_AHEAD_KB_FILE})不存在" >&2
        exit 1
fi

mkdir -p ${TYPE}
rm -f ${DATA_FILE}
dd if=/dev/zero of=${DATA_FILE} oflag=direct,sync bs=${DATA_FILE_SIZE} count=1

COMMON_FIO_OPTIONS="--name linux-in-practice --group_reporting --output-format=json
--filename=${DATA_FILE} --filesize=${DATA_FILE_SIZE}"

# 采集用于确认预读效果的数据

## 采集数据

SIZE=${DATA_FILE_SIZE}
BLOCK_SIZE=$((1024*1024))

for SCHED in ${SCHEDULERS} ; do
    echo ${SCHED} >${SCHED_FILE}
    for READ_AHEAD_KB in 128 0 ; do
        echo ${READ_AHEAD_KB} >${READ_AHEAD_KB_FILE}
        echo "pattern: read, sched: ${SCHED}, read_ahead_kb: ${READ_AHEAD_KB}" >&2
        FIO_OPTIONS="${COMMON_FIO_OPTIONS} --readwrite=read --size=${SIZE} --bs=${
BLOCK_SIZE}"
        FILENAME_PATTERN="${TYPE}/read-${SCHED}-${READ_AHEAD_KB}"
        echo 3 >/proc/sys/vm/drop_caches
        fio ${FIO_OPTIONS} >${FILENAME_PATTERN}.json
        extract read ${FILENAME_PATTERN}
    done
done

## 处理数据

OUTFILENAME=${TYPE}/read.txt
```

```
rm -f ${OUTFILENAME}

for SCHED in ${SCHEDULERS} ; do
    for READ_AHEAD_KB in 128 0 ; do
        FILENAME=${TYPE}/read-${SCHED}-${READ_AHEAD_KB}.txt
        awk -v sched=${SCHED} -v read_ahead_kb=${READ_AHEAD_KB} '{print sched,
read_ahead_kb, $1}' <$ FILENAME >>${OUTFILENAME}
    done
done
```

采集用于确认 I/O 调度器效果的数据

采集数据

```
SIZE=$((4*1024*1024))
BLOCK_SIZE=$((4*1024))
JOB_PATTERNS=$(seq $(grep -c processor /proc/cpuinfo))

for SCHED in ${SCHEDULERS} ; do
    echo ${SCHED} >${SCHED_FILE}
    for NUM_JOBS in ${JOB_PATTERNS}; do
        echo "pattern: randwrite, sched: ${SCHED}, numjobs: ${NUM_JOBS}" >&2
        FIO_OPTIONS="${COMMON_FIO_OPTIONS} --direct=1 --readwrite=randwrite --size=
${SIZE} --bs=${BLOCK_SIZE} --numjobs=${NUM_JOBS}"
        FILENAME_PATTERN="${TYPE}/randwrite-${SCHED}-${NUM_JOBS}"
        echo 3 >/proc/sys/vm/drop_caches
        fio ${FIO_OPTIONS} >${FILENAME_PATTERN}.json
        extract randwrite ${FILENAME_PATTERN}
    done
done
```

处理数据

```
for SCHED in ${SCHEDULERS} ; do
    OUTFILENAME=${TYPE}/randwrite-${SCHED}.txt
    rm -f ${OUTFILENAME}
    for NUM_JOBS in ${JOB_PATTERNS} ; do
        FILENAME=${TYPE}/randwrite-${SCHED}-${NUM_JOBS}.txt
        awk -v num_jobs=${NUM_JOBS} '{print num_jobs, $2, $3}' <$FILENAME >>
${OUTFILENAME}
    done
done
```

```
./plot-block.py

rm ${DATA_FILE}
```

代码清单 9-2 plot-block.py

```python
#!/usr/bin/python3

import numpy as np
from PIL import Image
import matplotlib
import os

matplotlib.use('Agg')

import matplotlib.pyplot as plt

SCHEDULERS = ["mq-deadline", "none"]
plt.rcParams['font.family'] = "sans-serif"
plt.rcParams['font.sans-serif'] = "SimHei"

def do_plot(fig, pattern):
    # 为了避免触发Ubuntu 20.04上的matplotlib的bug，这里先把图表保存为.png格式，然后将其转
    # 换为.jpg格式
    # https://bugs.launchpad.net/ubuntu/+source/matplotlib/+bug/1897283?comments=all
    pngfn = pattern + ".png"
    jpgfn = pattern + ".jpg"
    fig.savefig(pngfn)
    Image.open(pngfn).convert("RGB").save(jpgfn)
    os.remove(pngfn)

def plot_iops(type):
    fig = plt.figure()
    ax = fig.add_subplot(1,1,1)
    for sched in SCHEDULERS:
        x, y, _ = np.loadtxt("{}/randwrite-{}.txt".format(type, sched), unpack=True)
        ax.scatter(x,y,s=3)
    ax.set_title("启用与禁用I/O调度器时的IOPS")
    ax.set_xlabel("并行数")
    ax.set_ylabel("IOPS")
    ax.set_ylim(0)
```

```
    ax.legend(SCHEDULERS)
    do_plot(fig, type + "-iops")


def plot_iops_compare(type):
    fig = plt.figure()
    ax = fig.add_subplot(1,1,1)
    x1, y1, _ = np.loadtxt("{}/randwrite-{}.txt".format(type, "mq-deadline"), unpack
=True)
    _, y2, _ = np.loadtxt("{}/randwrite-{}.txt".format(type, "none"), unpack=True)
    y3 = (y1 / y2 - 1) * 100
    ax.scatter(x1,y3, s=3)
    ax.set_title("启用I/O调度器后IOPS的变化率（单位：%）")
    ax.set_xlabel("并行数")
    ax.set_ylabel("IOPS的变化率（单位：%）")
    ax.set_yticks([-20, 0, 20])

    do_plot(fig, type + "-iops-compare")


def plot_latency(type):
    fig = plt.figure()
    ax = fig.add_subplot(1,1,1)
    for sched in SCHEDULERS:
        x, _, y = np.loadtxt("{}/randwrite-{}.txt".format(type, sched), unpack=True)
        for i in range(len(y)):
            y[i] /= 1000000
        ax.scatter(x,y,s=3)
    ax.set_title("启用与禁用I/O调度器时的延迟")
    ax.set_xlabel("并行数")
    ax.set_ylabel("延迟（单位：毫秒）")
    ax.set_ylim(0)
    ax.legend(SCHEDULERS)

    do_plot(fig, type + "-latency")


def plot_latency_compare(type):
    fig = plt.figure()
    ax = fig.add_subplot(1,1,1)
    x1, _, y1 = np.loadtxt("{}/randwrite-{}.txt".format(type, "mq-deadline"), unpack
=True)
    _, _, y2 = np.loadtxt("{}/randwrite-{}.txt".format(type, "none"), unpack=True)
    y3 = (y1 / y2 - 1) * 100
    ax.scatter(x1,y3, s=3)
```

```
    ax.set_title("启用I/O调度器后延迟的变化率（单位：%）")
    ax.set_xlabel("并行数")
    ax.set_ylabel("延迟的变化率（单位：%）")
    ax.set_yticks([-20,0,20])

    do_plot(fig, type + "-latency-compare")

for type in ["HDD", "SSD"]:
    plot_iops(type)
    plot_iops_compare(type)
    plot_latency_compare(type)
    plot_latency(type)
```

　measure.sh 程序会读取第 1 个参数指定的配置文件并测试性能，然后通过 plot-block.py 程序把数据制作成图表。大家在运行实验程序时，记得把两个文件放在同一个文件夹中。

　　笔者利用代码清单 9-3 所示的 hdd.conf 文件通过下文所示的方式对HDD 进行了测试。

代码清单 9-3　hdd.conf

```
# 磁盘的类型：HDD或SSD
TYPE=HDD
# 指定性能测试的对象。必须是带有文件系统的设备。HDD的设备名通常类似于sdb与sdc，而NVMe SSD的设备
# 名则类似于nvme0n1
DEVICE_NAME=sda
# 如果文件系统构建在设备中的某个分区上，在这里填入分区名。如果文件系统直接构建在设备上，这里留空
PART_NAME=sda1
# 指定用于保存性能数据的目录。该目录必须存在于DEVICE_NAME设备或PART_NAME分区的文件系统中
DATA_DIR=./mnt-hdd
```

```
$ ./measure.sh hdd.conf
```

　　大家在运行该程序时，可以按照实际情况更改 hdd.conf 文件的内容。运行这个程序后得到下列文件。

- 情景 A
  - HDD-iops.jpg：展示启用与禁用 I/O 调度器时的 IOPS。
  - HDD-iops-compare.jpg：展示启用 I/O 调度器后 IOPS 的变化率。

- HDD-latency.jpg：展示启用与禁用 I/O 调度器时的延迟。
- HDD-latency-compare.jpg：展示启用 I/O 调度器后延迟的变化率。
- 情景 B

  HDD/read.txt：不同条件下测得的吞吐量数据。每行的格式为 <I/O 调度器的名称 > <read_ahead_kb 文件的值 > < 吞吐量（单位：字节 / 秒）>。

我们测试的情景能够清晰地表现出通用块层对 HDD 的性能所产生的影响，如果你对其他情景感兴趣，可以尝试改变 fio 的参数并进行相应测试。

性能测试的目的   技术专栏

只有拥有明确目的的性能测试才是有意义的性能测试。

初学者容易在没有明确目的的情况下，盲目利用一些知名的基准测试工具采集性能数据，然后就满足于此。虽然这样做可以得到大量的性能数据，很有成就感，但如果没有明确的目的，性能测试的结果将无法得到有效利用，最终只是浪费时间而已 [1]。

明确目的后，还需要设计测试情景，并根据测试情景选择（或自制）基准测试工具。另外，由于性能测试通常耗费较多时间，因此要时刻提醒自己只采集达成目的所需要的数据即可，切勿采集多余数据。

---

[1] 当然，笔者并不是反对把性能测试作为一种兴趣。兴趣不需要追求特定的意义，只要能够带来快乐便足够。

9.4.1 情景 A 的测试结果

图 9-17 与图 9-18 分别展示了启用（mq-deadline）与禁用（none）I/O 调度器时的 IOPS 与延迟。

启用与禁用I/O调度器时的IOPS

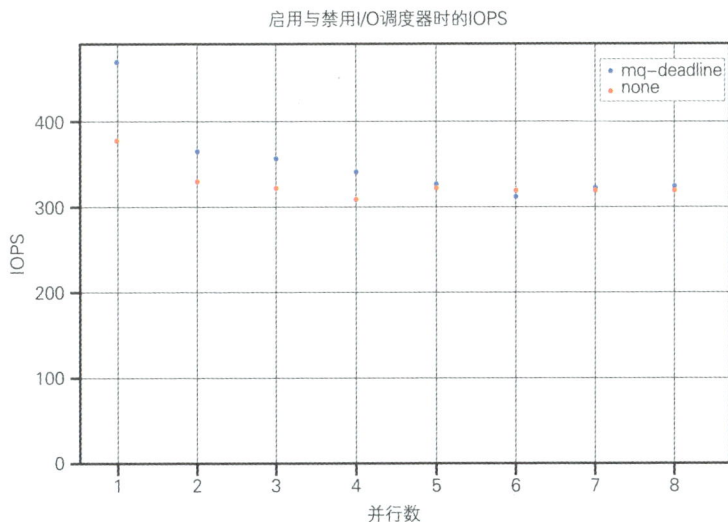

图 9-17　启用与禁用 I/O 调度器时的 IOPS

启用与禁用I/O调度器时的延迟

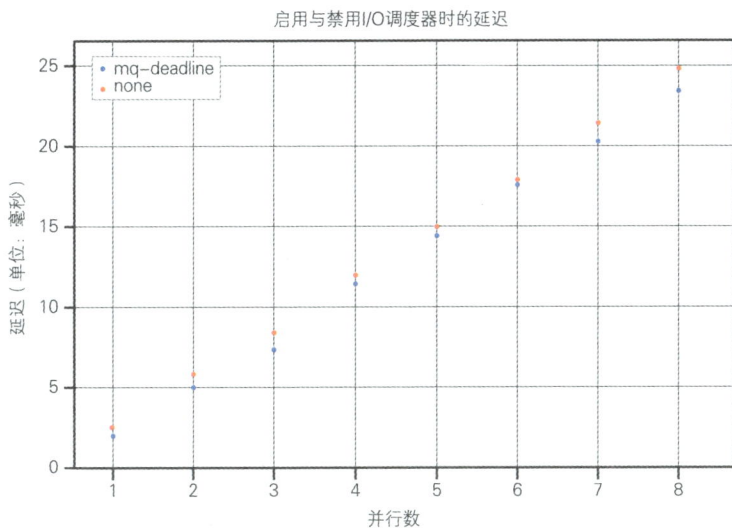

图 9-18　启用与禁用 I/O 调度器时的延迟

　　上面两张图可能有点儿晦涩难懂，图 9-19 与图 9-20 分别展示了启用 I/O 调度器后 IOPS 与延迟的变化率。

启用I/O调度器后IOPS的变化率（单位：%）

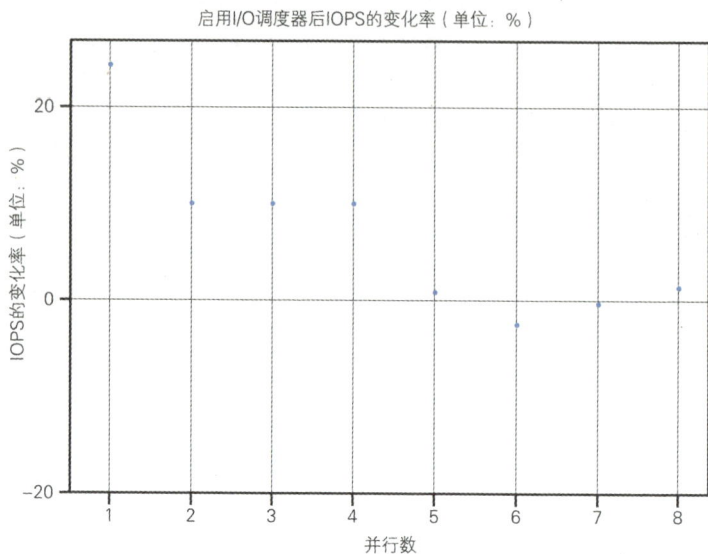

图 9-19　启用 I/O 调度器后 IOPS 的变化率

启用I/O调度器后延迟的变化率（单位：%）

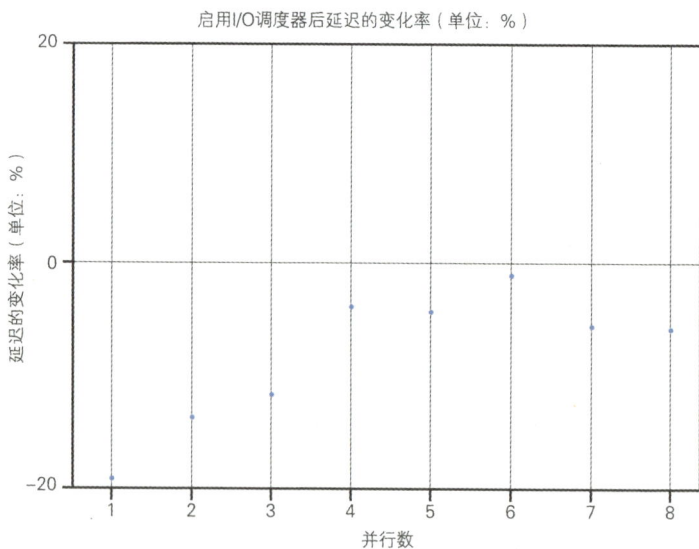

图 9-20　启用 I/O 调度器后延迟的变化率

启用 I/O 调度器后，IOPS 提高了，延迟缩短了。这表明 I/O 调度器能够高效地完成 I/O 请求重新排序，从而提升了性能。

9.4.2　情景 B 的测试结果

表 9-4 展示了预读的效果。

表 9-4　预读的效果（针对 HDD）

I/O 调度器	预　读	吞吐量（单位：MiB/s）
启用	启用	34.1
启用	禁用	13.5
禁用	启用	34.8
禁用	禁用	13.5

当启用预读时，性能（吞吐量）是禁用时的 2 倍多，效果非常显著。另外，吞吐量几乎不受 I/O 调度器的影响。因为该测试情景下的读写操作为同步读写，且 I/O 操作未并行化[①]，所以 I/O 调度器没有发挥作用（如进行合并或排序操作）的机会。

9.5　随着技术革新而变化的通用块层

在近 20 年间，以块设备为中心的各种环境状况发生了巨大变化，最主要的变化就是 SSD 的出现与 CPU 的多核化。

SSD 将数据保存在闪存中。SSD 中的读写操作以电子操作的方式实现，不再使用 HDD 中的机械操作方式。因此，SSD 通常能够实现比 HDD 更高速的访问操作，如图 9-21 所示。

---

① 磁盘读取操作需要等待上一次读取操作完成后才能开始。

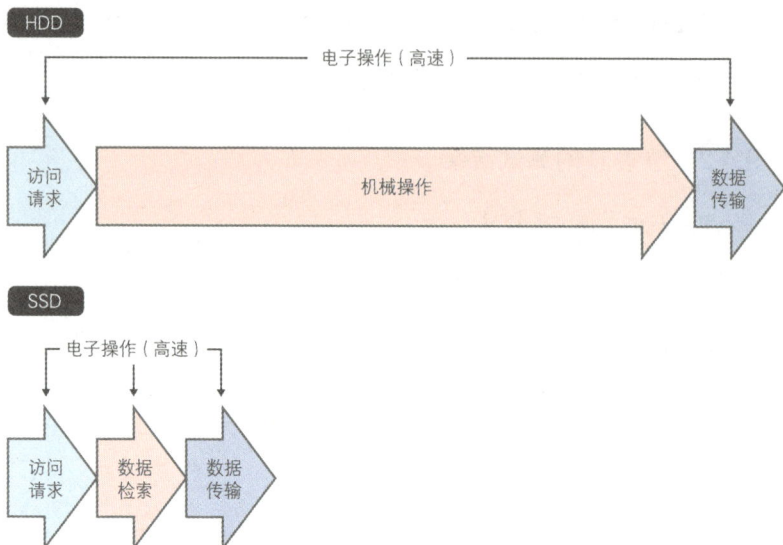

图 9-21　HDD 与 SSD 在数据访问操作上的速度差异

二者的随机访问性能存在更明显的差距。

此外，SSD 根据连接方式不同被分成两种类型。一种 SSD 所用的接口与 HDD 相同，这种 SSD 被称作 SATA SSD 或 SAS SSD；另一种 SSD 使用一种速度更快的接口，这种 SSD 被称作 NVMe SSD。第一种 SSD 的性能已显著高于 HDD 的性能，而第二种 SSD 的性能可以说与 HDD 的性能不在一个级别，二者无法相提并论。

为什么不把所有 HDD 都换成 SSD，尤其是具有更高性能的 NVMe SSD 呢？事情并没有那么简单。在单位容量的价格上，HDD 具有更大的优势。因此在对性能要求不高时，HDD 是一个更有吸引力的选择。虽然二者的价格差距正在不断变小，但在短期内，它们仍将共存。

NVMe SSD 的硬件性能远超 HDD，能够实现数量级的 IOPS 提高。尽量从更多的逻辑 CPU 上并行发出 I/O 请求是有效提高 IOPS 的方法。

虽然近年来 CPU 的多核化发展似乎正符合上述方法所需要的条件，但实际上并非如此。过去的 I/O 调度器即便接收到来自多个逻辑 CPU 的请求，也只会在单个逻辑 CPU 上执行处理，也就是说，这些 I/O 调度器缺乏可扩展性。为了弥补这一短板，现在的 I/O 调度器引入了**多队列**（multi-queue）机制，可以让请求运行在多个 CPU 上，从而提升了 I/O 调度器的可扩展性。曾在前文中出现的 mq-deadline 调度器中的 mq 就是 multi-queue 的缩写。

　　然而，随着硬件性能的提高，在通用块层中，将请求暂时缓存并由 I/O 调度器重新排序处理的优点将逐渐被其所带来的延迟增加的缺点所掩盖。因此，在 Ubuntu 20.04 中，NVMe SSD 默认禁用 I/O 调度器。当测试 HDD 性能时，使用 none 选项禁用了排序功能，但并未禁用合并功能。对于 NVMe SSD 来说，则是禁用 I/O 调度器的所有功能。

9.6　通用块层对 NVMe SSD 性能的影响

　　本节将按照 9.4 节中的流程测试 NVMe SSD 的性能，从而确认通用块层对 NVMe SSD 性能的影响。

　　我们按照下述方式运行 measure.sh 程序以对 NVMe SSD 进行性能测试。

```
./measure.sh ssd.conf
```

运行该程序后得到下列文件。

- 情景 A
  - SSD-iops.jpg：展示启用与禁用 I/O 调度器时的 IOPS。
  - SSD-iops-compare.jpg：展示启用 I/O 调度器后 IOPS 的变化率。
  - SSD-latency.jpg：展示启用与禁用 I/O 调度器时的延迟。
  - SSD-latency-compare.jpg：展示启用 I/O 调度器后延迟的变化率。
- 情景 B
  SSD/read.txt：不同条件下测得的吞吐量数据。每行的格式为 <I/O 调度器的名称 > <read_ahead_kb 文件的值 > < 吞吐量（单位：字节 / 秒）>。

9.6.1　情景 A 的测试结果

图 9-22 与图 9-23 分别展示了启用（mq-deadline）与禁用（none）

I/O 调度器时的 IOPS 与延迟。

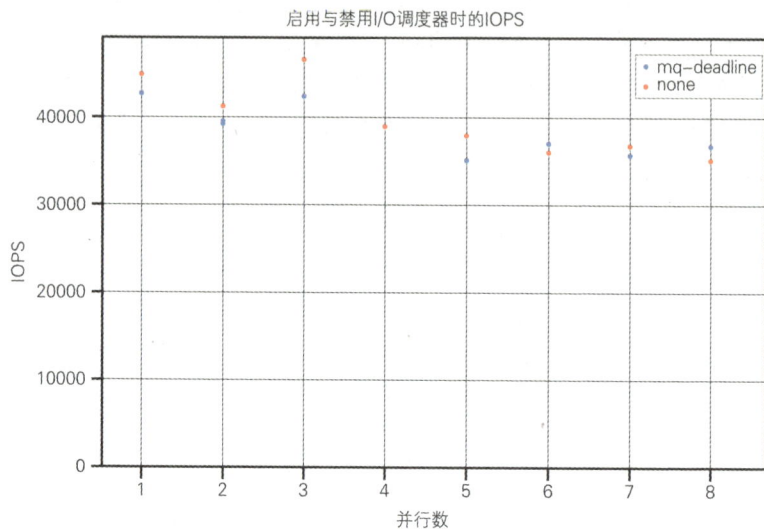

启用与禁用I/O调度器时的IOPS

图 9-22 启用与禁用 I/O 调度器时的 IOPS

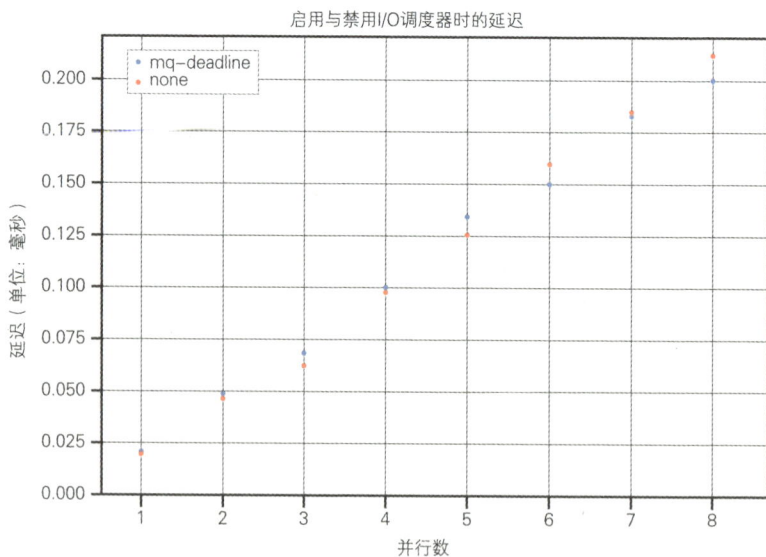

启用与禁用I/O调度器时的延迟

图 9-23 启用与禁用 I/O 调度器时的延迟

与测试 HDD 性能时相同，这里也展示了变化率的图表。启用 I/O 调度器后 IOPS 的变化率和延迟的变化率分别如图 9-24 和图 9-25 所示。

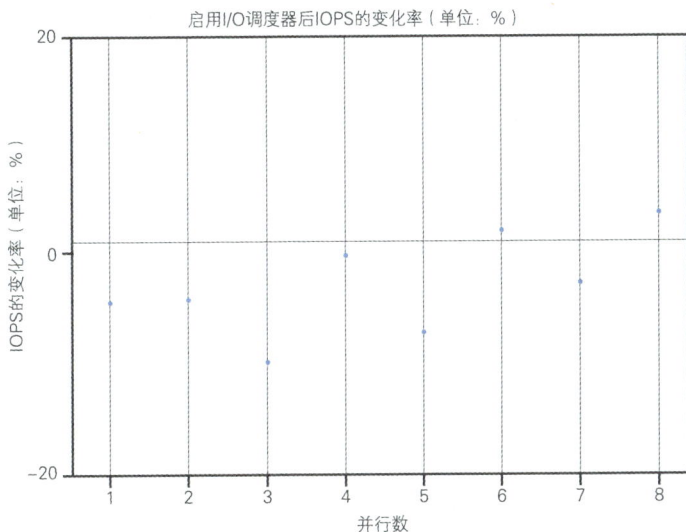

图 9-24 启用 I/O 调度器后 IOPS 的变化率

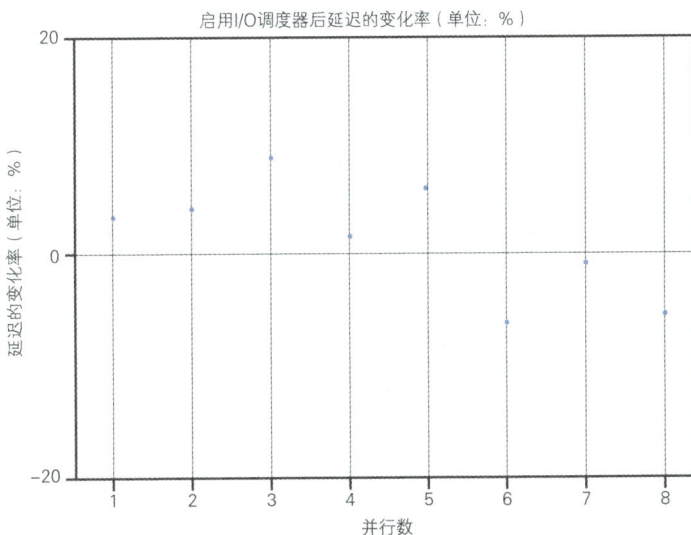

图 9-25 启用 I/O 调度器后延迟的变化率

与 HDD 的情况不同，在 NVMe SSD 上，禁用 I/O 调度器后 IOPS 更高，特别是在并行数较小时，能得到更高的 IOPS。在延迟方面，当并行数较小时，禁用 I/O 调度器后延迟更短，而当并行数较大时，启用调度器能得到更短的延迟。之所以会出现这样的状况，是因为在 NVMe SSD 等高速设备上，I/O 调度器暂时缓存请求的操作所产生的成本比在 HDD 上高。

若不考虑 I/O 调度器的影响，NVMe SSD 的 IOPS 大约是 HDD 的 100 倍。

9.6.2　情景 B 的测试结果

表 9-5 展示了预读的效果。

表 9-5　预读的效果（针对 NVMe SSD）

I/O 调度器	预　读	吞吐量（单位：GiB/s）
启用	启用	1.92
启用	禁用	0.186
禁用	启用	2.15
禁用	禁用	0.201

与 HDD 的情况相似，启用预读能够得到更高的吞吐量，而且预读在 NVMe SDD 上所能发挥的效果比在 HDD 上更大。至于 I/O 调度器，它并没有带来性能的提升，反而导致性能下降。产生这样的结果的原因和情景 A 中相同，即在 NVMe SSD 等高速设备上，I/O 调度器的开销相对较高。

另外，与表 9-4 中的数据相比可以发现，NVMe SSD 的吞吐量提高了几十倍。

现实中的性能测试　　　　　　　　　　　技术专栏

在本章中，我们通过 fio 工具对存储设备进行了性能测试。在现实中，我们通常还需要考虑软件与网络等其他要素的性能。

假设存在一个符合以下特征的客户信息管理系统。

- 服务器与客户机通过网络实现连接。
- 客户信息保存在服务器上的存储设备中，并通过服务器上的数据库管理系统（以下简称为数据库）进行读写操作。
- 用户通过运行在客户机上的 Web 应用程序进行操作，向服务器上的数据库发送请求。

在该系统中，当 Web 应用程序获取客户信息时，从服务器的角度来看，数据的流动大致如图 9-26 所示。

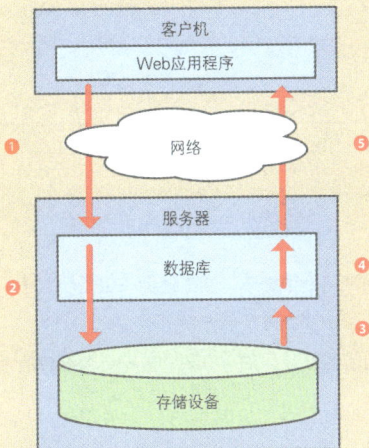

图 9-26　Web 应用程序获取客户信息的流程

图中的数字分别代表以下操作。

❶数据库收到来自 Web 应用程序的请求。

❷数据库计算所请求的数据在存储设备上的具体位置，然后向存储设备请求相应的数据。

❸存储设备将请求的数据返回给数据库。

❹数据库把第❸步得到的数据转换成 Web 应用程序所需要的格式（如 JSON）。

❺服务器把在第❹步中创建的数据传输给 Web 应用程序。

步骤❶与❺受制于网络的性能[①]，步骤❷与❹受制于数据库与 CPU 的性能，

---

① 实际上还会涉及负责连接服务器与客户机的网络设备及网络中的各种相关机制等，但在图 9-26 中，为简化说明，我们省略了这部分内容。

步骤❸受制于存储设备的性能。

假设用户获取一位客户的信息的目标延迟为 100 毫秒，但实际的延迟为 500 毫秒（见图 9-27）。在这种情况下，不应该盲目地怀疑存储设备的某个部件出了问题，而应该按照以下步骤把问题简单化。

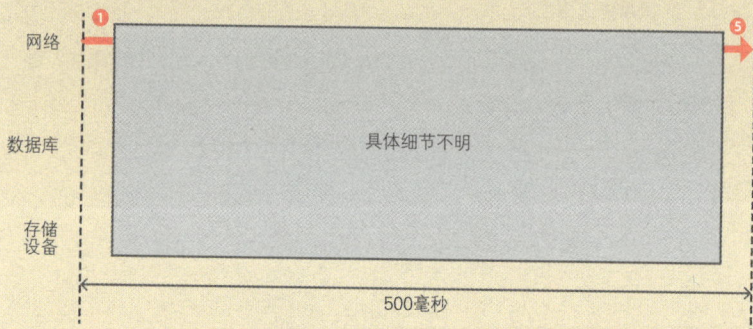

图 9-27 延迟超出预期的情形

- 明确性能测试的处理细节。在上述例子中是步骤❶～❺。
- 从步骤❶～❺中找到耗时较长的部分。
- 调查存在问题的部分。如有必要，进行更加细致的性能测试。

如果瓶颈出现在步骤❷中（见图 9-28），则需要修正数据库的处理逻辑或者更换更高性能的 CPU。为此，程序员需要测试各个处理所需的时间，系统运维管理员需要了解日志的位置及其用法。正如前文所述，性能测试看似简单，但实际上需要非常广泛的知识，是一个极其深奥的领域。

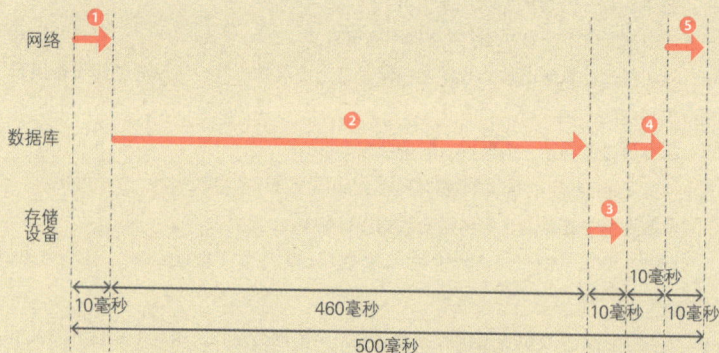

图 9-28 延迟超出预期的细节

## 第 10 章

虚拟化

如今，大家理所当然地利用着在物理机的 OS 之上安装另一个 OS 的虚拟机。但在笔者的印象中，并没有多少人真正了解虚拟机的实现方式。

本章旨在改善这一状况，让大家明白虚拟机到底是什么。需要注意的是，虚拟化与第 4 章所述的虚拟内存完全不同。这确实很容易让人产生混淆。

OS 与 OS 内核的知识对于深入了解虚拟化机制来说不可或缺。不过大家已经通过前面的章节获取了相关知识，应该能够理解本章的内容。如果遇到无法理解的内容，可以随时翻查前文。

10.1　什么是虚拟化功能

虚拟化功能由在个人计算机或服务器等物理机上运行虚拟机的软件功能，以及帮助实现这一功能的硬件功能组合而成。虚拟机的部分用途如下。

- 有效利用硬件：在一台物理机上运行多个系统。一个应用实例为**基础设施即服务**（Infrastructure as a Service，IaaS），该服务在一台物理机上构建多个虚拟机，然后把虚拟机出租给客户。
- 整合服务器：把由多台物理机构成的系统中的物理机替换成虚拟机，从而减少物理机的数量。
- 延长旧系统的使用寿命：通过虚拟机运行已停止硬件支持的旧系统 [1]。
- 在 OS 中运行别的 OS：例如在 Windows 中运行 Linux，或者在 Linux 中运行 Windows。
- 构建开发 / 测试环境：在摆脱物理机的制约的前提下构建一个与商业系统环境相同或相似的环境。

例如，笔者把虚拟机用于以下用途。

- 在 Windows 中运行 Linux。笔者有时需要使用 Windows 运行仅支持该 OS 的游戏与照片处理软件等，在其他情景下则想使用 Linux。
- 当出于兴趣开发 Linux 内核时，使用虚拟机对更改后的内核进行测试。这样就无须为了更改内核而重置物理机。

---

[1]　虚拟机可能停止对旧系统中安装的软件的支持。

10.2　虚拟化软件

　　虚拟机的创建、管理及删除由位于物理机上的虚拟化软件负责。通常情况下，只要物理机的资源足够支撑虚拟机的运行，就可以无限创建新的虚拟机。图 10-1 展示了这种情形。

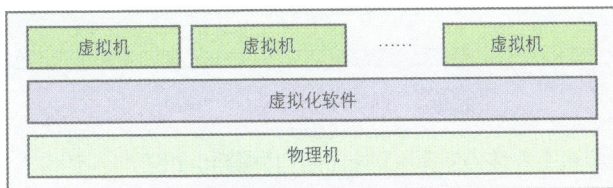

图 10-1　物理机与虚拟机

　　如图 10-2 所示，虚拟化软件负责管理物理机上的硬件资源，并将其分配给虚拟机。这时，物理机上的 CPU 被称作**物理 CPU**（Physical CPU，PCPU），虚拟机上的 CPU 被称作**虚拟 CPU**（Virtual CPU，VCPU）。

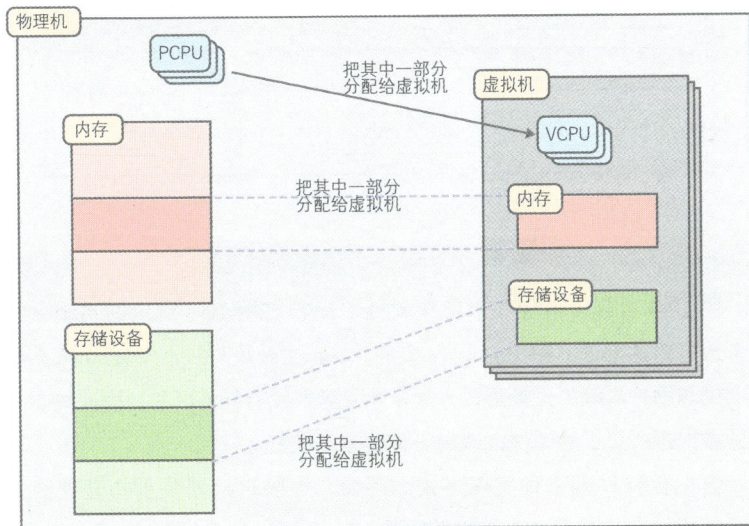

图 10-2　虚拟化软件的组成

虚拟化软件与虚拟机的关系类似于内核的进程管理系统与进程的关系。在物理机上安装 OS 后，系统的整体结构如图 10-3 所示。

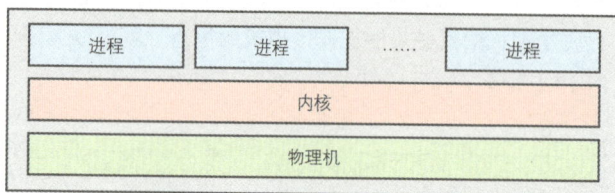

图 10-3 在物理机上安装 OS 后的情形

在虚拟机上安装 OS 后，系统的结构如图 10-4 所示。

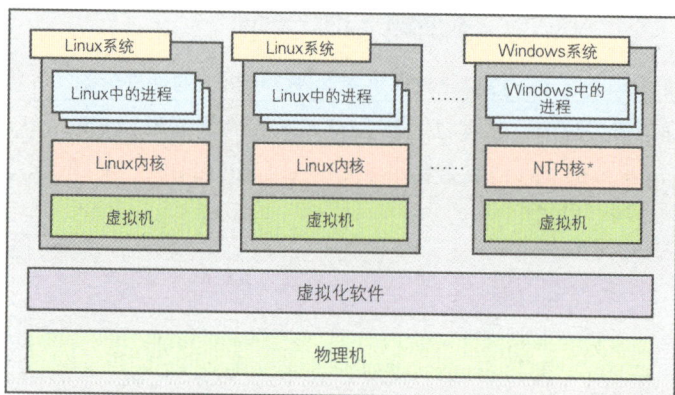

＊NT内核为Windows中内核的名称。

图 10-4 在虚拟机上安装 OS 后的情形

图 10-4 看起来就像在虚拟化软件上运行着图 10-3 所示的系统一样。不考虑省略的部分，图 10-4 中存在两个 Linux 系统与一个 Windows 系统。虚拟机与物理机除了设备配置方面存在差异外没有任何区别，因此只要 OS 支持虚拟机所提供的硬件，即可安装到虚拟机上。

虚拟化软件有多种实现方式。例如，可以直接安装于物理硬件上，这样的虚拟化软件称为**虚拟机监视器**（hypervisor），也可以作为一个应用程序运行在已有的 OS 上。下面列出几个比较有名的虚拟化软件。

- VMware 的各种产品
- Oracle 的 VirtualBox
- Microsoft 的 Hyper-V
- Citrix Systems 的 Xen

10.3　本章使用的虚拟化软件

本章将组合运用以下 3 个软件来创建和管理虚拟机。

- KVM（Kernel-based Virtual Machine，基于内核的虚拟机）：Linux 内核提供的虚拟化功能。
- QEMU：CPU 与硬件的仿真器。与 KVM 一起使用时不会用到其 CPU 仿真器的功能。
- virt-manager：用于创建、管理和删除虚拟机。创建完成后由 QEMU 负责运行。

选择这种组合的原因是，上述软件皆为开源软件，并且可以方便地在大多数的 Linux 发行版中使用。此时的系统结构如图 10-5 所示。

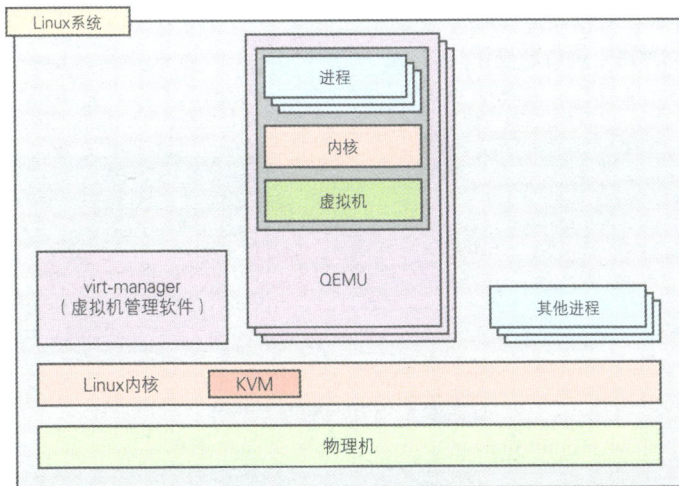

图 10-5　虚拟化系统配置示例

运行在物理机上的 OS 通常被称作**宿主 OS**（Host OS），运行在虚拟机上的 OS 通常被称作**客户 OS**（Guest OS）。

对于 Linux 内核来说，virt-manager 与 QEMU 只是普通的进程。虚拟化软件与普通的进程在相同的系统环境中并行运行。从创建虚拟机到删除虚拟机的流程如下。

❶ virt-manager 创建虚拟机的模板（包括 CPU 数、内存量及虚拟机所需的其他硬件配置等）。

❷ virt-manager 根据上述模板创建虚拟机并启动 QEMU。

❸ QEMU 与 KVM 根据需求协作运行虚拟机（期间可能涉及电源开启、关闭或重启等操作）。

❹ virt-manager 删除不再需要的虚拟机。

virt-manager 提供以下针对虚拟机的操作。

- 为每个虚拟机提供一个窗口，用于显示虚拟机的输出。
- 把在上述窗口中的鼠标与键盘操作反映到虚拟机的鼠标与键盘上。
- 开启 / 关闭电源或重启虚拟机。
- 添加或删除虚拟机的设备，将 IOS 文件插入 / 弹出虚拟 DVD 驱动器。

如图 10-6 所示，可以理解为 virt-manager 代替我们在虚拟机上执行通常在物理机上进行的操作。

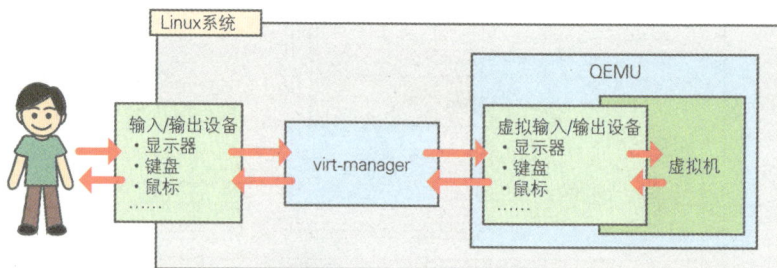

图 10-6　virt-manager 的机制

嵌套虚拟化　　　　　　　　　　　　　　　　　　　　　技术专栏

到目前为止，我们讨论的是在物理机上运行虚拟机的相关内容。实际上还存在一种名为嵌套虚拟化（Nested Virtualization）的功能，可以实现在虚拟机上运行虚拟机。当你想在由 IaaS 提供的虚拟机上创建虚拟机来进行开发与测试时，使用该功能非常方便。

在笔者所在公司的业务中，我们借助谷歌计算引擎（Google Compute Engine，GCE）的虚拟机构建了由多个虚拟机组成的虚拟数据中心，并将其用于持续集成（Continuous Integration，CI）等场景。

在利用嵌套虚拟化时，使用"物理机"这一术语可能不太恰当，但为了避免复杂化，本书仍将使用这一术语。不是所有的 IaaS 与虚拟化软件都支持嵌套虚拟化，请大家查看自己所使用的虚拟化软件的说明书，以确认自己的环境是否支持该功能。

10.4　支持虚拟化功能的 CPU

大家还记得第 1 章曾提到的，用于区分用户模式与内核模式的 CPU 功能吗？如图 10-7 所示，当 CPU 运行进程时，它处于用户模式；而当系统调用或者中断等触发内核运行时，它切换到内核模式。在用户模式下，进程对设备等资源的直接访问将受到限制，而在内核模式下可以执行任何操作。

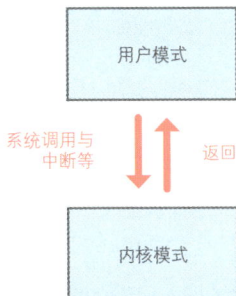

用户模式

系统调用与
中断等　　　返回

内核模式

图 10-7　CPU 的模式切换：内核模式与用户模式

支持虚拟化功能的 CPU 扩展了这一概念。具体而言，CPU 有一个名为 VMX root 的模式用于执行物理机上的处理，还有一个名为 VMX non-root 的模式用于执行虚拟机上的处理。当在执行虚拟机上的处理途中发生硬件访问或者面向物理机的中断时，CPU 会切换回 VMX root 模式，控制权自动移交给物理机，如图 10-8 所示。

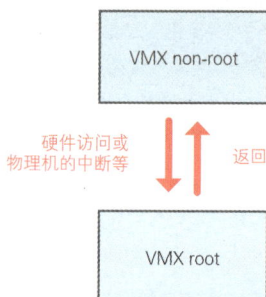

图 10-8 CPU 的模式切换：VMX root 模式与 VMX non-root 模式

图 10-9 展示了用户模式 / 内核模式与 VMX root 模式 /VMX non-root 模式的关系。

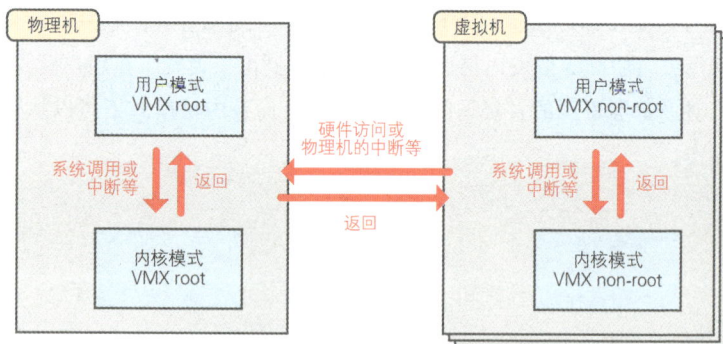

图 10-9 两种类型的 CPU 模式

在 x86_64 架构的 CPU 中，Intel 的 CPU 把图 10-9 所示的虚拟化支持功能称作 VT-x，而 AMD 的 CPU 则将其称为 SVM。虽然二者在功能上没有太大差异，但实现这些功能的 CPU 级别的指令集有所不同。不过，这种差异由 KVM 进行了封装，这也是内核对硬件功能进行抽象化的一种体现。

通过执行以下命令可以查看是否启用了 VT-x 或者 SVM。

```
$ egrep -c '^flags.*(vmx|svm)' /proc/cpuinfo
```

如果该命令的输出为大于或等于 1 的值，表示启用该功能；如果输出为 0，表明禁用该功能。这里之所以用"启用 / 禁用"的表述方式而非"存在 / 不存在"，是因为即便 CPU 本身支持虚拟化功能，但如果 BIOS 禁用了该功能，上述命令的输出也会为 0[①]。因此，如果输出为 0，建议检查 BIOS 设置以确保已启用该功能。

接下来的内容以使用支持虚拟化功能并已启用该功能的 CPU 为前提。

QEMU+KVM

下面将讨论在虚拟机上安装 Linux 后的运行情况。这里使用的虚拟化环境为 QEMU+KVM。

假设进程通过系统调用来访问某个设备的寄存器，在物理机上，情况如图 10-10 所示。

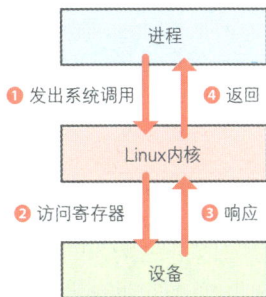

图 10-10　物理机上的设备访问

[①] 在 x86_64 架构的 CPU 刚开始支持虚拟化功能时，笔者经历过一次惨痛的教训。那时笔者专门买了一台支持虚拟化功能的计算机，但买回来之后发现虚拟化功能被 BIOS 禁用了，并且 BIOS 没有提供切换开关。

此时，CPU 与设备的处理流程如图 10-11 所示。

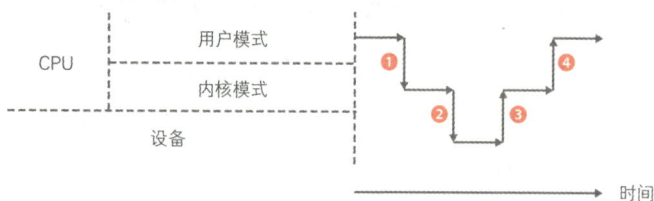

图 10-11 CPU 与设备在图 10-10 所示的情景中的处理流程

如果这一切发生在虚拟化环境中，情况如图 10-12 和图 10-13 所示。

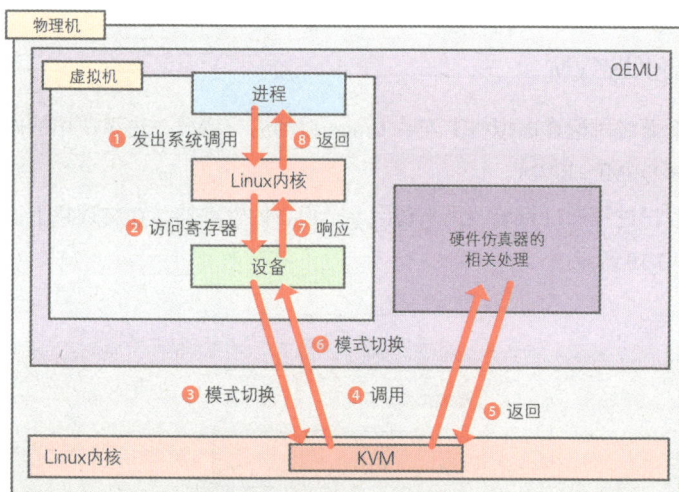

图 10-12 虚拟机上的设备访问

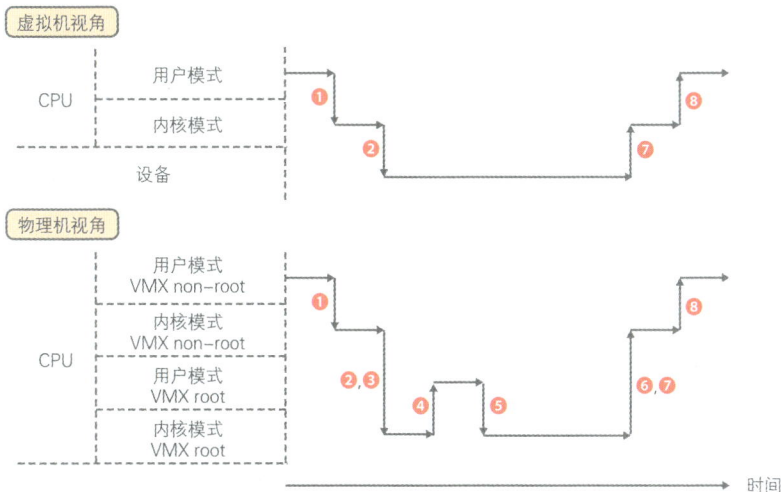

图 10-13　CPU 与设备在图 10-12 所示的情景中的处理流程

从虚拟机的视角来看，其行为与图 10-11 所示的物理机的情况相同（处理❶、❷、❼、❽），但这多亏 QEMU 和 KVM 在物理机上对硬件进行了仿真（处理❸ ~ ❻）。这看起来非常复杂。笔者 10 多年前已经对硬件与内核的知识有了一定了解，甚至能够从头开始编写小型内核，但当看到这样的图时依然十分困惑。

在虚拟机访问硬件的基础上，进一步访问物理机硬件的情况更加复杂。我们将在后文中讨论这种情况。

CPU 不支持虚拟化功能时的虚拟化　技术专栏

运行在 x86_64 架构 CPU 上的 OS，早在 CPU 支持虚拟化功能之前就已经有虚拟化软件了。但是，正如正文所提到的，物理机需要检测到虚拟机对硬件的访问（图 10-13 中的步骤❷）。当时的软件是怎样实现这个检测的呢？

一种解决方法是改写运行在虚拟机上的内核等可执行文件，让它们在访问硬件时把控制权移交给虚拟化软件。具体的实现方法有很多种，这里不再展开讨论。感兴趣的读者可以通过半虚拟化、准虚拟化（para-virtualization）等关键词搜索相关内容。

10.5 宿主 OS 视角的虚拟机

本节将通过实验确认从宿主 OS 的角度看，虚拟机是怎样的。首先按照表 10-1 中的配置安装一个虚拟机。

表 10-1　实验用虚拟机的配置

名　称	参　数
VCPU	1 个。把 VCPU 钉选（pinning）在 PCPU0 上
OS	Ubuntu 20.04/x86_64
内存	8 GiB
磁盘	1 个。驱动程序默认为 virtio（详见下文）

由于利用 virt-manager 即可通过 GUI 创建虚拟机，因此这里省略了创建虚拟机的具体步骤。

想要通过命令行创建虚拟机的读者可以参考以下命令 [1]。

```
$ virt-install --name ubuntu2004 --vcpus 1 --cpuset=0 --memory 8192 --os-
variant ubuntu20.04 --graphics none --extra-args 'console=ttyS0 ↵
--- console=ttyS0' --location ↵
http://us.archive.ubuntu.com/ubuntu/dists/focal/main/installer-
amd64/
```
实际只有一行

`--extra-args 'console=ttyS0 --- console=ttyS0'` 用于将安装程序的输出显示到控制台。

接下来在虚拟机的系统中安装实验所需的软件包，如下所示。

```
$ sudo apt install sysstat fio golang python3-matplotlib python3-pil fonts-
takao jq openssh-server
```

下面介绍的内容以能够通过 ssh 连接到客户 OS 为前提。

从现在开始，我们将利用 virsh 这个命令行工具来通过 CUI 操作虚拟机。执行 `virsh dumpxml ubuntu2004` 命令即可输出代码清单 10-1 所示的 XML。

---

[1]　由于纸质书页面宽度的限制，命令出现了换行，但实际上该命令在同一行。

代码清单 10-1　执行 `virsh dumpxml ubuntu2004` 后输出的 XML

```
<domain type='kvm' id='23'>
  <name>ubuntu2004</name>
...
  <memory unit='KiB'>8388608</memory>
...
  <vcpu placement='static' cpuset='0'>1</vcpu>
...
 <devices>
...
  <disk type='file' device='disk'>
...
     <source file='/var/lib/libvirt/images/ubuntu2004.qcow2' index='1'/>
...
```

　　XML 中似乎包含大量与硬件相关的内容。实际上，这个文件是使用 virt-manager 创建的虚拟机的配置文件。虽然虚拟化机制看起来很复杂，但到目前为止的操作并没有那么难，与其他软件类似，只需把配置保存到文件中即可。表 10-2 展示了 XML 中的重要参数及其含义。

表 10-2　虚拟机配置中的重要参数及其含义

参　　数	数　　值	含　　义
`name`	ubuntu2004	用于识别虚拟机的名称
`memory`	8388608（单位为 KiB，即8 GiB）	虚拟机的内存量
`vcpu`	1	VCPU 的数量。cpuset 属性的值是VCPU能利用的CPU的列表
`devices`	－	安装在虚拟机上的硬件列表
`disk`	－	存储设备。该参数后面的file属性表示与该存储设备对应的文件的名称

　　之后，只要通过 virt-manager 更改虚拟机的配置，XML 的内容就会随之发生改变。大家可以尝试更改虚拟机的各种配置。执行 `virsh edit` 命令即可通过文本编辑器编辑 XML 文件。

10.5.1 宿主 OS 视角的客户 OS

我们来查看一下启动上文所创建的虚拟机后，从宿主 OS 的角度看，它是怎样的。虚拟机可以通过 virt-manager 启动，也可以使用 virsh start 命令来启动。

```
$ virsh start ubuntu2004
```

之后，可以通过 virsh list 命令查看所有虚拟机的状态。可以看到，上文创建的 ubuntu2004 虚拟机已经处于运行状态。

```
$ virsh list
 Id   Name         State
----------------------------
 23   ubuntu2004   running
```

这时如果执行 ps ax 命令，可以发现一个名为 qemu-system-x86_64 的进程。

```
$ ps ax | grep qemu-system
 19904 ?        Sl     3:06 /usr/bin/qemu-system-x86_64 -name guest=ubuntu2004 ...
```

这就是正在运行的虚拟机的本体。换句话说，每个虚拟机都对应着一个 qemu-system-x86_64 进程。

上面的示例其实省略了大量的命令行参数。在命令行参数中有大量与硬件相关的参数，其中比较重要的有 cpu、device 及 drive 等，而且这些参数的值与上文提到的 XML 文件的内容非常相似。这是因为 virsh 把 XML 文件的内容翻译成了 qemu-system-x86_64 能理解的格式并将其作为参数传递，如图 10-14 所示。

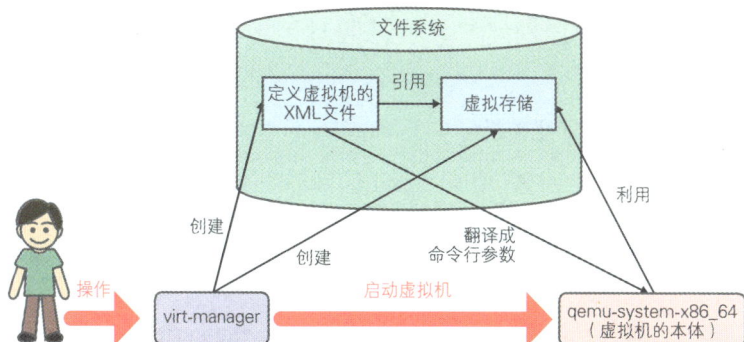

图 10-14　从创建虚拟机到启动虚拟机的流程

几个比较重要的参数及其含义如表 10-3 所示。

表 10-3　传递给 qemu-system-x86_64 的重要参数及其含义

参　数	含　义
m	虚拟机的内存量，单位为MiB
guest	用于识别虚拟机的名称，相当于 `virsh list` 命令所输出的XML文件中的 `name`
smp	虚拟机上逻辑CPU的数量
device	安装在虚拟机上的各个硬件
drive	安装在虚拟机上的存储设备，其后面的 `file` 是与该存储设备相对应的文件的名称

我们可以通过 virt-manager 关闭不再需要的虚拟机。执行 `virsh destroy` 命令也能达到相同的效果。

10.5.2　启动多个虚拟机

下面看看当启动多个虚拟机时情况如何。为此，我们复制了 ubuntu2004 并将副本命名为 ubuntu2004-clone。利用 virt-manager 即可简单地复制虚拟机。执行 `virt-clone` 命令同样可以实现虚拟机的复制。

```
$ virt-clone -o ubuntu2004 -n ubuntu2004-clone --auto-clone
Allocating 'ubuntu2004-clone.
```

```
...
Clone 'ubuntu2004-clone' created successfully.
`virt-clone`
```

下面启动这两个虚拟机。

```
$ virsh start ubuntu2004
...
$ virsh start ubuntu2004-clone
...
```

之后，执行 `ps ax` 命令会看到存在两个 qemu-system-x86_64 进程，如图 10-15 所示。

```
$ ps ax | grep qemu-system
  21945 ?    Sl   0:09 /usr/bin/qemu-system-x86_64 -name guest=ubuntu2004 ...
  22004 ?    Sl   0:07 /usr/bin/qemu-system-x86_64 -name guest=ubuntu2004-clone ...
...
```

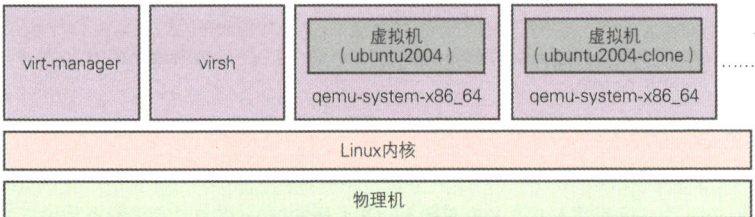

图 10-15　启动多个虚拟机的情景

实验完成后，记得删除不再需要的虚拟机，特别是 ubuntu2004-clone。利用 virsh 命令可以通过以下方式删除虚拟机。

```
$ virsh destroy ubuntu2004-clone
...
$ virsh undefine ubuntu2004-clone --remove-all-storage
Domain ubuntu2004-clone has been undefined
Volume 'vda'(/var/lib/libvirt/images/ubuntu2004-clone.qcow2) removed.
```

IaaS 中的弹性伸缩功能　　　　　　　　　　　技术专栏

正如上文所述，虚拟机的创建、变更及启动等操作都能通过 virsh 这一 CUI 工具来完成，而 virsh 也只是在底层调用了 libvirt 库。也就是说，可以调用 libvirt 来让程序操作虚拟机。即使使用与 libvirt 不同的机制来管理虚拟机，情况也是相同的。

在 IaaS 环境中存在一个名为弹性伸缩的功能，该功能可以根据系统的负荷更改嵌入系统中虚拟机的数量。这并非由 IaaS 供应商或者系统管理员手动操作虚拟机，而是如图 10-16 所示，由程序根据系统负荷来动态增减虚拟机的数量。能够像操作普通程序那样操作虚拟机，这着实令人惊叹。

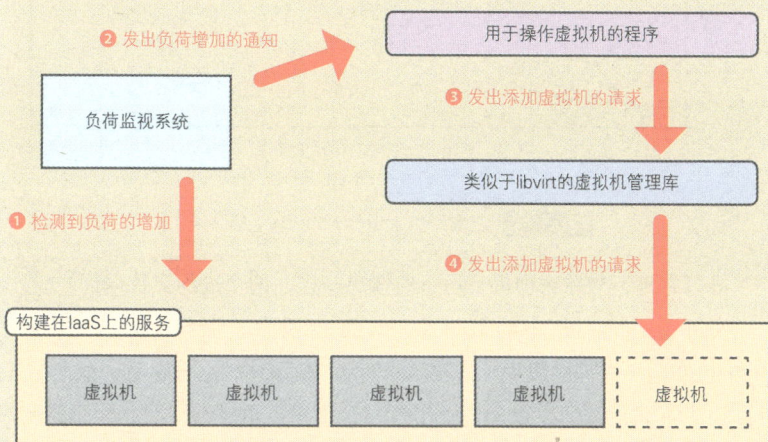

图 10–16　IaaS 中的弹性伸缩功能

10.6　虚拟化环境中的进程调度

本节将讨论虚拟化环境中的进程调度。

我们把并行数设置为 2，在虚拟机上运行第 3 章中的 sched.py 程序，结果如图 10-17 所示。

```
$ ./sched.py 2
```

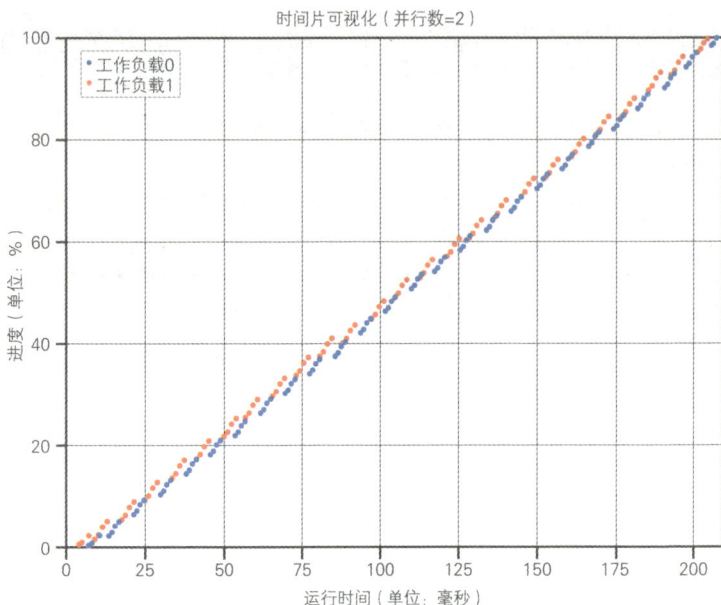

图 10-17 在虚拟机上运行 sched.py 的结果

可以看到，与在物理机上运行的情况一样，两个进程交替运行。

实际上，虚拟机中的每个 VCPU 都表现为虚拟机所对应的 qemu-system-x86_64 进程的线程（内核级线程）。在 qemu-system-x86_64 中还有很多扮演不同角色的线程，但限于篇幅，这里不再详细说明。你只要明白每个 VCPU 都至少有一个线程即可。

图 10-18 展示了在虚拟机上运行 sched.py 程序时，PCPU0 与 VCPU0 的运行情况。

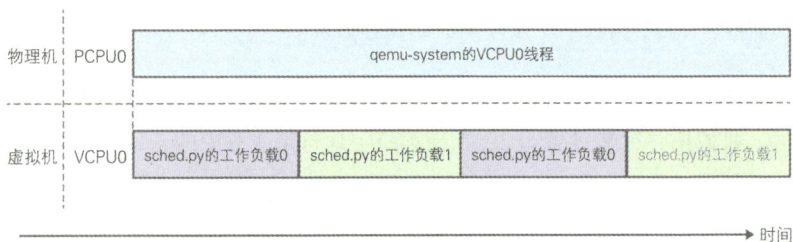

图 10-18 PCPU0 与 VCPU0 的运行情况

10.6.1　物理机上运行着其他线程的情况

在图 10-18 中，PCPU0 上只运行着 VCPU0 线程。如果 PCPU0 上不只有 VCPU0 线程，情况又会如何？

为了实现这一个情景，我们在 PCPU0 上运行第 1 章中的 inf-loop.py 程序，然后在虚拟机中运行 sched.py 程序。

但是，仅仅这样并不能顺利达成目的，因为 sched.py 程序在开始运行时将估算消耗 1 毫秒 CPU 时间所需要的计算量。如果先运行 inf-loop.py 程序，这一估算结果就会受 inf-loop.py 程序的影响而出现偏差。为了避免该问题的发生，sched.py 在完成估算后等待用户的输入，当用户按 Enter 键后再继续运行。代码清单 10-2 所示的 sched-virt.py 程序符合上述要求。sched-virt.py 程序会在内部调用代码清单 10-3 所示的 plot_sched_virt.py 程序来制作图表。因此，当你想在自己的计算机环境中运行 sched-virt.py 程序时，请把 plot_sched_virt.py 和 sched-virt.py 放到同一个文件夹中。

代码清单 10-2 sched-virt.py

```
#!/usr/bin/python3
import sys
import time
import os
import plot_sched_virt
def usage():
    print("""用法：{} <并行数>
        * 在逻辑CPU0上启动与<并行数>数量相同的、每个大约消耗100毫秒CPU时间的工作负
          载，并等待所有进程结束。
        * 把结果制作成图表并保存为 "sched-<处理的序号 (0~(并行数-1)>.jpg"。
        * 图表的x轴为工作负载进程的运行时间（单位：毫秒），y轴为进程的处理进度（单位：%）。
        """.format(progname, file=sys.stderr))
    sys.exit(1)
# 预处理的负载量，用于测量最适合实验的负载
# 如果该程序运行很久都不结束，请把该值调小
# 如果该程序很快结束运行，请把该值调大
NLOOP_FOR_ESTIMATION=100000000
nloop_per_msec = None
progname = sys.argv[0]
def estimate_loops_per_msec():
```

```
    before = time.perf_counter()
    for _ in  range(NLOOP_FOR_ESTIMATION):
        pass
    after = time.perf_counter()
    return int(NLOOP_FOR_ESTIMATION/(after-before)/1000)
def child_fn(n):
    progress = 100*[None]
    for i in range(100):
        for _ in range(nloop_per_msec):
            pass
        progress[i] = time.perf_counter()
    f = open("{}.data".format(n),"w")
    for i in range(100):
        f.write("{}\t{}\n".format((progress[i]-start)*1000,i))
    f.close()
    exit(0)
if len(sys.argv) < 2:
    usage()
concurrency = int(sys.argv[1])
if concurrency < 1:
    print("<并行数>只接受1以上的整数：{}".format(concurrency))
    usage()
# 强制运行在逻辑CPU0上
os.sched_setaffinity(0, {0})
nloop_per_msec = estimate_loops_per_msec()
input("估算已完成。请按Enter键：")
start = time.perf_counter()
for i in range(concurrency):
    pid = os.fork()
    if (pid < 0):
        exit(1)
    elif pid == 0:
        child_fn(i)
for i in range(concurrency):
    os.wait()
plot.plot_sched(concurrency)
```

代码清单 10-3　plot_sched_virt.py

```
#!/usr/bin/python3

import numpy as np
```

```
from PIL import Image
import matplotlib
import os

matplotlib.use('Agg')

import matplotlib.pyplot as plt

plt.rcParams['font.family'] = "sans-serif"
plt.rcParams['font.sans-serif'] = "SimHei"

def plot_sched(concurrency):
    fig = plt.figure()
    ax = fig.add_subplot(1,1,1)
    for i in range(concurrency):
        x, y = np.loadtxt("{}.data".format(i), unpack=True)
        ax.scatter(x,y,s=1)
    ax.set_title("时间片可视化（并行数={}）".format(concurrency))
    ax.set_xlabel("运行时间（单位：毫秒）")
    ax.set_xlim(0)
    ax.set_ylabel("进度（单位：%）")
    ax.set_ylim([0,100])
    legend = []
    for i in range(concurrency):
        legend.append("工作负载"+str(i))
    ax.legend(legend)

    # 为了避免触发Ubuntu 20.04上的matplotlib的bug，这里先把图表保存为.png格式，然
    # 后将其转换为.jpg格式
    # https://bugs.launchpad.net/ubuntu/+source/matplotlib/+bug/1897283?
    # comments=all
    pngfilename = "sched-{}.png".format(concurrency)
    jpgfilename = "sched-{}.jpg".format(concurrency)
    fig.savefig(pngfilename)
    Image.open(pngfilename).convert("RGB").save(jpgfilename)
    os.remove(pngfilename)
```

```
$ ./sched-virt.py 2
估算已完成。请按Enter键：# 在PCPU0上执行`taskset -c 0 inf-loop`后按Enter键
```

将结果绘制成图，如图 10-19 所示。

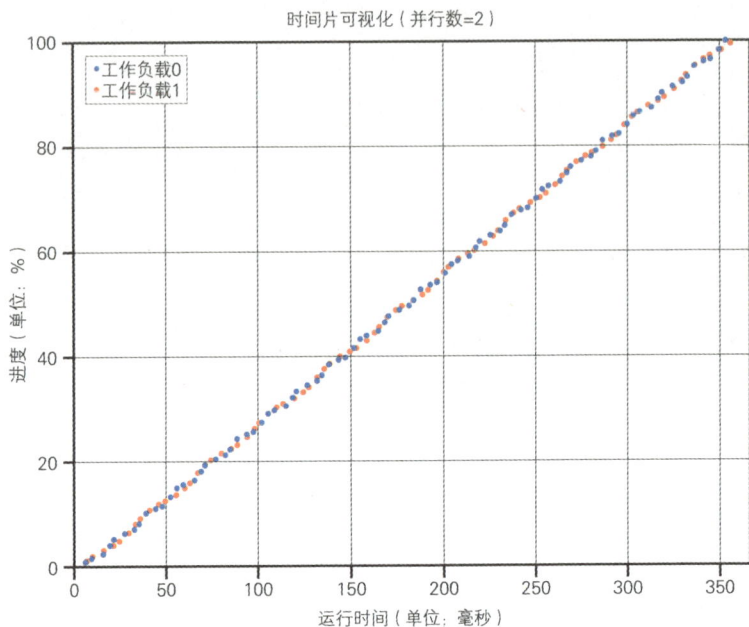

图 10-19　在 PCPU0 上运行 inf-loop.py 的同时，在虚拟机上运行 sched-virt.py 的结果

　　由于精确度的问题，图看起来不太清晰，但可以看到，这次运行所耗费的时间几乎是图 10-17 中的 2 倍，而且进程 0 与进程 1 在某些时间段内没有进展。

　　图 10-20 展示了在这种情况下，PCPU0 与 VCPU0 的运行情况。

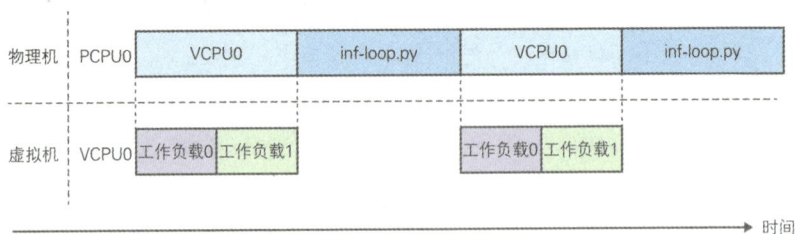

图 10-20　VCPU0 与 PCPU0 的运行情况

　　在图 10-20 中，当进程 0 与进程 1 毫无进展时，inf-loop.py 程序正在

宿主 OS 上运行。

10.6.2　统计信息

当虚拟机上的进程正在运行时，分别在物理机与虚拟机上通过 sar 命令查看 CPU 的统计信息。

首先，我们针对以下情景收集统计信息。

- VCPU0 上运行着 inf-lop.py 程序。
- PCPU0 上没有运行任何程序。

在该状态下，通过 sar 命令收集物理机上的统计信息。

```
$ sar -P 0 1
...
09时09分28秒   CPU    %user    %nice    %system    %iowait    %steal    %idle
09时09分29秒    0    100.00     0.00      0.00       0.00       0.00      0.00
09时09分30秒    0    100.00     0.00      0.00       0.00       0.00      0.00
09时09分31秒    0    100.00     0.00      0.00       0.00       0.00      0.00
```

下面是 top 命令的运行结果。

```
$ top
...
   PID USER      PR  NI    VIRT     RES    SHR S  %CPU  %MEM     TIME+ COMMAND
 22565 libvirt+  20   0 9854812  883472  22016 S 106.7   5.8   7:29.03 qemu-system-x86
...
```

可以看到，正在利用 CPU 执行处理的是 qemu-system-x86（准确来说是其中的 VCPU0 线程）。

下面看看在虚拟机上执行 sar 命令的输出。

```
$ sar -P 0 1
...
09时13分01秒   CPU    %user    %nice    %system    %iowait    %steal    %idle
09时13分02秒    0    100.00     0.00      0.00       0.00       0.00      0.00
09时13分03秒    0     98.02     0.00      0.99       0.00       0.99      0.00
09时13分04秒    0    100.00     0.00      0.00       0.00       0.00      0.00
```

用户程序几乎占用了全部 CPU 资源。在 09 时 13 分 03 秒，%steal 字段的值为 0.99，其含义将在后面说明。

接着通过 top 命令查看哪个程序正在占用 CPU。

```
$ top
...
  PID USER      PR  NI    VIRT    RES    SHR S  %CPU %MEM     TIME+ COMMAND
 2076 sat       20   0   18420   9092   5788 R  99.9  0.1   5:37.83 inf-loop.py
...
```

可以看到，占用 CPU 的是 inf-loop.py 程序。这个结果和在没有虚拟机的物理机上运行 inf-loop.py 程序时相同。

从上面的执行结果可以得知，虚拟机与物理机所得到的数据内容是不同的。在运行虚拟机的状态下进行性能测试必须注意这一点。即使发现与虚拟机对应的 qemu-system-x86 进程的 CPU 使用率很高，也要在虚拟机上再采集一次统计信息，才能明确是由哪个进程引起的。

接下来，我们针对以下情景进行信息的收集。

- VCPU0 上运行着 inf-loop.py 程序。
- PCPU0 上也运行着 inf-loop.py 程序（在宿主 OS 上以 taskset -c 0 ./inf-loop.py & 的形式运行）。

在物理机上执行 sar 命令可得到以下输出结果，我们可以从中得知 PCPU0 的资源被完全占用。

```
$ sar -P 0 1 1
...
09时18分59秒   CPU    %user    %nice   %system   %iowait    %steal     %idle
09时19分00秒     0   100.00     0.00      0.00      0.00      0.00      0.00
...
```

这里同样也执行一次 top 命令。

```
$ top
...
  PID USER      PR  NI     VIRT     RES    SHR S  %CPU %MEM      TIME+ COMMAND
22565 libvirt+  20   0  9854812  883344  22016 S  50.2  5.8   13:03.88 qemu-system-x86
26719 sat       20   0    19256    9368   6000 R  50.2  0.1    2:06.19 inf-loop.py
...
```

可以看到，虚拟机（qemu-system-x86）与 inf-loop.py 大约各占用了一半 CPU 时间。

下面看看虚拟机上的情形。sar 命令的输出结果如下所示。

```
$ sar -P 0 1
...
09时24分57秒     CPU    %user    %nice   %system   %iowait    %steal    %idle
09时24分58秒       0    50.50     0.00      0.00      0.00     49.50     0.00
09时24分59秒       0    49.00     0.00      0.00      0.00     51.00     0.00
...
```

由于在运行 VCPU0 的 PCPU0 上还运行着 inf-loop.py 程序，因此 %user 字段的值约为 50。这里需要注意的是，%steal 字段的值也大约为 50。这个值只有在虚拟机上才具有实际意义，该值表示在运行 VCPU 的 PCPU 上，VCPU 以外的进程占用 CPU 时间的比例。在上述情景中，由于物理机上也运行着 inf-loop.py，因此 %steal 字段的值约为 50。我们之所以能够得知 %steal 值的由来，是因为实验情景是我们预先设计好的，通常情况下想要得知影响 %steal 值的因素，还需要在物理机上再采集一次信息。

图 10-21 展示了运行在 PCPU0 与 VCPU0 上的处理与 %steal 字段的关系。

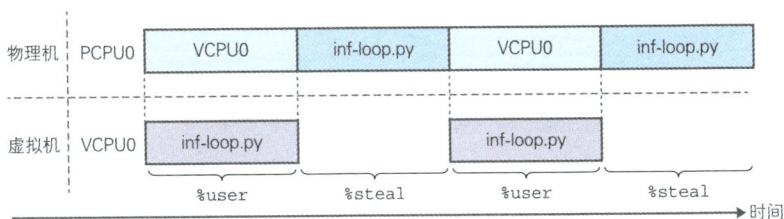

图 10-21　当物理机上运行着进程时 %steal 的含义

下面是 top 命令的运行结果。

```
$ top
...
  PID USER     PR  NI    VIRT    RES    SHR S  %CPU  %MEM     TIME+ COMMAND
 2076 sat      20   0   18420   9092   5788 R  83.3   0.1  22:36.24 inf-loop.py
```

有趣的是，这里的结果看起来像是 inf-loop.py 程序独占着 CPU 的资源。这是因为，`top` 命令把 `%steal` 中显示的正在使用的 CPU 资源视作一个完整的 CPU 资源，而 inf-loop.py 程序正在利用这一部分 CPU 资源。这种区别来自命令的实现，这里不再详述。

实验结束后，记得结束在宿主 OS 与客户 OS 上运行的 inf-loop.py 程序。

10.7　虚拟机与内存管理

物理机的内存与虚拟机的内存的对应关系如图 10-22 所示。

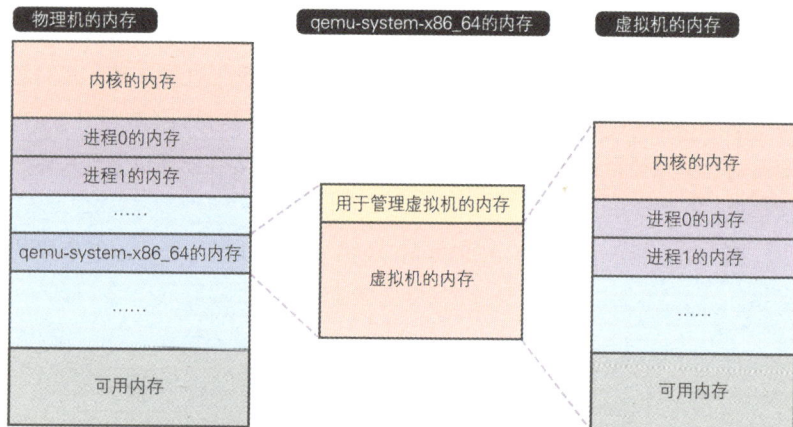

图 10-22　物理机的内存与虚拟机的内存的对应关系

内核的内存与进程的内存同时存在于物理机的内存中。虚拟机的内存也是其中的一部分。

具体来说，虚拟机的内存作为 qemu-system-x86_64 进程的内存存在于物理机的内存中。该进程的内存又可以分为两部分，分别是用于管理虚拟机的内存与分配给虚拟机的内存。前者中存放着用于硬件仿真的代码与数据等。后者则为虚拟机中的内核与进程的内存。

虚拟机使用的内存

图 10-23 简单地展示了虚拟机启动前后内存使用量所发生的变化。

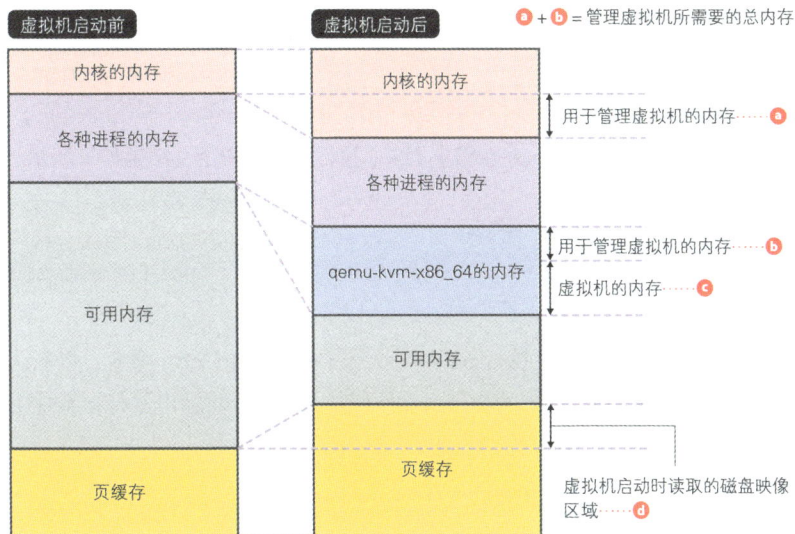

图 10-23　虚拟机启动前后的内存使用量

从图 10-23 可以得知，虚拟机启动时所消耗的内存分为 ⓐ ~ ⓓ 共 4 种。

下面通过实验计算内存消耗量。需要注意的是，客户 OS 与宿主 OS 上存在着与实验无关的不断变化的工作负载，因此系统的内存使用量也在不断发生变化，通过实验测得的数据只是参考值。

我们要做的事情非常简单，具体为在关闭虚拟机并且清空页缓存（往 /proc/sys/vm/drop_caches 文件写入数值 3 后的状态）的情况下执行以下操作。

❶ 在宿主 OS 上通过 free 命令查看宿主 OS 的内存使用量。

❷ 启动虚拟机，并等待客户 OS 出现登录画面。

❸ 在宿主 OS 上通过 free 命令查看客户 OS 的内存使用量。

❹ 在宿主 OS 上通过 ps 命令查看与虚拟机对应的 qemu-system-x86_64 进程的内存使用量。

❺ 在客户 OS 上通过 free 命令查看客户 OS 的内存使用量。

首先，在宿主 OS 上执行 free 命令，输出结果如下所示。

```
$ free
              total         used         free       shared   buff/cache    available
Mem:      15359360       395648     14725912         1628       237800     14690944
Swap:            0            0            0
```

接着，启动虚拟机，并在宿主 OS 上执行 free 命令，结果如下所示。

```
$ free
              total         used         free       shared   buff/cache    available
Mem:      15359360      1180680     13525156         1680       653524     13905104
Swap:            0            0            0
```

然后，在宿主 OS 上执行 ps -eo pid,comm,rss 命令，以确认 qemu-system-x86_64 进程的物理内存使用量。该命令将输出运行在系统中的所有进程的 PID、命令名、物理内存使用量。

```
$ ps -eo pid,comm,rss
    PID COMMAND                 RSS
...
   5439 qemu-system-x86      763312
...
```

最后，在客户 OS 上执行 free 命令，输出结果如下所示。

```
$ free
              total         used         free       shared   buff/cache    available
Mem:       8153372       110056      7839124          768       204192      7805376
Swap:      1190340            0      1190340
```

下面根据上述结果确认图 10-23 中各部分内容所对应的数据。

宿主 OS 的 used 增加了 766 MiB 左右，该值对应于图 10-23 中的 ⓐ + ⓑ + ⓒ。buff/cache 增加了 405 MiB 左右，该值对应于图 10-23 中的 ⓓ[①]。qemu-system-x86_64 进程消耗了大约 745 MiB 的物理内存量，该值

———————————

① 准确地说，从开始实验到第一次启动虚拟机期间还读取了 qemu-system-x86_64 的可执行文件。但为了简化说明，这里省略了这一部分。

对应于图 10-23 中的 ⓑ + ⓒ。也就是说，ⓐ 的数值大约为 21 MiB。

客户 OS 消耗了 110 MiB 左右的内存量（used+buff/cache）。从 qemu-system-x86_64 进程所使用的 745 MiB 中减去 110 MiB 后得到的 635 MiB 对应于图 10-23 中的 ⓑ。

在上述实验结果中，还有一个需要注意的地方。尽管我们为虚拟机分配了 8 GiB 内存，但在启动初期，qemu-system-x86_64 进程并没有立即占用所有内存。这是因为第 4 章提到的按需调页机制在发挥作用。当客户 OS 开始分配物理内存时，宿主 OS 上与之对应的 qemu-system-x86_64 进程的内存使用量才会相应增加。

虚拟机的负载突然变大，进而导致 qemu-system-x86_64 进程的内存使用量急剧上升的情况是非常常见的。如果想要了解是哪个进程以何种方式使用内存，就必须在客户 OS 中进行相关调查。

10.8　虚拟机与存储设备

虚拟机上的存储设备通常被关联到物理机上的文件或者存储设备上。这里将讨论关联到文件上的情况。此时，虚拟机的存储设备与物理机的关系如图 10-24 所示。

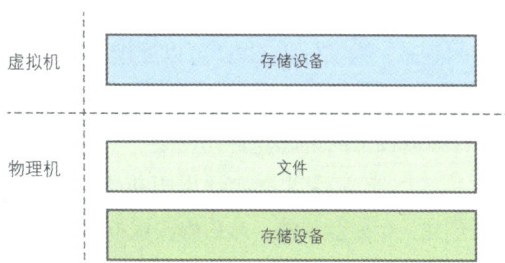

图 10-24　虚拟机的存储设备与物理机的关系

查看 libvirt 的配置文件即可了解配置详情。笔者的计算机环境的配置如下所示。

```
$ virsh dumpxml ubuntu2004
...
    <disk type='file' device='disk'>
      <driver name='qemu' type='qcow2'/>
      <source file='/var/lib/libvirt/images/ubuntu2004.qcow2'/>
...
```

/var/lib/libvirt/images/ubuntu2004.qcow2 就是保存虚拟磁盘的文件。该文件也被称为**磁盘映像**。

10.8.1　虚拟机的 I/O 性能

物理机中的写入操作流程如图 10-25 所示。

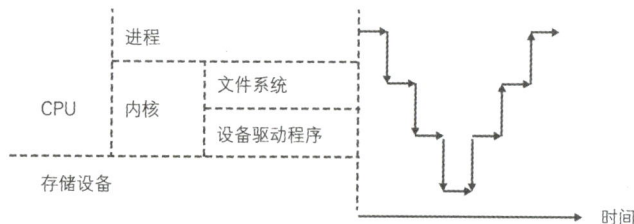

图 10-25　物理机中的写入操作流程

为了简化说明，我们在图 10-25 中省略了页缓存的相关内容，并假设数据的写入方式为同步写入。另外，在向存储设备请求写入操作期间，CPU 看似处于空闲状态，但实际上 CPU 可以处理其他进程的任务或执行其他操作。

我们再来看看虚拟机上的情况。首先创建一个用于实验的磁盘映像，并把该磁盘映像作为一个新磁盘添加到虚拟机上。在 CUI 中，先通过 qemu-img 命令创建一个磁盘映像，然后修改虚拟机的配置文件，从而让虚拟机使用该磁盘映像。需要注意的是，请在关闭虚拟机的状态下修改配置文件。

```
$ qemu-img create -f qcow2 scratch.img 5G
$ virsh edit ubuntu2004
```

接下来往配置文件中添加代码清单 10-4 所示的内容。

代码清单 10-4 需要添加到 XML 中的内容

```
<disk type='file' device='disk'>
  <driver name='qemu' type='qcow2'/>
  <source file='/home/sat/scratch.img'/>
  <target dev='sda' bus='scsi'/>
  <address type='drive' controller='0' bus='0' target='0' unit='0'/>
</disk>
```

这样，当重新启动虚拟机时，新创建的磁盘映像就会被虚拟机识别为 /dev/sda。

为了测试其性能，我们在该设备上构建一个 ext4 文件系统并进行挂载。

```
# mkfs.ext4 /dev/sda
# mount /dev/sda /mnt
```

图 10-26 展示了往该文件系统中的文件写入数据的整体流程，与图 10-25 所示的流程相比复杂得多。

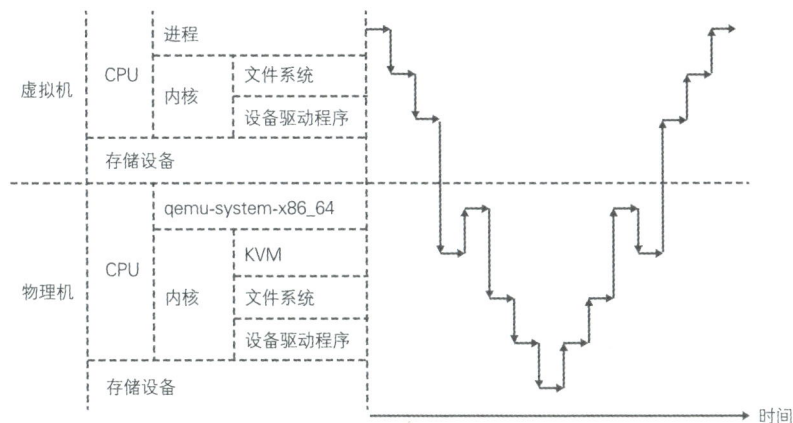

图 10-26 虚拟机中的写入操作流程

有些读者可能察觉到了，与物理机相比，虚拟机的 I/O 性能显著下降。

我们比较一下二者的性能差距。这里通过以下命令测试同步写入（不利用页缓存）1 GiB 文件时的吞吐量。

```
dd if=/dev/zero of=/mnt/<测试用的文件名> bs=1G count=1 oflag=direct,sync`
```

在执行该命令前，需要以 root 权限分别在宿主 OS 与客户 OS 中执行一次 echo 3 >/proc/sys/vm/drop_caches 命令。这么做的原因请参考后面的技术专栏"宿主 OS 与客户 OS 的 I/O 性能逆转？"。

表 10-4 展示了测试结果。

表 10-4　宿主 OS 与客户 OS 的 I/O 性能

测试环境	吞吐量（单位：MiB/s）
宿主OS	1100
客户OS	350

可以看见，客户 OS 的 I/O 性能比宿主 OS 的 I/O 性能低数十个百分点。不仅如此，二者的顺序读取、随机读取及随机写入性能也同样存在非常大的差距。对此感兴趣的读者可以参照第 9 章中的 measure.sh 程序自行测试其他读写模式的性能。

为了缓解该问题，KVM 中存在一个名为半虚拟化的机制，用于提高 I/O 速度。我们将在后文中对半虚拟化进行说明。

关于虚拟机的 I/O 性能，还有一点需要注意，那就是虚拟磁盘映像在物理机上与其他文件共享一个文件系统，如图 10-27 所示。

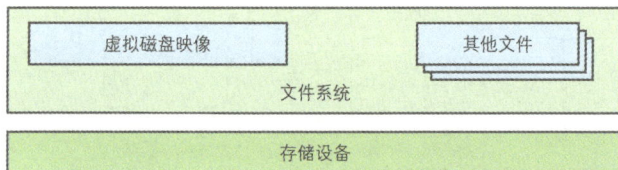

图 10-27　文件系统与虚拟存储设备的文件之间的关系

因此，客户 OS 的 I/O 性能可能会受磁盘映像所在的文件系统上的其他访问操作的影响。当受到影响时，为了查明原因，需要对宿主 OS 进行调查。为了避免这种情况的发生，我们通常把整个存储设备配置为虚拟磁盘映像。

10.8.2　存储设备的写入操作与页缓存

为简单起见，我们在之前的讨论中省略了页缓存的内容。如果考虑页缓存，不禁让人产生一些疑问。当向虚拟机的存储设备写入数据时，物理机上的 qemu-system-x86_64 进程是如何把数据写入虚拟磁盘映像中的呢？写入操作是同步的吗？写入操作利用的机制是页缓存还是 direct I/O 呢？

实际上，这些问题的答案取决于 libvirt 的配置。此配置对应于每个设备的 <driver> 标签下的 cache 属性。该属性很容易被误认为页缓存，所以我们暂且把它称为 **I/O 缓存选项**。

在笔者的计算机环境中，I/O 缓存选项为默认值 writeback。这时的写入为非同步写入，并且会启用页缓存机制。换句话说，即便在虚拟机上把数据同步写入存储设备，在物理机上也依旧是非同步写入。为了避免发生这种情况，可以将 I/O 缓存选项设置为 writethrough，此时依旧能利用页缓存，但写入方式会变成同步写入。

10.8.3　半虚拟化设备与 virtio-blk

我们可以利用**半虚拟化**技术解决客户 OS 的 I/O 过慢的问题。半虚拟化技术不是让虚拟机对硬件进行仿真，它通过一个特殊的接口连接虚拟化软件与虚拟机，从而提升性能。使用该技术的存储设备称为**半虚拟化设备**，该设备的驱动程序称为**半虚拟化驱动程序**。

利用半虚拟化驱动程序进行的磁盘访问与前文所述的宿主 OS 和客户 OS 中的块设备操作完全不同，如图 10-28 所示。

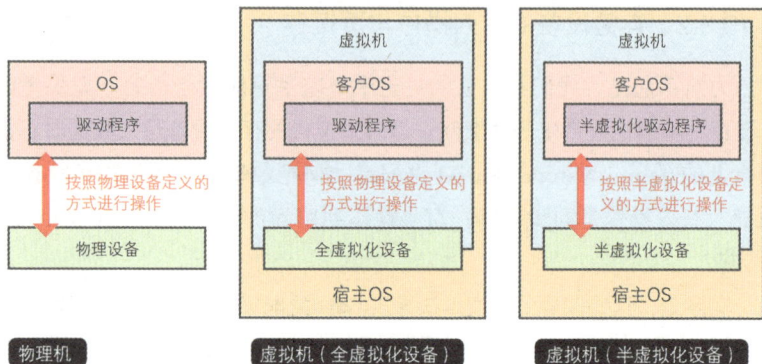

图 10-28　全虚拟化设备与半虚拟化设备的比较

半虚拟化驱动程序有很多类型，这里将介绍遵循 virtio 机制的 virtio-blk 驱动程序。图 10-29 展示了 virtio 与 virtio-blk 的关系。

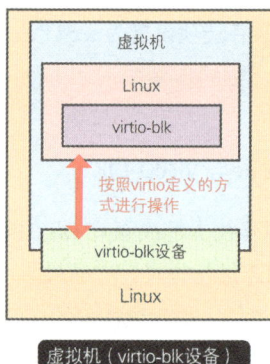

图 10-29　virtio 与 virtio-blk

物理机上的存储设备与全虚拟化设备通常按照 /dev/sd<x> 的规则命名，而 virtio-blk 设备则按照 /dev/vd<x> 的规则命名。

宿主OS与客户OS的I/O性能逆转？　　技术专栏

正如前文所说，虚拟机的 I/O 性能通常比物理机的 I/O 性能差。但是，也有可能出现相反的情况。这大多可以通过 I/O 缓存选项的作用来解释。我们以下面的处理为例进行说明。

❶利用 direct I/O 创建一个大小为 1 GiB 的文件。

❷利用 direct I/O 读取上述文件。

在物理机上执行上述操作的结果如下。

```
# dd if=/dev/zero of=testfile bs=1G count=1 oflag=direct,sync
...
1073741824 bytes (1.1 GB, 1.0 GiB) copied, 0.987409 s, 1.1 GB/s
# dd if=testfile of=/dev/null bs=1G count=1
...
1073741824 bytes (1.1 GB, 1.0 GiB) copied, 5.30275 s, 202 MB/s
```

在虚拟机上执行相同操作的结果如下。

```
# dd if=/dev/zero of=testfile bs=1G count=1 oflag=direct,sync
...
1073741824 bytes (1.1 GB, 1.0 GiB) copied, 3.00345 s, 358 MB/s
# dd if=testfile of=/dev/null bs=1G count=1
...
1073741824 bytes (1.1 GB, 1.0 GiB) copied, 1.16457 s, 922 MB/s
```

在处理❶中，和前文所得到的结论一样，虚拟机的性能比物理机低几十个百分点。但在处理❷中，性能是反过来的，即虚拟机的性能比物理机的性能高几倍。为什么会出现这种情况呢？

在物理机上执行处理❷时，需要从存储设备上读取所需的数据。但在笔者的虚拟机（I/O 缓存选项设置为 writeback）中则不需要。

在处理❶中，与宿主 OS 的文件相对应的数据被保存在宿主 OS 的页缓存中。因此，处理❷的读取操作无须访问物理存储设备，只需要从宿主 OS 的页缓存上读取数据即可。

因此在 10.8.1 节中，为了避免引发这样的问题，我们在实验前分别在宿主 OS 与客户 OS 上执行 echo 3 >/proc/sys/vm/drop_caches 命令来清空双方的页缓存。

10.8.4　virtio-blk 的原理

简单来说，virtio-blk 机制就是准备一个宿主 OS 与客户 OS 共享的队列，并按照以下流程访问 virtio 设备，从而提升 I/O 的速度。

❶ 往客户 OS 上的 virtio-blk 驱动程序的队列中插入指令。

❷ virtio-blk 驱动程序把控制权移交给宿主 OS。

❸ 宿主 OS 上的虚拟化软件从队列中取出指令并执行相关操作。

❹ 虚拟化软件把控制权移交给虚拟机。

❺ virtio-blk 设备获取指令的执行结果。

从表面上看，这与全虚拟化设备的情况没有太大区别，但在步骤❶中存在一个很大的区别——可以往半虚拟化设备中插入多个指令。这个特征使得 virtio 设备比全虚拟化设备的处理速度更快。

在写入的情景下，假设物理机上的设备和全虚拟化设备需要对设备进行 3 次访问。

❶ 告知设备需要写入的数据大小和数据在内存中的位置。

❷ 告知设备需要把数据写入设备的什么地方。

❸ 按照操作❶与操作❷的指示，告知设备将数据从内存写入设备。

此时，每访问设备一次，CPU 就需要从 VMX non-root 模式切换到 VMX root 模式，然后切换回 VMX non-root 模式，如图 10-30 所示。

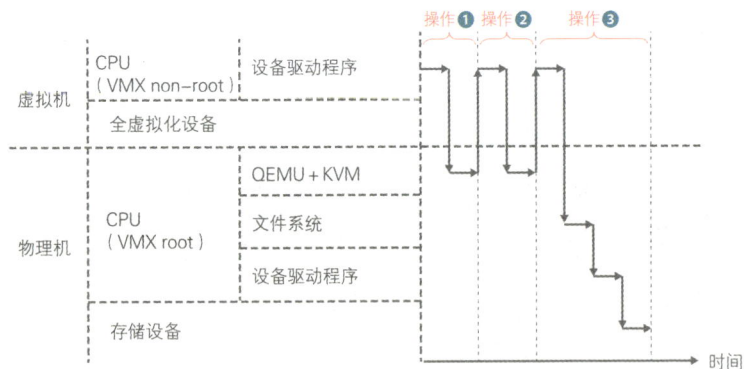

图 10-30　往全虚拟化设备写入数据的情形

为简单起见，这里省略了内核模式与用户模式的切换。

相比之下，由于 virtio-blk 设备允许一次插入多个指令，因此访问设备的次数和模式切换的次数可以减少到 1 次，如图 10-31 所示。

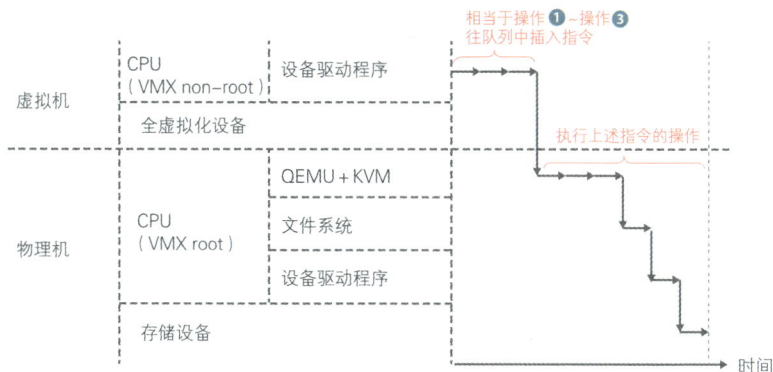

相当于操作 ❶~操作 ❸
往队列中插入指令

执行上述指令的操作

图 10-31 往半虚拟化设备写入数据的情形

为了实现半虚拟化，需要在客户 OS 与宿主 OS 中添加额外的处理逻辑，这样做带来的好处远远超过了其成本。

在 10.8.3 节中，我们曾通过以下命令测试虚拟机的性能。

```
dd if=/dev/zero of=<测试用的文件名> bs=1G count=1 oflag=direct,sync
```

这里也利用这一命令测试半虚拟化设备的性能。由于挂载到客户 OS 的根目录的文件系统从一开始就是 virtio-blk 设备，因此可以直接进行性能测试。

表 10-5 展示了测试结果。

表 10-5 宿主 OS 与客户 OS 的 I/O 性能（半虚拟化）

执行环境	吞吐量（单位：MiB/s）
宿主OS	1100
客户OS（全虚拟化设备）	350
客户OS（半虚拟化设备）	663

虽然还是不能与宿主 OS 的性能媲美，但半虚拟化设备的性能比客户 OS 上的全虚拟化设备的性能高很多。

PCI 直通

技术专栏

本章介绍了两种用于提升虚拟机的 I/O 性能的机制。一种是把虚拟机所使用的磁盘映像直接设置到块设备上，以避免受其他 I/O 操作的影响。另一种则是利用半虚拟化设备 virtio-blk。除此之外，还存在一种名为 PCI 直通的技术。

到目前为止，我们所介绍的方法都没有脱离 "从虚拟机访问虚拟设备，然后通过虚拟化软件访问物理机上的设备" 这个范畴。但是 PCI 直通完全不同，该技术将 PCI 设备直接提供给虚拟机，如图 10-32 所示。

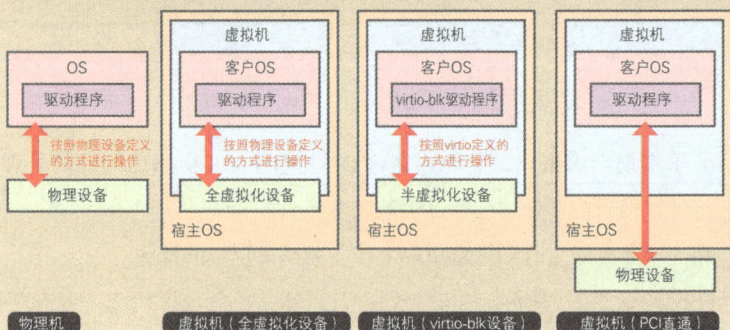

图 10-32 PCI 直通

利用 PCI 直通技术，可以在客户 OS 上获得与宿主 OS 几乎无异的 I/O 性能。对此感兴趣的读者可以进行深入研究。

## 第 11 章

容器

本章将展开讨论 Linux 的容器技术。在利用容器技术的软件中，比较有名的有 Docker 与 Kubernetes。前者用于管理容器应用程序，后者则是一个容器编排系统，用于发挥 Docker 等软件的作用。在 Docker 出现后，容器技术大受欢迎，因此应该有不少读者听说过它。

使用容器是一件很简单的事情，但当发生容器特有的故障时，调查故障的原因，以及为了调查故障原因而需要理解容器的组成原理则很困难。我们将利用前面的所有知识对相关原理进行阐述，帮助读者理解这部分内容。

提到容器，有一幅非常有名的概念图，该图对容器与虚拟机进行了比较，如图 11-1 所示。

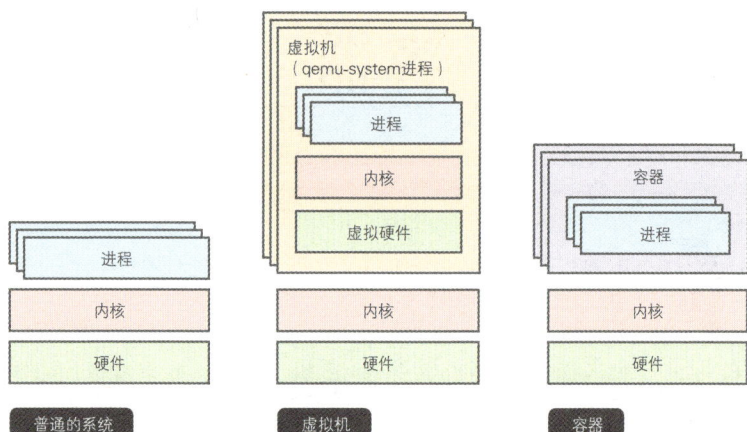

图 11-1　虚拟机与容器

可能很多读者在介绍容器的书或文章中多次见过类似的图示。但仅通过图示，大部分读者对容器的理解止步于"在软件层面上，容器比虚拟机轻量"。本章的目的就是帮助读者深入理解图 11-1 所想表达的真正内容。

11.1　虚拟机与容器的区别

本节将通过运行在 Ubuntu 20.04 上的例子来说明虚拟机与容器的区别。两者在提供独立的进程运行环境这一点上是一致的。但在内核层面和更底层的层面上，两者存在显著差异。

每个虚拟机都拥有专用的虚拟硬件和内核。但所有容器都和宿主 OS 共享一个内核。因此，虚拟机技术可以运行与 Linux 完全不同的宿主 OS（如 Windows 等），但容器技术只能运行基于 Linux 内核的系统（如 Ubuntu、Red Hat Enterprise Linux 等）。

首先看看虚拟机与容器的启动流程。在虚拟机上启动 Ubuntu 20.04 的各种服务直到它们运行的流程如下。

❶ 宿主 OS 上的虚拟化软件启动虚拟机。之后的处理都发生在虚拟机上。

❷ 启动 GRUB 等引导程序。

❸ 引导程序启动内核。

❹ 内核启动 init 程序。

❺ init 进程（通常是 systemd）启动各种服务。

在容器上创建 Ubuntu 20.04 系统环境时，只需要让名为容器运行时的进程创建容器并启动第一个进程即可。关于如何选择第一个进程，详见 11.2 节。

依照前文的说明，容器在以下方面比虚拟机更加轻量。

- 启动速度：容器可以省略虚拟机上的步骤❶ ~ 步骤❸。
- 访问硬件的速度：如第 10 章所述，虚拟机访问硬件时需要把控制权移交给物理机，而容器不需要这样操作。

下面比较一下虚拟机与容器的启动时间。具体操作如下。

- 虚拟机：从启动 Ubuntu 20.04 系统到出现登录画面的时间。具体操作为在命令行中执行 `virsh start --console ubuntu2004`。
- 容器：从启动 Ubuntu 20.04 的容器（dockerhub 中的 ubuntu:20.04 镜像）到启动结束的时间[①]。具体操作为在命令行中执行 `time docker run ubuntu:20.04`。

测试条件如下。

---

① 从启动到结束非常短暂，因此把从启动到结束所花费的时间看作启动时间。

- 容器镜像已通过 `docker pull` 命令下载到系统中。
- 为了避免受到页缓存的影响，虚拟机与容器都启动两次，并记录第二次的启动时间。

表 11-1 展示了测试结果。

表 11-1　虚拟机与容器的启动时间

环境	启动时间（单位：秒）
虚拟机	14.0
容器	0.670

可以看到，虚拟机与容器的启动时间存在显著差距。

11.2　容器的类型

容器有很多种，比较具有代表性的是**系统容器**与**应用容器**。需要说明的是，这两个称呼虽然在一定程度上被广泛使用，但并非所有容器技术人员都在使用。为了简化说明，我们采用了这两个称呼。

系统容器与普通的 Linux 环境类似，用于运行各种各样的应用程序。在系统容器上，最初启动的进程通常为 init 进程[1]，然后通过 init 进程启动各种服务，从而创建一个能够运行多种应用程序的环境。此后的用法与虚拟机一样。

在 Docker 出现之前，容器通常是指系统容器。系统容器的运行环境为 LXD 等。

应用容器通常只在容器上运行一个应用程序。由于应用容器只包含运行一个应用程序所需要的运行环境，因此应用容器比系统容器更加轻量。在应用容器上，最初启动的进程通常是应用程序的进程。

应用容器在 Docker 出现后迅速普及。之后，容器通常指的是应用容器，可见 Docker 的影响之大。

---

[1]　通常选择比 systemd 更轻量的程序作为 init 程序。

图 11-2 总结了系统容器与应用容器的区别。

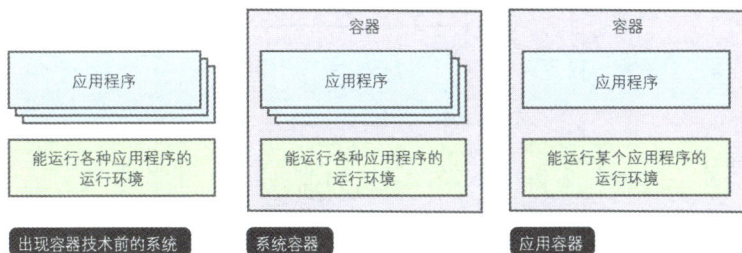

图 11-2 系统容器与应用容器的区别

接下来，我们将以目前使用频率较高的、基于 Docker 的应用容器为例，对容器进行说明。需要注意的是，本书的核心主题是 Linux，尤其是内核，因此不会对 Docker 进行太深入的讨论。

11.3 命名空间

本节将展开讨论内核的**命名空间**（namespace）机制，该机制用于实现容器。可能有读者在想："这不是内核的容器功能吗？"实际上，内核并没有名为容器的功能。容器是通过巧妙地利用命名空间机制来实现的。

命名空间存在于系统上的各种资源中，该机制能够让所属的进程看起来拥有独立的资源。命名空间包括以下几种类型。

- PID 命名空间（pid ns）：展示独立的 PID 命名空间。
- 用户命名空间（user ns）：展示独立的 UID 与 GID。
- 挂载命名空间（mount ns）：展示独立的文件系统挂载信息。

这些描述可能太过抽象，难以理解。下文将通过具体示例进行说明。

11.3.1 pid ns

下面以 pid ns 为例对命名空间进行具体说明。当启动系统时，存在一个名为 root pid ns 的命名空间，所有进程都属于这个命名空间。假设存在 3

个进程，分别为 A、B 与 C，那么此时的情况如图 11-3 所示。

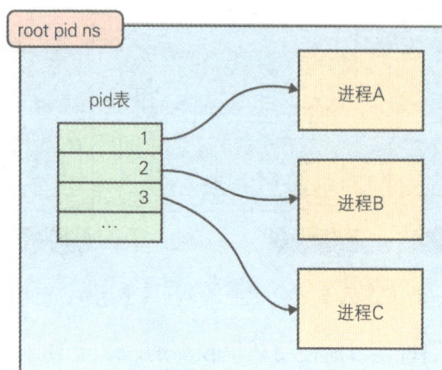

图 11-3　root pid ns

这时的进程 A 把进程 B 与进程 C 分别识别为 PID 为 2 与 3 的进程。如果接下来我们创建一个名为 foo 的 pid ns（创建方法详见后文）并让进程 B 与进程 C 运行在 foo 上，就会变成图 11-4 所示的情形。

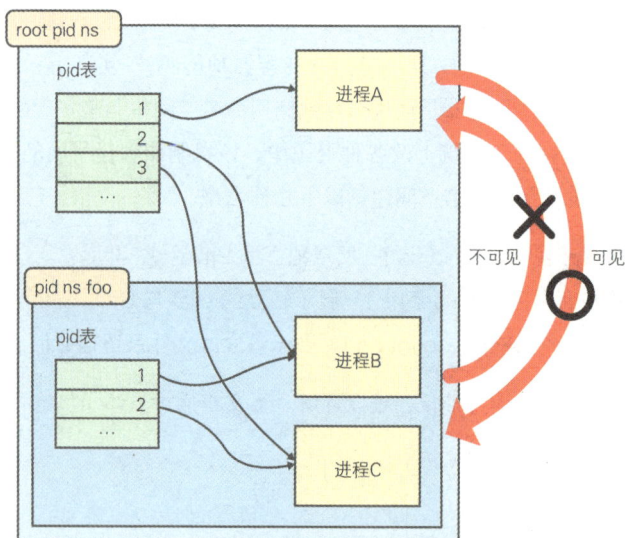

图 11-4　pid ns

可以看到，pid ns foo 存在于 root pid ns 中。根据 Linux 内核的规范，一个 pid ns 将成为另一个 pid ns（通常为 root pid ns）的子命名空间。这意味着：

- 对于父 pid ns（root pid ns）来说，子 pid ns（图 11-4 中为 pid ns foo）中的进程可见；
- 对于子 pid ns 来说，父 pid ns 中的进程不可见。

下面通过实验来验证以上说法是否正确。首先介绍一种确认进程所属 pid ns 的方法。只需要执行 `ls -l /proc/<pid>/ns/pid` 即可获取进程所属的命名空间。

```
$ ls -l /proc/$$/ns/pid
lrwxrwxrwx 1 sat sat 0  1月  3 10:30 /proc/7730/ns/pid -> 'pid:[4026531836]'
```

可以看到，执行该命令的 bash 属于 ID 为 4026531836 的 pid ns，这就是 root pid ns。除非显式指定，否则包括 init 进程在内的所有进程都属于 root pid ns。

接下来尝试创建一个新的 pid ns，并在其中运行程序。这可以使用 unshare 命令实现。该命令能让通过参数指定的程序运行在新建的命名空间上。

启用 `--pid` 选项，即可创建一个新的 pid ns 并在其中运行指定的进程。此外，还需要启用 `--fork` 选项和 `--mount-proc` 选项。这里只需知道要启用这两个选项即可，对它们感兴趣的读者可以查看 unshare 命令的手册。

通过以下命令让 bash 运行在一个独立的 pid ns 上。

```
$ sudo unshare --fork --pid --mount-proc bash
```

该进程在新建的 pid ns 中的 PID 为 1。

```
# echo $$
1
```

通过确认 pid ns，可以发现它的 ID 不同于 root pid ns 的 ID。

```
# ls -l /proc/1/ns/pid
lrwxrwxrwx 1 root root 0  1月  3 10:43 /proc/1/ns/pid -> 'pid:[4026532814]'
```

如果此时尝试获取进程列表，将无法看到 bash 与 ps 以外的进程。

```
# ps ax
   PID TTY      STAT    TIME COMMAND
     1 pts/1    S       0:00 bash
     9 pts/1    R+      0:00 ps ax
```

这是因为 bash 与由 bash 启动的 ps 进程属于一个独立的 pid ns（ID=4026532814），而非 root pid ns（ID=4026531836）。

下面看看在 root pid ns 中是否可以看到 bash 进程。在宿主 OS 上打开一个新的终端，然后寻找 bash 进程。这里使用 pstree -p 命令实现。

```
$ pstree -p | grep unshare
   |              |-sshd(14126)---sshd(14192)---bash(14193)---sudo(14382)--
-unshare(14384)---bash(14385)
```

unshare 的子进程 bash（PID=14385）就是运行在新建的 pid ns 中的 bash。下面在宿主 OS 中查看该进程所属的 pid ns。

```
$ sudo ls -l /proc/14385/ns/pid
lrwxrwxrwx 1 root root 0 1月  3 10:46 /proc/14385/ns/pid -> 'pid:[4026532814]'
```

这里的 pid ns 的 ID 确实与我们在 bash（PID=14385）上看到的 pid ns 的 ID 一样。需要注意的是，从 root pid ns 看到的 pid（PID=14385）不同于从新建的 pid ns 看到的 pid（PID=1）。图 11-5 对前文的内容做了一个总结。

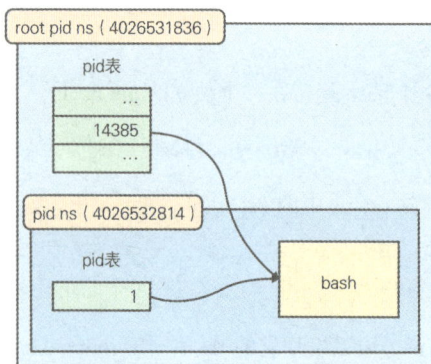

图 11-5 root pid ns 以外的 pid ns

我们考虑另一种情景，即再创建一个名为 bar 的 pid ns 并在其中运行进程 D 与进程 E。如图 11-6 所示，此时 pid ns foo 与 pid ns bar 处于互相不可见的状态。

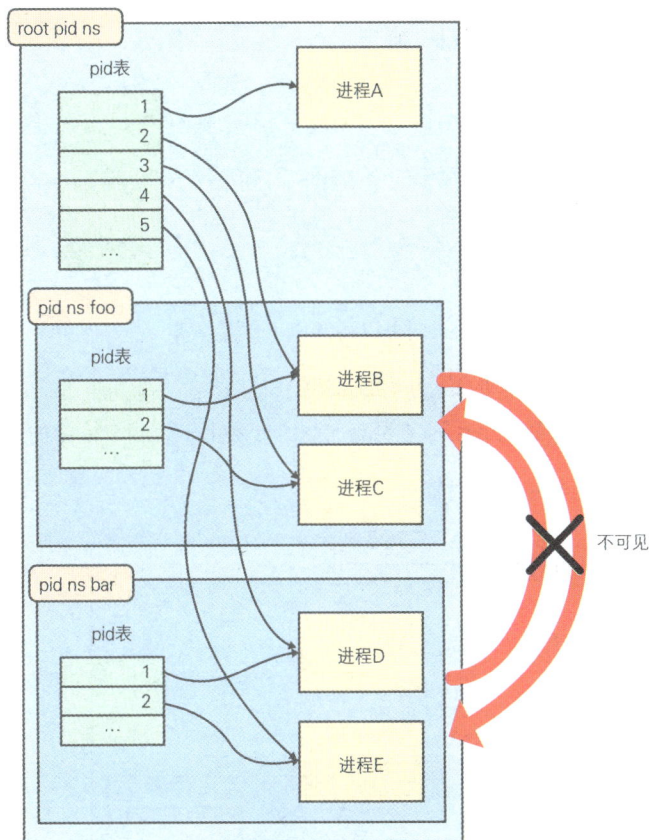

图 11-6　多个 pid ns

这里同样通过实验来验证图 11-6 所示的情形是否正确。首先打开一个新的终端，通过 unshare 命令创建一个新的 pid ns 并在其中运行 bash 进程。

```
$ sudo unshare --fork --pid --mount-proc bash
# ls -l /proc/1/ns/pid
lrwxrwxrwx 1 root root 0  1月  3 10:44 /proc/1/ns/pid -> 'pid:[4026532816]'
# ps ax
```

```
PID TTY        STAT    TIME COMMAND
  1 pts/2      S       0:00 bash
 11 pts/2      R+      0:00 ps ax
```

利用宿主 OS 上的另一个终端，以 root pid ns 的视角采集 bash 的相关信息。bash 运行在新建的 pid ns 中。

```
$ pstree -p | grep unshare
    |            |-sshd(14126)---sshd(14192)---bash(14193)---sudo(14382)-
--unshare(14384)---bash(14385)
    |            |-sshd(14255)---sshd(14320)---bash(14321)---sudo(14396)-
--unshare(14398)---bash(14399)
$ sudo ls -l /proc/14399/ns/pid
lrwxrwxrwx 1 root root 0  1月 `3 10:46 /proc/14399/ns/pid -> 'pid:[4026532816]'
```

通过上述输出结果，我们可以得知以下信息。

- 新建的 pid ns 的 ID 为 4026532816。
- 无法从新建的 pid ns 查看 root pid ns 和上一个 pid ns 中的进程。

图 11-7 总结了上述内容。

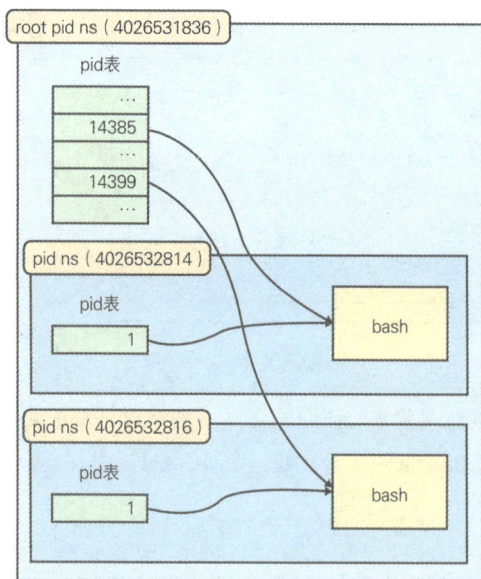

图 11-7 pid ns 以外的多个 pid ns

完成实验后记得结束运行在 unshare 中的两个 bash 进程。

```
# exit
```

11.3.2 容器的本质

终于要揭开容器的神秘面纱了。容器实际上是利用独立的命名空间，将一个或多个进程从其他进程的运行环境中分离出来，从而创建一个独立的运行环境。例如，图 11-8 展示的容器 A 和容器 B，各自拥有独立的 pid ns、user ns 及 mount ns。

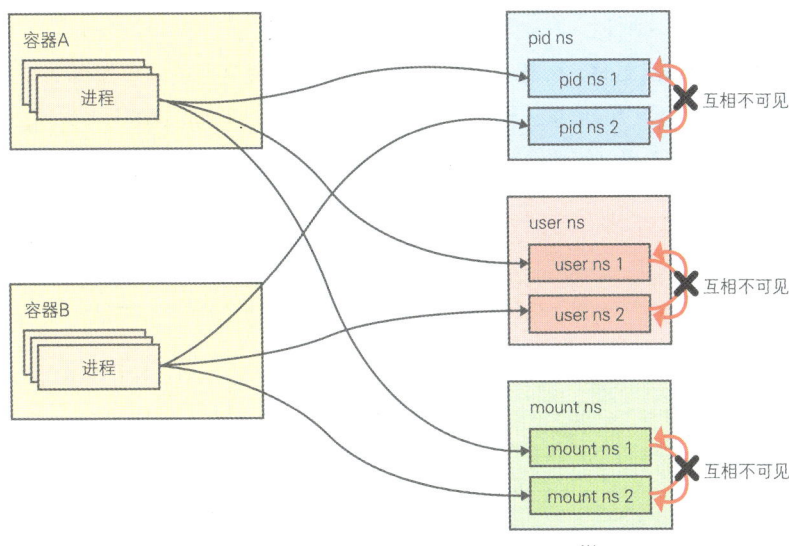

图 11-8 容器与命名空间

关于哪些命名空间被隔离才能称为容器并没有明确的规定。这取决于容器的开发者或者用户希望实现的目标。此外，在笔者创作本书时（2022年 1 月），Linux 内核中不断出现新的命名空间，容器的种类也不断增加。

在我们理解了容器的本质后，还可以明白一件重要的事情：如果问题源自宿主 OS 或者其他容器，那么在容器内部是无法查明原因的。

假设在某个拥有独立 pid ns 的容器中执行 top 命令时发现 CPU 负载

很高，由于在这个容器中只能看见同样存在于这个容器中的进程，因此如果是宿主 OS 或者其他容器中的进程导致 CPU 负载居高不下，那么在该容器中无法找到这些进程，也就无法采取有效的应对措施。

11.4　安全风险

如果要在物理机上运行多个 Linux OS，可以用容器取代虚拟机吗？实际上事情并没有那么简单。容器相较于虚拟机也存在一些缺点，如容器比虚拟机的安全风险高。

正如前文所述，容器与其他容器及宿主 OS 共享一个内核。因此，当内核上存在漏洞时，恶意容器上的用户可能会利用这些漏洞窥探宿主 OS 或者其他容器中的信息。相比之下，在虚拟机上，影响范围在大多数情况下[①]仅限于虚拟机的硬件层面，如图 11-9 所示。

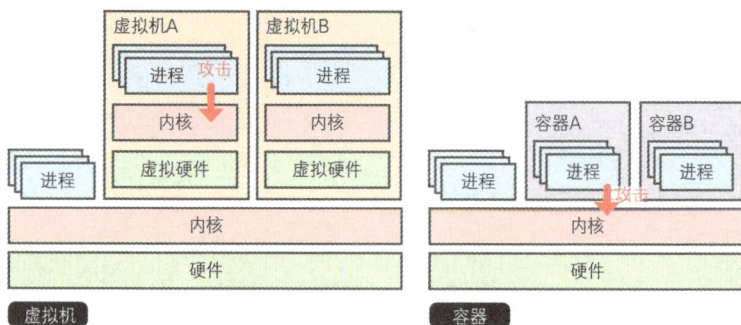

图 11-9　虚拟机与容器的安全风险

为了提高容器的安全性，现在出现了多种容器运行时。下面简要介绍其中的几种，如表 11-2 所示。

---

① 存在一些例外情况，例如利用半虚拟化技术等。

表 11-2 两种容器运行时

名　称	特　征
Kata Containers	让容器运行在轻量级的虚拟机上
gVisor	容器的系统调用由实现于用户空间的内核处理

Docker 默认使用的容器运行时为 runC。图 11-10 展示了 runC 与表 11-2
中的两个容器运行时在系统调用流程上的区别。

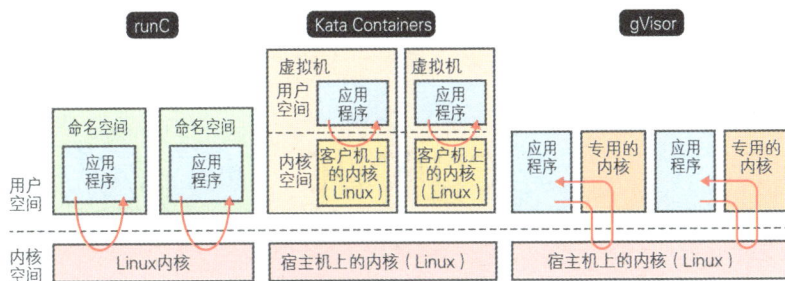

图 11-10 各种容器运行时

除了上面提到的容器运行时，还有很多种容器运行时。对此感兴趣的
读者可以自行检索。

cgroup

cgroup 用于精确地限制分配给进程的系统资源（如内存与 CPU 等）[1]。该机制能将进程分组（group）并对资源进行控制（control），因此名为 cgroup。

本章将讨论 cgroup 的用途、具体限制哪些资源及如何限制这些资源。cgroup 有两个版本，分别为 cgroup v1 和 cgroup v2，我们主要介绍目前被广泛使用的 cgroup v1。

为了让系统稳定地运行，有时需要防止某些进程或者用户独占资源。对于多个用户共享系统的服务器提供商、IaaS 等云服务提供商来说，这是一个非常重要的功能。

假设你从 IaaS 提供商那里租用了一个容器或者虚拟机。如果其他用户占用大量系统资源而导致你所能使用的资源受到限制，支付相同费用的你应该难以接受。图 12-1 展示了这一情景。为了避免发生这样的摩擦，IaaS 提供商希望能够严格限制分配给用户的各种资源[2]。

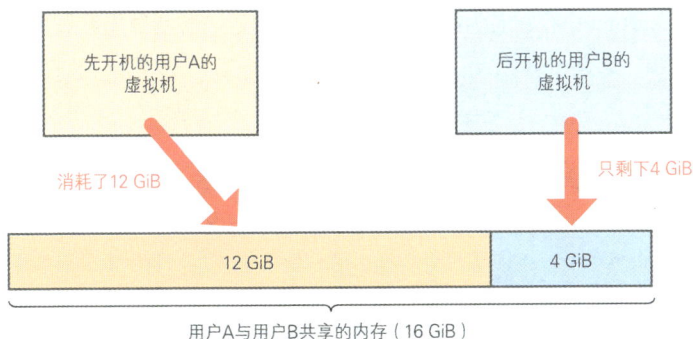

图 12-1　希望限制虚拟机的内存使用量的情景

除了上述例子，还存在其他种类的用户需求。例如，希望避免在后台进行的数据备份操作影响正常业务中的数据库访问操作（见图 12-2）等。

---

① 包括 Linux 在内的类 UNIX 系统很早就提供了一个用于限制资源的 `setrlimit()` 系统调用，但该系统调用只提供最基础的功能。

② 有些价格较低的云服务不存在这种限制。

备份操作
低优先级
不希望影响正常业务

正常业务的相关操作
希望使用800 MiB/s的I/O带宽

需要使用
500 MiB/s的I/O带宽

只能使用
500 MiB/s的I/O带宽

不足以满足最低需求，
导致服务质量下降

最大带宽为
1 GiB/s的存储设备

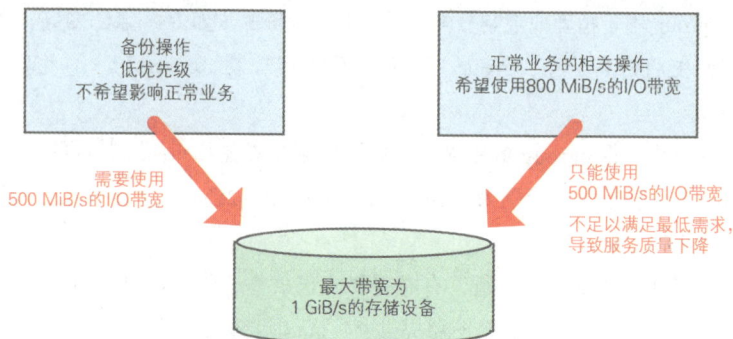

图 12-2　希望限制 I/O 的带宽的情景

利用 cgroup 机制可以满足上述所有需求。

12.1　cgroup 能够限制的资源

在 cgroup 中存在名为**控制器**的内核程序。这些控制器能够限制其所对应的资源，如表 12-1 所示。

表 12-1　cgroup 的控制器

控制器的名称	能够限制的资源	说　明
cpu 控制器	CPU	限制单位时间内的CPU使用时间等
memory 控制器	内存	限制内存使用量和OOM killer的影响范围[1]等
blkio控制器	块I/O	限制I/O带宽等。在图12-2所示的例子中，可以利用该控制器把备份操作所能使用的最大带宽限制为100 MiB/s
网络控制器	网络I/O	限制网络带宽等[2]

cgroup 以**进程的分组**（以下简称为分组）为单位对各种资源进行限制。除了能把进程分到某个分组里，还能实现把分组分到某个分组里之类的分层结构，本书不对此进行详细说明。

---

[1] 避免某个进程耗尽内存导致 OOM killer 启动（见第 4 章），从而防止与该进程无关的重要进程被强制结束。

[2] 除了网络控制器，还需要结合使用 tc 等外部命令来实现网络带宽限制等功能。

当使用控制器时，需要以名为 cgroupfs 的特殊文件系统为中介。每个控制器都有一个固定的专属 cgroupfs 文件系统。在 Ubuntu 20.04 中，与各个控制器相对应的文件系统被挂载在 /sys/fs/cgroup/ 目录之下。在存储设备上找不到这些文件系统，因为它们仅存在于内存中。访问它们时实际上是在使用内核的 cgroup 机制。另外，只有 root 用户具有访问权限。

```
$ ls /sys/fs/cgroup/
blkio  cpu  cpu,cpuacct  cpuacct  cpuset  devices  freezer  hugetlb  memory
net_cls  net_cls,net_prio  net_prio  perf_event  pids  rdma  systemd  unified
```

想要深入了解各种控制器的读者请参考 man 7 cgroups 命令的 "Cgroups version 1 controllers" 部分的说明。

12.2　示例：限制 CPU 使用时间

本节将展示通过 cpu 控制器限制 CPU 使用时间的示例。cpu 控制器具有以下两种限制类型。

- 限制某个分组在指定的时间周期内可使用的 CPU 时间。
- 保证某个分组所能使用的 CPU 时间的比例高于 / 低于其他分组。

我们着重讨论第一种类型。对 /sys/fs/cgroup/cpu/ 目录下的文件进行操作即可利用 cpu 控制器。该目录下的文件用于配置所有进程所属的默认分组。在默认分组的目录下创建一个新目录即可创建一个新分组。下面以 root 用户的身份创建一个名为 test 的分组。

```
# mkdir /sys/fs/cgroup/cpu/test # 创建一个名为test的分组
```

这时，Linux 内核将自动地利用 cpu 控制器在 test 目录下生成用于控制 test 分组的各种文件。

```
# ls /sys/fs/cgroup/cpu/test/
... cpu.cfs_period_us  cpu.cfs_quota_us ... tasks
```

如果往这里的 tasks 文件写入一个 pid，与该 pid 相对应的进程就会被分配到 test 分组。

另外，对 cpu.cfs_period_us 和 cpu.cfs_quota_us 文件进行操作即可对分配给 test 分组的 CPU 时间进行限制。该机制被称作 **CPU 带宽控制器**（CPU Bandwidth Controller）。

两个文件中的数值单位皆为微秒。分组中的进程可以在由 cpu.cfs_period_us 文件所指定的时间周期内，运行由 cpu.cfs_quota_us 文件指定的时间长度。

首先来看看这两个文件的默认值。

```
# cat /sys/fs/cgroup/cpu/test/cpu.cfs_period_us
100000
# cat /sys/fs/cgroup/cpu/test/cpu.cfs_quota_us
-1
```

可以看到，属于 test 分组的进程在 100 000 微秒（100 毫秒）的时间周期内，可以毫无限制地（-1 代表没有限制）使用 CPU 时间。换句话说，在该目录中没有任何限制。

在这种状态下，运行 inf-loop.py 程序并把它分配到 test 分组，由于没有任何限制，因此该程序可以使用 100% 的 CPU 资源。

```
# ./inf-loop.py &
[1] 14603
# echo 14603 >/sys/fs/cgroup/cpu/test/tasks
# cat /sys/fs/cgroup/cpu/test/tasks
14603
# top -b -n 1 | head
...
    PID USER      PR  NI    VIRT    RES    SHR S  %CPU  %MEM     TIME+ COMMAND
  14603 root      20   0   19256   9380   6012 R  100.0   0.1   1:02.17 inf-loop.py
```

在结束 top 命令后，我们为该分组施加一个限制，让它在 100 毫秒的时间周期内只运行 50 毫秒。

```
# echo 50000 >/sys/fs/cgroup/cpu/test/cpu.cfs_quota_us
# top -b -n 1 | head
...
    PID USER      PR  NI    VIRT    RES    SHR S  %CPU  %MEM     TIME+ COMMAND
  14603 root      20   0   19256   9380   6012 R   50.0   0.1   2:51.45 inf-loop.py
```

可以看到，无限循环进程只能使用 50% 的 CPU 资源。这就是 CPU 带宽控制器所提供的功能，如图 12-3 所示。

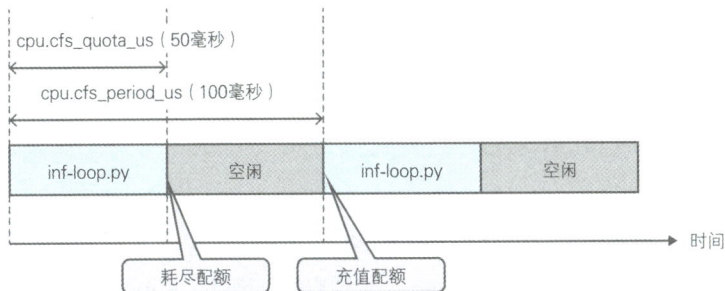

图 12-3 CPU 带宽控制器

大家可以尝试在自己的计算机环境中创建分组或改变文件的数值，看看结果如何。

最后不要忘记结束 inf-loop.py 的运行并通过删除 /sys/fs/cgroup/cpu/test/ 的方式来删除 test 分组。

```
# kill 14603
# rmdir /sys/fs/cgroup/cpu/test
[1]+  Terminated                    ./inf-loop.py
```

把cgroup机制引入内核的经过 技术专栏

在大型机与商用 UNIX 服务器等用于关键任务的服务器 OS 上，类似于 cgroup 的资源限制机制早已被普遍实现。这些系统的提供商长期以来为把资源限制机制整合到 Linux 中做了很多努力。但出于以下原因，进展非常缓慢。

- 由于机制性质的原因，如果要将其引入 Linux，需要大量修改原有的代码。
- 机制可能带来额外开销。
- 对于当时的大多数 Linux 用户来说，这并不是不可或缺的机制。

当年有些公司自行在 Linux 内核上实现了资源管理机制并内置到产品中。

改变这个状况的是以云服务提供商为代表的新型用户。在服务器提供商的推动下，再加上云服务提供商的支持，资源限制机制终于以 cgroup 的形式被成功引入 Linux 内核。

12.3 应用实例

12.2 节介绍的通过文件系统直接操作 cgroup 的方式并不常见，更常见的是以下的间接用法。

- 使用 systemd：自动地为每个服务与每个用户创建分组。分组名分别为 system.slice 和 user.slice。
- 通过 Docker 或 Kubernetes 管理容器：可以在 Kubernetes 的清单（manifest）中写入资源信息，或者通过 docker 命令的参数指定分配给容器的资源。
- 通过 libvirt 管理虚拟机：可以通过 virt-manager 进行设置，或者修改虚拟机的配置文件。

大概大部分读者并不知道，用来对资源进行限制的上述服务实际上在底层利用了内核的 cgroup 机制。内核机制通常默默发挥着关键作用，很少被用户直接感知。

---

cgroup v2 技术专栏

cgroup v1 非常灵活，但由于各个控制器大多是独立实现的，因此难以进行协同处理。例如，对块设备的 I/O 带宽限制只在利用 direct I/O 时才生效，这是一个严重的问题。

cgroup v2 的出现就是为了解决这类问题。它可以让各个控制器互相协作，并把所有控制器放到一个唯一的层级上。利用 cgroup v2 即可解决上述块设备 I/O 的问题。

但是，支持 cgroup v2 的软件比支持 cgroup v1 的软件少。因此笔者认为，短期内 cgroup v1 与 cgroup v2 将共存，之后可能 cgroup v2 会被更多地使用。

第 13 章

总结与应用

图 13-1 总结了大家通过本书所学到的所有知识。

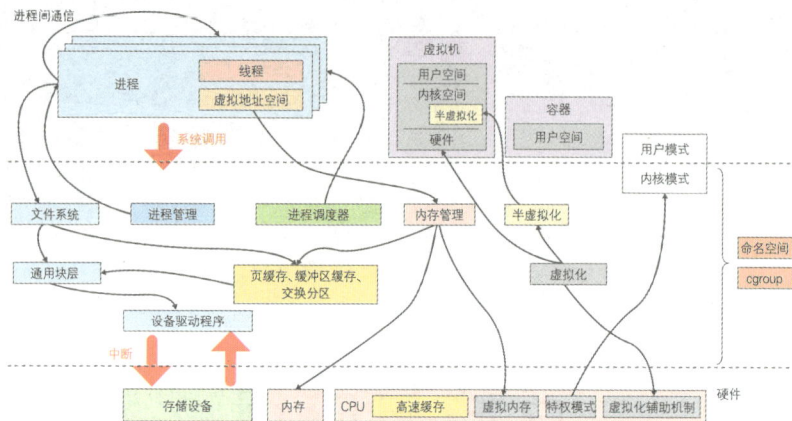

图 13-1　通过本书所学到的知识

真是相当壮观！可以说我们基本触及了 Linux 内核的各个核心子系统。在翻开本书前，大部分读者可能并不能真正理解图中的知识。虽然只是概要知识，但是在如今软件抽象化日益发展的背景下，能对内核和硬件了解到这种程度的人可以说是罕见的。

现在大家已经能够以更广阔的视野和更有深度的视角来看待计算机系统了，至少在出现涉及内核的问题时不会一直选择无视。另外，对于那些一直以来无法找到起因的问题，现在也有更多的机会发现它们其实是由内核或者硬件层面的因素引起的。

为了满足希望深入了解 Linux 内核的读者，让我们一同窥探 Linux 内核的深邃世界。图 13-2 展示了笔者能够立刻回忆起的 Linux 内核的子系统，其涵盖了广泛的领域。

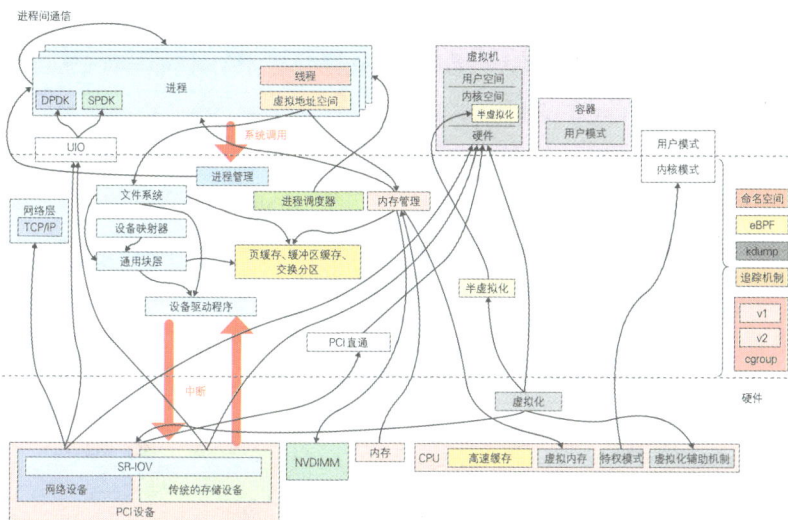

图 13-2 深邃而广阔的 Linux 内核世界

虽然这幅图可能让人感到气馁，但其实并不需要系统地学习并理解全部知识。大家可以在需要时或者有兴趣时学习。笔者虽然以对 Linux 内核有一定了解的身份撰写了本书，但在网络方面并没有足够的知识储备。每个人都有自己擅长的领域和不擅长的领域[1]。

大家还记得本书前言中出现的图 0-3（见图 13-3）吗？

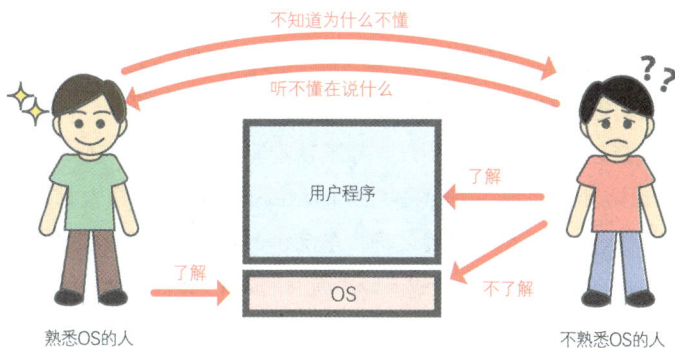

图 13-3 OS 专业人士与非专业人士之间的沟通障碍

---

[1] 当然，对各个方面都非常精通的人也是存在的。

笔者一直认为这是计算机行业的一个大问题，因此执笔写下了本书，尝试解决这一问题。笔者衷心希望大家在读完本书后，能够与对 Linux 内核熟悉的人进行如图 13-4 所示的沟通。

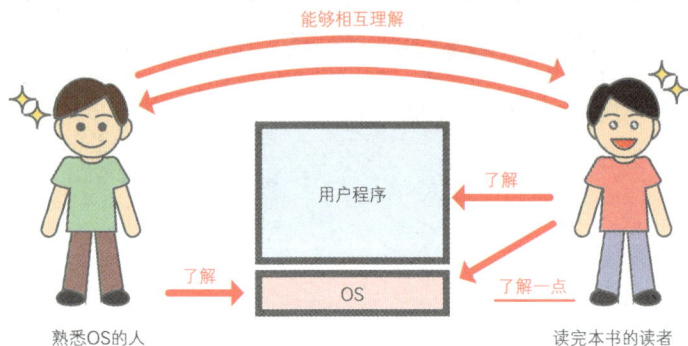

图 13-4 与专业人士顺畅地沟通

由于熟悉内核的人往往缺少能够进行深入交流的对象，因此当他们遇到看上去能进行交流的人时，很容易滔滔不绝地讲一些非常专业的知识。遇到这种情况，大家就当好听众吧[①]。

关于如何应用从本书获得的知识，笔者认为有以下 3 个方向。

- 应用到系统运维上。
- 用来提升编程能力。
- 尝试进行内核开发。

下面为选择不同方向的读者推荐一些参考资料。

在系统运维过程中，利用 sar 等工具监视各种指标，并通过对指标的解析来预防和应对故障是必不可少的。因此，笔者推荐大家通过阅读 Brendan Gregg 所著的《性能之巅：系统、企业与云可观测性（第 2 版）》（*Systems Performance: Enterprise and the Cloud (2nd Edition)*）与《BPF 之巅》（*BPF Performance Tools*）来获取相关知识。这两本书对相关内容进行了详尽的介绍，刚开始读时可能难以理解，但在读完这两本书并经过几次

---

① 笔者就是这样做的。

实践锻炼后，大家的运维能力将有飞跃性的提升。

对于想要提升编程能力，想在编程时更加注重内核与硬件的读者，或者想在分析故障时溯源到系统调用层面的读者，笔者推荐青木峰郎所著的《Linux 程序设计（第 2 版）》与涩川喜规所著的《Go 语言系统编程（第 2 版）》。如果想要更深入地了解编程知识，笔者推荐《UNIX 环境高级编程》和《Linux 编程接口》。这两本书都是上千页的巨著，可能让人望而却步。不过大家不一定要从头至尾地阅读完，根据需要阅读相关的内容即可。

对于对内核开发感兴趣的读者，笔者推荐 Linux Kernel Newbies 网站。该网站提供了丰富的内容，告诉想要进行内核开发的人应该做些什么。网站用户还能通过邮件列表进行提问与讨论。

如果希望为 Linux 内核的上游做出贡献，可以查看 Linux 内核源代码中的 "Documentation/SubmittingPatches" 文件。该文件列出了从修改到提交的准则。

表 13-1 中是一些对内核开发有帮助的参考书。

表 13-1　对内核开发有帮助的参考书

书　名	评　论
《操作系统：设计与实现（第 3 版）》	读者能从本书获取关于操作系统（不仅限于 Linux）内核的知识
《Linux 内核开发（第 3 版）》(*Linux Kernel Development* (3rd Edition)）	读者能从本书获取关于 Linux 内核的基础知识
《深入理解 Linux 内核（第 3 版）》	本书详细讲解了 Linux 内核的早期版本，内容主要围绕 Linux 内核的实现展开

有关 Linux 内核的两本书由于出版时间较早，可能有很多内容已不适用于最新的内核。但从这两本书中获得的知识对查阅新版内核代码大有帮助。

对于想要探究比内核更底层、更接近硬件知识的读者，笔者推荐表 13-2 中的资料。

表 13-2 对深入了解硬件相关知识有帮助的参考资料

名　称	评　论
《计算机组成与设计》	关于构成计算机系统的硬件架构的经典著作
《每个程序员都应该了解的内存知识》（"What Every Programmer Should Know About Memory"）	这是一篇全面介绍内存的论文。本书"通过实验验证知识"的核心思想正是受到这篇论文的启发。这篇论文在作者的主页以PDF格式无偿提供
《编程卓越之道：卷1》（Write Great Code: Vol. 1）	读者能够从中学到硬件与软件边界部分的广泛而浅显的知识

虽然每本书都有一定难度，但笔者相信，利用在本书中学到的知识，并坚持不懈地钻研，大家一定能够理解其中的内容。不必读完每一本书，而且为了保持读书的乐趣，可以从每一本书中挑选自己感兴趣的部分阅读。理解这些内容后，便可打开计算机世界中的一扇新的大门。笔者就是其中一员。

上面推荐的参考资料大多以英语呈现。想要获取最前沿的信息就无法避开英语信息的收集，所以请接受这一点并继续前进吧。

最后，衷心感谢所有阅读本书的读者。

版权声明